中高职衔接系列教材

建筑工程质量验收与评定

徐林　主编

·北京·

内 容 提 要

本书为中高职衔接系列教材，主要根据《中华人民共和国建筑法》《建筑工程施工质量验收统一标准》(GB 50300—2013）等现行国家法律法规、标准规范，结合职业资格认证特点，以质检员专业技能训练为核心，以胜任质检员岗位为目标，以建筑工程质量验收与评定流程为导向编写而成。本书主要介绍了建筑工程质量控制、验收与评定方面的内容。全书主要内容包括建筑工程质量验收与评定基础知识、地基与基础工程质量验收与评定、主体结构工程质量验收与评定、地面工程质量验收与评定、装饰装修工程质量验收与评定、屋面工程质量验收与评定、建筑安装工程质量验收与评定、单位工程质量验收与评定实例等，内容实用，特色鲜明。

本书既可作为中职学校、高职高专院校建筑工程类相关专业的教材和指导书，也可作为土建施工类及工程管理、工程监理类各专业执业资格考试的培训教材，还可为备考从业和执业资格考试人员提供参考。

图书在版编目（CIP）数据

建筑工程质量验收与评定 / 徐林主编. -- 北京 : 中国水利水电出版社, 2019.2
中高职衔接系列教材
ISBN 978-7-5170-3947-1

Ⅰ. ①建… Ⅱ. ①徐… Ⅲ. ①建筑工程—工程质量—工程验收—高等职业教育—教材②建筑工程—工程质量—评定—高等职业教育—教材 Ⅳ. ①TU712

中国版本图书馆CIP数据核字(2015)第315843号

书　　名	中高职衔接系列教材 **建筑工程质量验收与评定** JIANZHU GONGCHENG ZHILIANG YANSHOU YU PINGDING
作　　者	徐林　主编
出版发行	中国水利水电出版社 （北京市海淀区玉渊潭南路1号D座　100038） 网址：www.waterpub.com.cn E-mail：sales@waterpub.com.cn 电话：(010) 68367658（营销中心）
经　　售	北京科水图书销售中心（零售） 电话：(010) 88383994、63202643、68545874 全国各地新华书店和相关出版物销售网点
排　　版	中国水利水电出版社微机排版中心
印　　刷	天津嘉恒印务有限公司
规　　格	184mm×260mm　16开本　19.5印张　462千字
版　　次	2019年2月第1版　2019年2月第1次印刷
印　　数	0001—2000册
定　　价	**49.00**元

本书编写人员

主　编　徐　林

副主编　方　崇　唐善德　陈　衡(中职)　彭　聪

主　审　梁华江(中职)

前言

2011年2月，教育部发布通知，2011年将进一步扩大国家示范性高职院校自主招生试点单位和招生人数。高职自主招生将扩大招生对象范围，除应届高中毕业生外，允许中职毕业生（含应届）、具有高中学历的复转军人报考。这一政策间接地推动了中职毕业生升入高职的比例。今后，中职毕业生将可能成为高职的又一个主要生源。中高职教育的衔接对职业教育的协调发展将起到重要作用。

目前，我国建筑行业蓬勃发展，建筑工程质量验收与评定的任务日益艰巨，市场上需要大量的质量员、监理员和质量检测人员，为了培养中高职院校学生在建筑工程质量验收与评定方面的职业技能，提高施工现场质量管理人员的工作水平，根据《中华人民共和国建筑法》《建筑工程施工质量验收统一标准》（GB 50300—2013）等现行国家法律法规、标准规范，依据教育部中高职衔接教材编写的指导思想与原则，结合中高职院校学生的特点，兼顾施工现场土建质检员的工作内容，特编写此书。

“建筑工程质量验收与评定”是建筑工程技术、工程监理和建筑工程管理等专业的核心主干课程之一，也是土建类其他专业主要专业课程之一。全书共分为八章，内容包括建筑工程质量验收与评定基础知识、地基与基础工程质量验收与评定、主体结构工程质量验收与评定、地面工程质量验收与评定、装饰装修工程质量验收与评定、屋面工程质量验收与评定、建筑安装工程质量验收与评定、单位工程质量验收与评定实例等。为便于组织教学和学生自学，本书每章后都配有精选的思考与训练题。

本书编写主要突出以下特点：

（1）以最新的国家标准规范为基础。

（2）内容设置与职业资格认证紧密结合。

（3）内容编排以质量检测人员工作过程为导向，适当兼顾监理员、质量员的工作内容。

(4) 突出职业能力本位，融入实际工程案例，加强职业技能训练。

本书由徐林担任主编，方崇、唐善德、陈衡、彭聪担任副主编，徐林负责统稿，梁华江担任主审。具体编写分工如下：第一、第三章由广西水利电力职业技术学院徐林编写，第二、第六章由广西水利电力职业技术学院唐善德编写，第四章由北部湾职业学校陈衡编写，第五、第七章由广西水利电力职业技术学院彭聪编写，第八章由广西水利电力职业技术学院方崇编写。北部湾职业学校梁华江教授审阅了全书，提出了许多宝贵意见，在此表示感谢！

本书在编写过程中参阅了大量资料，谨向参考文献著者深表谢意！由于编者水平和经验有限，书中难免有不少疏漏和不妥之处，敬请读者批评指正。

编者

2018年12月

目录

第一章

建筑工程质量验收与评定基础知识

第一节　基本概念及相关法律法规、标准规范

一、基本概念

1. 建筑工程质量

建筑工程质量是指在国家现行的有关法律、法规、技术标准、设计文件和合同中，对建筑工程的安全、适用、经济、环境保护、美观等特性的综合要求。广义的建筑工程质量，指建设全过程的质量；一般意义的建筑工程质量（即本书所指建筑工程质量），指建筑工程施工阶段劳动力、机械设备、原材料、操作方法和施工环境五大因素的综合质量。

建筑工程质量可以划分为检验批质量、分项工程质量、分部工程质量、单位工程质量、单项工程质量五个层次。

建筑工程质量的特性体现在建筑工程的性能、寿命、可靠性、安全性和经济性五个方面。

2. 质量控制

质量控制是指在明确的质量目标条件下，通过行为方案和资源配置的计划、实施、检查和监督来实现预期目标的过程。质量控制应贯穿于产品形成的全过程，包括前期（事前）质量控制或称施工准备阶段质量控制、施工过程（事中）质量控制、后期（事后）质量控制或竣工阶段质量控制三个阶段。

3. 质量验收与评定

质量验收是指建筑工程质量在施工单位自行检查合格的基础上，由工程质量验收责任方组织，工程建设相关单位参加，对检验批、分项工程、分部工程、单位工程及其隐蔽工程的质量进行抽样检验，对技术文件进行审核，并根据设计文件和相关标准以书面形式对工程质量是否达到合格做出确认。

在施工过程中，由完成者根据规定的标准对完成的工作结果是否达到合格而自行进行质量检查所形成的结论称为“评定”。其他有关各方对质量的共同确认称为“验收”。评定是验收的基础，施工单位不能自行验收，验收结论应由有关各方共同确认，监理不能代替施工单位进行检查，而只能通过旁站观察、抽样检查与复测等形式对施工单位的评定结论加以复核，并签字确认，从而完成验收。

4. 检验

检验是指对被检验项目的特征、性能进行量测、检查、试验等，并将结果与标准规定的要求进行比较，以确定项目每项性能是否合格的活动。

5. 进场检验

进场检验是指对进入施工现场的建筑材料、构配件、设备及器具，按相关标准的要求

进行检验，并对其质量、规格及型号等是否符合要求做出确认的活动。

6. 见证检验

见证检验是指施工单位在工程监理单位或建设单位的见证下，按照有关规定从施工现场随机抽取试样，送至具备相应资质的检测机构进行检验的活动。

7. 复验

复验是指建筑材料、设备等进入施工现场后，在外观质量检查和质量证明文件核查符合要求的基础上，按照有关规定从施工现场抽取试样送至试验室进行检验的活动。

8. 实体检测

实体检测是指由有检测资质的检测单位采用标准的检验方法，在工程实体上进行原位检测或抽取试样在试验室进行检验的活动。

9. 检验批

检验批是指按相同的生产条件或按规定的方式汇总起来供抽样检验用的、由一定数量样本组成的检验体。

10. 主控项目

主控项目是指建筑工程中对安全、节能、环境保护和主要使用功能起决定性作用的检验项目。

11. 一般项目

一般项目是指除主控项目以外的检验项目。

12. 抽样方案

抽样方案是指根据检验项目的特性所确定的抽样数量和方法。

13. 计数检验

计数检验通过确定抽样样本中不合格的个体数量，对样本总体质量做出判定的检验方法。

14. 计量检验

计量检验是指以抽样样本的检测数据计算总体均值、特征值或推定值，并以此判断或评估总体质量的检验方法。

15. 错判概率

错判概率是指合格批被判为不合格批的概率，即合格批被拒收的概率，用α表示。

16. 漏判概率

漏判概率是指不合格批被判为合格批的概率，即不合格批被误收的概率，用β表示。

17. 观感质量

观感质量是指通过观察和必要的测试所反映的工程外在质量和功能状态。

18. 施工质量控制等级

施工质量控制等级是指按质量控制和质量保证若干要素对施工技术水平所作的分级。

19. 工程质量事故

工程质量事故是指在工程建设过程中或交付使用后，对工程结构安全、使用功能和外形观感影响较大、损失较大的质量损伤。其特点是经济损失达到较大的金额；有时造成人员伤亡；后果严重，影响结构安全；无法降级使用，难以修复时，必须推倒重建。

20. 工程质量通病

工程质量通病是指各类影响工程结构、使用功能和外形观感的常见性质量损伤。

21. 工程质量缺陷

工程质量缺陷是指工程达不到技术标准允许的技术指标的现象，也即建筑工程施工质量中不符合规定要求的检验项或检验点，按其程度可分为严重缺陷和一般缺陷。

22. 严重缺陷

严重缺陷是指对结构构件的受力性能或安装使用性能有决定性影响的缺陷。

23. 一般缺陷

一般缺陷是指对结构构件的受力性能或安装使用性能无决定性影响的缺陷。

24. 返修

返修是指对施工质量不符合标准规定的部位采取的整修等措施。

25. 返工

返工是指对施工质量不符合标准规定的部位采取的更换、重新制作、重新施工等措施。

二、相关法律法规及标准规范

1. 法律

(1)《中华人民共和国建筑法》(全国人大常委会，2011)。

(2)《中华人民共和国产品质量法》(全国人大常委会，2000)。

2. 行政法规

(1)《建设工程质量管理条例》(国务院，2000)。

(2)《民用建筑节能条例》(国务院，2008)。

(3)《对外承包工程管理条例》(国务院，2008)。

3. 部门规章

(1)《关于加强建设项目工程质量管理的通知》(建设部，1998)。

(2)《实施工程建设强制性标准监督规定》(建设部，2000)。

(3)《房屋建筑工程和市政基础设施工程实行见证取样和送检的规定》(建设部，2000)。

(4)《房屋建筑工程质量保修办法》(建设部，2000)。

(5)《建设工程质量监督机构监督工作指南》(建设部，2000)。

(6)《建筑企业资质等级标准》(建设部，2001)。

(7)《建设工程质量检测管理办法》(建设部，2005)。

(8)《建筑业企业资质管理规定》(建设部，2007)。

(9)《房屋建筑和市政基础设施工程竣工验收规定》(建设部，2013)。

4. 国家标准

(1)《建筑工程施工质量验收统一标准》(GB 50300—2013)。

(2)《土方与爆破工程施工及验收规范》(GB 50201—2012)。

(3)《建筑地基基础工程施工质量验收规范》(GB 50202—2002)。

(4)《砌体结构工程施工质量验收规范》(GB 50203—2011)。

(5)《混凝土结构工程施工质量验收规范》(GB 50204—2015)。

(6)《钢结构工程施工质量验收规范》(GB 50205—2001)。

(7)《木结构工程施工质量验收规范》(GB 50206—2012)。

(8)《屋面工程质量验收规范》(GB 50207—2012)。

(9)《地下防水工程质量验收规范》(GB 50208—2011)。

(10)《建筑地面工程施工质量验收规范》(GB 50209—2010)。

(11)《建筑装饰装修工程质量验收规范》(GB 50210—2001)。

(12)《建筑节能工程施工质量验收规范》(GB 50411—2007)。

(13)《混凝土质量控制标准》(GB 50164—2011)。

(14)《工程建设施工企业质量管理规范》(GB/T 50430—2017)。

(15)《智能建筑工程质量验收规范》(GB 50339—2013)。

(16)《房屋建筑和市政基础设施工程质量检测技术管理规范》(GB 50618—2011)。

(17)《建筑工程施工质量评价标准》(GB/T 50375—2016)。

(18)《砌体工程现场检测技术标准》(GB/T 50315—2011)。

(19)《钢结构现场检测技术标准》(GB/T 50621—2010)。

(20)《混凝土结构现场检测技术标准》(GB/T 50784—2013)。

(21)《建设工程监理规范》(GB/T 50319—2013)。

5. 行业标准

(1)《建筑防水工程现场检测技术规范》(JGJ/T 299—2013)。

(2)《住宅室内装饰装修工程质量验收规范》(JGJ/T 304—2013)。

(3)《建筑涂饰工程施工及验收规程》(JGJ/T 29—2015)。

(4)《外墙饰面砖工程施工及验收规程》(JGJ 126—2015)。

(5)《钢筋焊接及验收规程》(JGJ 18—2012)。

(6)《混凝土耐久性检验评定标准》(JGJ/T 193—2009)。

(7)《回弹法检测混凝土抗压强度技术规程》(JGJ/T 23—2011)。

(8)《择压法检测砌筑砂浆抗压强度技术规程》(JGJ/T 234—2011)。

(9)《红外热像法检测建筑外墙饰面粘结质量技术规程》(JGJ/T 277—2012)。

(10)《建筑门窗工程检测技术规程》(JGJ/T 205—2010)。

(11)《房屋建筑与市政基础设施工程检测分类标准》(JGJ/T 181—2009)。

(12)《建筑工程施工过程结构分析与监测技术规范》(JGJ/T 302—2013)。

(13)《建筑与市政工程施工现场专业人员职业标准》(JGJ/T 250—2011)。

第二节　质量验收的层次划分

一、质量验收层次划分及目的

1. 质量验收层次划分

随着我国经济发展和施工技术的进步，工程建设规模不断扩大，技术复杂程度越来越高，出现了大量工程规模较大的单体工程和具有综合使用功能的综合性建筑物。由于大型单体工程可能在功能或结构上由若干个单体组成，且整个建设周期较长，可能出现已建成可使用的部分单体需先投入使用或先将工程中一部分提前建成使用等情况，需要进行分段验收，再者对规模特别大的工程进行一次验收也不方便等。因此，《建筑工程施工质量验收统一标准》(GB 50300—2013) 规定，建筑工程施工质量验收应划分为单位工程、分部工程、分项工程和检验批4个层次，如图1-1所示。也就是说，为了更加科学地评价工程施工质量和有利于对其进行验收，根据工程特点，按结构分解的原则，将单位或子单位工程划分为若干个分部或子分部工程。每个分部或子分部工程又可划分为若干个分项工程。每个分项工程又可划分为若干个检验批。检验批是工程施工质量验收的最小单位。

单位（子单位）工程 —划分→ 分部（子分部）工程 —划分→ 分项工程 —划分→ 检验批

图1-1　质量验收层次划分

2. 质量验收层次划分目的

建筑工程质量验收涉及工程施工过程质量验收和竣工质量验收，是工程施工质量控制的重要环节。根据工程特点，按项目层次分解的原则合理划分工程施工质量验收层次，将有利于对工程施工质量进行过程控制和阶段质量验收，特别是不同专业工程的验收的确定，将直接影响到工程施工质量验收工作的科学性、经济性、实用性和可操作性。因此，对施工质量验收层次进行合理划分非常必要，这有利于工程施工质量的过程控制和最终把关，确保工程质量符合有关标准。

二、单位工程的划分

单位工程是指具备独立的设计文件、独立的施工条件并能形成独立使用功能的建筑或构筑物。对于建筑工程，单位工程的划分应按下列原则确定：

（1）具备独立施工条件并能形成独立使用功能的建筑物或构筑物为一个单位工程。例如，一所学校中的一栋教学楼、办公楼、传达室，某城市的广播电视塔等。

（2）对于规模较大的单位工程，可将其能形成独立使用功能的部分划分为一个子单位工程。

子单位工程的划分一般可根据工程的建筑设计分区、使用功能的显著差异、结构缝的设置等实际情况，施工前应由建设、监理、施工单位商定划分方案，并据此收集整理施工技术资料和验收。

（3）室外工程可根据专业类别和工程规模划分单位工程或子单位工程、分部工程。室外工程的划分见表1-1。

表1-1　室外工程的单位工程或子单位工程、分部工程划分

单位工程	子单位工程	分　部　工　程
室外设施	道路	路基、基层、面层、广场与停车场、人行道、人行地道、挡土墙、附属构筑物
	边坡	土石方、挡土墙、支护
附属建筑及室外环境	附属建筑	车棚、围墙、大门、挡土墙
	室外环境	建筑小品、亭台、水景、连廊、花坛、场坪绿化、景观桥
室外安装	给水排水	室外给水系统、室外排水系统
	供热	室外供热系统
	电气	室外供电系统、室外照明系统

三、分部工程的划分

分部工程，是单位工程的组成部分，一般按专业性质、工程部位或特点、功能和工程量确定。对于建筑工程，分部工程的划分应按下列原则确定：

（1）分部工程的划分应按专业性质、工程部位确定。例如，建筑工程划分为地基与基础、主体结构、建筑装饰装修、屋面、建筑给水排水及供暖、通风与空调、建筑电气、建筑智能化、建筑节能、电梯十个分部工程。

（2）当分部工程较大或较复杂时，可按材料种类、施工特点、施工程序、专业系统及类别将分部工程划分为若干子分部工程。例如，建筑智能化分部工程中就包含了通信网络系统、计算机网络系统、建筑设备监控系统、火灾报警及消防联动系统、会议系统与信息导航系统、专业应用系统、安全防范系统、综合布线系统、智能化集成系统、电源与接地、计算机机房工程、住宅智能化系统等子分部工程。

四、分项工程的划分

分项工程，是分部工程的组成部分，可按主要工种、材料、施工工艺、设备类别进行划分。例如，建筑工程主体结构分部工程中，混凝土结构子分部按主要工种分为模板、钢筋、混凝土等分项工程；按施工工艺又分为预应力、现浇结构、装配式结构等分项工程。

地基与基础分部工程的子分部工程、分项工程划分见表1－2。

表1－2　　地基与基础分部工程的子分部工程、分项工程划分

分部工程	子分部工程	分　项　工　程
地基与基础	地基	素土、灰土地基，砂和砂石地基，土工合成材料地基，粉煤灰地基，强夯地基，注浆地基，预压地基，砂石桩复合地基，高压旋喷注浆地基，水泥土搅拌桩地基，土和灰土挤密桩复合地基，水泥粉煤灰碎石桩复合地基，夯实水泥土桩复合地基
	基础	无筋扩展基础，钢筋混凝土扩展基础，筏形与箱形基础，钢结构基础，钢管混凝土结构基础，型钢混凝土结构基础，钢筋混凝土预制桩基础，泥浆护壁成孔灌注桩基础，干作业成孔桩基础，长螺旋钻孔压灌桩基础，沉管灌注桩基础，钢桩基础，锚杆静压桩基础，岩石锚杆基础，沉井与沉箱基础
	基坑支护	灌注桩排桩围护墙，板桩围护墙，咬合桩围护墙，型钢水泥土搅拌墙，土钉墙，地下连续墙，水泥土重力式挡墙，内支撑，锚杆，与主体结构相结合的基坑支护
	地下水控制	降水与排水，回灌
	土方	土方开挖，土方回填，场地平整
	边坡	喷锚支护，挡土墙，边坡开挖
	地下防水	主体结构防水，细部构造防水，特殊施工法结构防水，排水，注浆

主体结构分部工程的子分部工程、分项工程划分见表1－3。

表 1－3　　主体结构分部工程的子分部工程、分项工程划分

分部工程	子分部工程	分 项 工 程
主体结构	混凝土结构	模板，钢筋，混凝土，预应力，现浇结构，装配式结构
	砌体结构	砖砌体，混凝土小型空心砌块砌体，石砌体，配筋砌体，填充墙砌体
	钢结构	钢结构焊接，紧固件连接，钢零部件加工，钢构件组装及预拼装，单层钢结构安装，多层及高层钢结构安装，钢管结构安装，预应力钢索和膜结构，压型金属板，防腐涂料涂装，防火涂料涂装
	钢管混凝土结构	构件现场拼装，构件安装，钢管焊接，构件连接，钢管内钢筋骨架，混凝土
	型钢混凝土结构	型钢焊接，紧固件连接，型钢与钢筋连接，型钢构件组装及预拼装，型钢安装，模板，混凝土
	铝合金结构	铝合金焊接，紧固件连接，铝合金零部件加工，铝合金构件组装，铝合金构件预拼装，铝合金框架结构安装，铝合金空间网格结构安装，铝合金面板，铝合金幕墙结构安装，防腐处理
	木结构	方木与原木结构，胶合木结构，轻型木结构，木结构的防护

建筑装饰装修分部工程的子分部工程、分项工程划分见表 1－4。

表 1－4　　建筑装饰装修分部工程的子分部工程、分项工程划分

分部工程	子分部工程	分 项 工 程
建筑装饰装修	建筑地面	基层铺设，整体面层铺设，板块面层铺设，木、竹面层铺设
	抹灰	一般抹灰，保温层薄抹灰，装饰抹灰，清水砌体勾缝
	外墙防水	外墙砂浆防水，涂膜防水，透气膜防水
	门窗	木门窗安装，金属门窗安装，塑料门窗安装，特种门安装，门窗玻璃安装
	吊顶	整体面层吊顶，板块面层吊顶，格栅吊顶
	轻质隔墙	板材隔墙，骨架隔墙，活动隔墙，玻璃隔墙
	饰面板	石板安装，陶瓷板安装，木板安装，金属板安装，塑料板安装
	饰面砖	外墙饰面砖粘贴，内墙饰面砖粘贴
	幕墙	玻璃幕墙安装，金属幕墙安装，石材幕墙安装，陶板幕墙安装
	涂饰	水性涂料涂饰，溶剂型涂料涂饰，美术涂饰
	裱糊与软包	裱糊，软包
	细部	橱柜制作与安装，窗帘盒和窗台板制作与安装，门窗套制作与安装，护栏和扶手制作与安装，花饰制作与安装

屋面分部工程的子分部工程、分项工程划分见表 1－5。

表 1-5　　屋面分部工程的子分部工程、分项工程划分

分部工程	子分部工程	分　项　工　程
屋面	基层与保护	找坡层和找平层，隔汽层，隔离层，保护层
	保温与隔热	板状材料保温层，纤维材料保温层，喷涂硬泡聚氨酯保温层，现浇泡沫混凝土保温层，种植隔热层，架空隔热层，蓄水隔热层
	防水与密封	卷材防水层，涂膜防水层，复合防水层，接缝密封防水
	瓦面与板面	烧结瓦和混凝土瓦铺装，沥青瓦铺装，金属板铺装，玻璃采光
	细部构造	檐口，檐沟和天沟，女儿墙和山墙，水落口，变形缝，伸出屋面管道，屋面出入口，反梁过水孔，设施基座，屋脊，屋顶窗

五、检验批的划分

检验批在《建筑工程施工质量验收统一标准》（GB 50300—2013）中是指按相同的生产条件或按规定的方式汇总起来供抽样检验用的，由一定数量样本组成的检验体。它是建筑工程质量验收划分中的最小验收单位。

分项工程可由一个或若干个检验批组成，检验批可根据施工、质量控制和专业验收的需要，按工程量、楼层、施工段、变形缝进行划分。施工前，应由施工单位制定分项工程和检验批的划分方案，并由项目监理机构审核。对于《建筑工程施工质量验收统一标准》（GB 50300—2013）及相关专业验收规范未涵盖的分项工程和检验批，可由建设单位组织监理、施工等单位协商确定。

通常，多层及高层建筑的分项工程可按楼层或施工段来划分检验批；单层建筑的分项工程可按变形缝等划分检验批；地基与基础的分项工程一般划分为一个检验批，有地下层的基础工程可按不同地下层划分检验批；屋面工程的分项工程可按不同楼层屋面划分为不同的检验批；其他分部工程中的分项工程，一般按楼层划分检验批；对于工程量较少的分项工程可划分为一个检验批；安装工程一般按一个设计系统或设备组别划分为一个检验批；室外工程一般划分为一个检验批；散水、台阶、明沟等含在地面检验批中。

第三节　质量验收的方法

施工项目质量验收常规的方法，主要是审核有关技术文件、报告和直接在现场进行质量检验或必要的试验等。

一、审核有关技术文件、报告或报表

对技术文件、报告、报表的审核，是对工程质量进行验收与评定的重要环节，其具体内容如下：

（1）审核有关技术资质证明文件。

（2）审核开工报告，并经现场核实。

（3）审核施工方案、施工组织设计和技术措施。

(4) 审核有关材料、半成品的质量检验报告。

(5) 审核反映工序质量动态的统计资料或控制图表。

(6) 审核设计变更、修改图纸和技术核定书。

(7) 审核有关质量问题的处理报告。

(8) 审核有关应用新工艺、新材料、新技术、新结构的技术鉴定书。

(9) 审核有关工序交接检查，分项、分部工程质量检查报告。

(10) 审核并签署现场有关技术签证、文件等。

二、现场质量检验

1. 现场质量检验的内容

(1) 开工前检查。目的是检查是否具备开工条件，开工后能否连续正常施工，能否保证工程质量。

(2) 工序交接检查。对于重要的工序或对工程质量有重大影响的工序，实行“三检制”，即在自检、互检的基础上，还要组织专职人员进行工序交接检查。

(3) 隐蔽工程检查。凡是隐蔽工程均应检查认证后方可掩盖。

(4) 停工后复工前的检查。由于处理质量问题或某种原因停工后需复工时，也应经检查认可后方可复工。

(5) 分项、分部工程完工后，应经检查认可，签署验收记录后，才允许进行下一工程项目施工。

(6) 成品保护检查。检查成品有无保护措施，或保护措施是否可靠。

此外，还应经常深入现场，对施工操作质量进行巡视检查。必要时，还应进行跟班或追踪检查。

2. 现场质量检验的程度

现场质量检验的程度，按检验对象被检验的数量，可分为以下几类：

(1) 全数检验。也称为普遍检验，它主要用于关键工序、部位或隐蔽工程，以及在技术规程、质量检验验收标准或设计文件中有明确规定应进行全数检验的对象。对于以下情况均需采取全数检验：

1) 规格、性能指标对工程的安全性、可靠性起决定作用的施工对象。

2) 质量不稳定的工序。

3) 质量水平要求高、对后续工序有较大影响的施工对象等。

(2) 抽样检验。对于主要的建筑材料、半成品或工程产品等，由于数量大，通常采取抽样检验，即从一批材料或产品中随机抽取少量样品进行检验，并根据对其数据统计分析的结果判断该批产品的质量状况。与全数检验相比较，抽样检验具有如下优点：

1) 检验数量少，比较经济。

2) 适合于需要进行破坏性试验（如混凝土抗压强度的检验）的检验项目。

3) 检验所需时间较少。

(3) 免检。在某种情况下，可以免去质量检验过程。对于已有足够证据证明质量有保证的一般材料或产品，或实践证明其产品质量长期稳定、质量保证资料齐全者，或某些施工质量只有通过在施工过程中的严格质量监控，而质量检验人员很难对产品内在质量再做检验的，均可考虑免检。

3. 现场质量检验的方法

对于现场所用原材料、半成品、工序过程或工程产品质量进行检验的方法，一般可分为三类，即目测法、量测法及试验法。

（1）目测法。目测法即凭借感官进行检查，也可以称观感检验。这类方法主要是根据质量要求，采用看、摸、敲、照等手法对检查对象进行检查。

“看”就是根据质量标准要求进行外观检查，例如，清水墙表面是否洁净，喷涂的密实度和颜色是否良好、均匀，工人的施工操作是否正常，混凝土振捣是否符合要求等。

“摸”就是通过触摸手感进行检查、鉴别，例如，油漆的光滑度，浆活是否牢固、不掉粉等。

“敲”就是运用敲击方法进行音感检查，例如，对拼镶木地板、墙面瓷砖、大理石镶贴、地砖铺砌等的质量均可通过敲击检查，根据声音虚实、脆闷判断有无空鼓等质量问题。

“照”就是通过人工光源或反射光照射，仔细检查难以看清的部位。

（2）量测法。量测法就是利用量测工具或计量仪表，将实际量测结果与规定的质量标准或规范的要求相对照，从而判断质量是否符合要求。量测的手法可归纳为靠、吊、量、套。

“靠”是用直尺检查诸如地面、墙面的平整度等。

“吊”是指用托线板线锤检查垂直度。

“量”是指用量测工具或计量仪表等检查断面尺寸、轴线、标高、温度、湿度等数值，并确定其偏差，如大理石板拼缝尺寸与超差数量、摊铺沥青拌和料的温度等。

“套”是指以方尺套方辅以塞尺检查，如对阴阳角的方正、踢脚线的垂直度、预制构件的方正，门窗口及构件的对角线等项目的检查。

（3）试验法。试验法指通过进行现场试验或试验室试验等理化试验手段取得数据，分析判断质量情况，具体如下：

1）理化试验。工程中常用的理化试验包括各种物理力学性能方面的检验和化学成分及含量的测定两个方面。

2）无损测试或检验。借助专门的仪器（如超声波探伤仪、磁粉探伤仪、射线探伤仪等）、仪表等手段探测结构物或材料、设备内部组织结构或损伤状态。

4. 现场质量检验的常用工具

（1）垂直检测尺（图 1－2）。检测墙面是否平整、垂直，地面是否水平、平整。

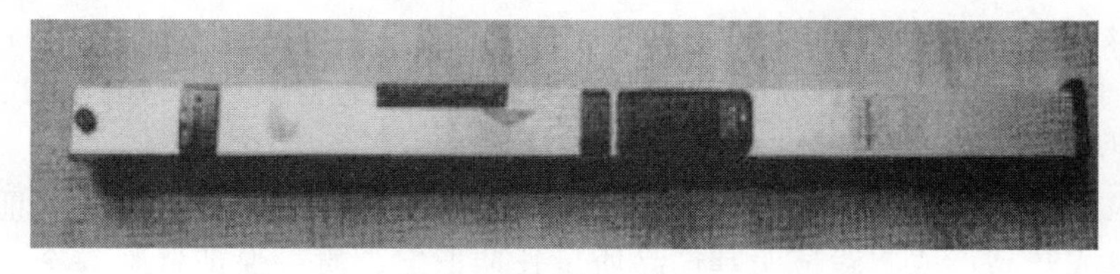

图 1－2　垂直检测尺

（2）内外直角检测尺（图1－3）。检测物体上内外（阴阳）直角的偏差及一般平面的垂直度与水平度。

（3）楔形塞尺（图1－4）。检测建筑物体上缝隙的大小及物体平面的平整度。

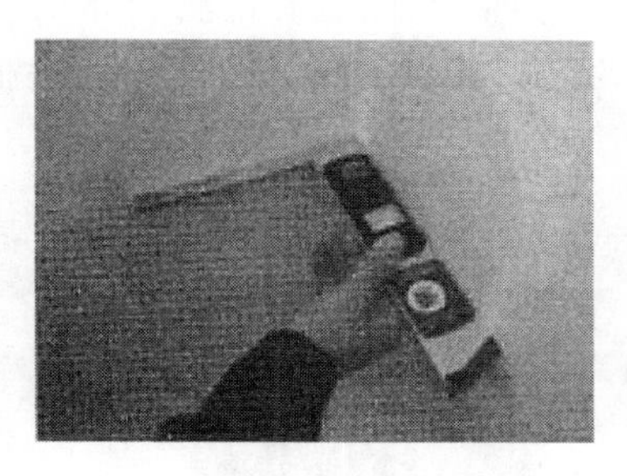

图1－3　内外直角检测尺

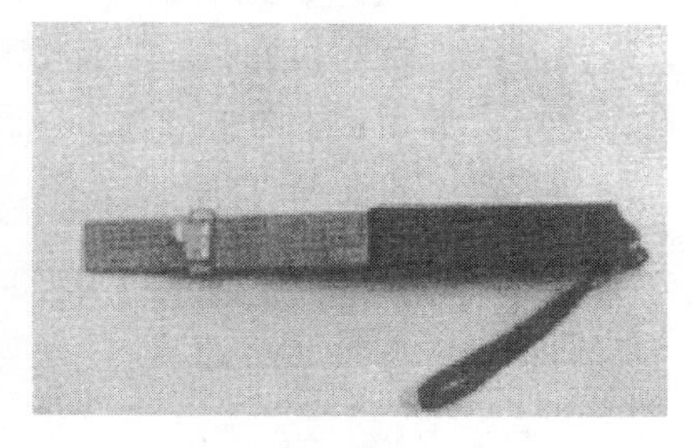

图1－4　楔形塞尺

（4）焊接检测尺（图1－5）。检测钢构件焊接、钢筋折角焊接的质量。

（5）检测镜（图1－6）。检测建筑物体的上冒头、背面、弯曲面等肉眼不易直接看到的地方，手柄处有M6螺孔，可装在伸缩杆或对角检测尺上，以便于高处检测。

图1－5　焊接检测尺

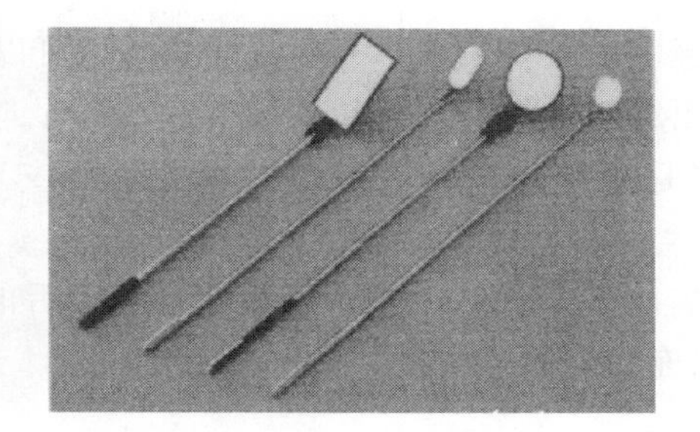

图1－6　检测镜

（6）百格网（图1－7）。百格网采用高透明度工业塑料制成，展开后检测面积等同于标准砖，其上均布100个小格，专用于检测砌体砖面砂浆涂覆的饱满度，即覆盖率（单位为％）。

（7）伸缩杆（图1－8）。二节伸缩式结构，伸出全长410mm，前端有M16螺栓，可装楔形塞尺、检测镜、活动锤头等，是辅助检测工具。

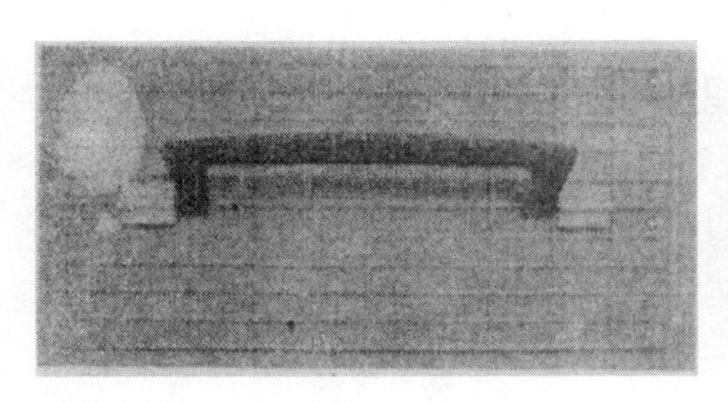

图1－7　百格网

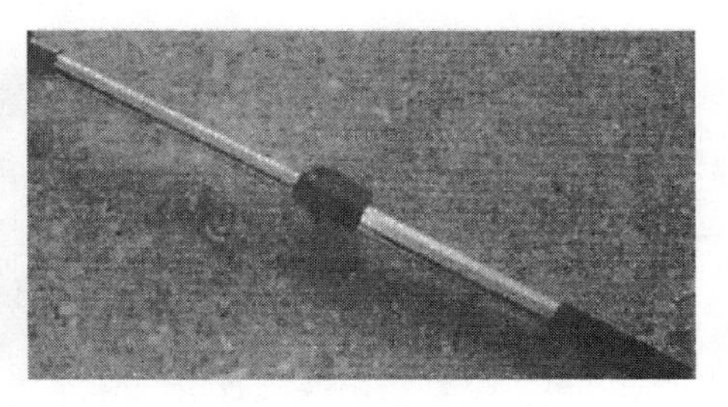

图1－8　伸缩杆

（8）磁力线坠（图 1－9）。检测建筑物体的垂直度及用于砌墙、安装门窗、电梯等任何物体的垂直校正，目测对比。

（9）卷线盒（图 1－10）。塑料盒式结构，内有尼龙丝线，拉出全长 15m，可检测建筑物体的平直，如砖墙砌体灰缝、踢脚线等（用其他检测工具不易检测物体的平直部位）。检测时，拉紧两端丝线，放在被测处，目测观察对比，检测完毕后，用卷线手柄顺时针旋转，将丝线收入盒内，然后锁上方扣。

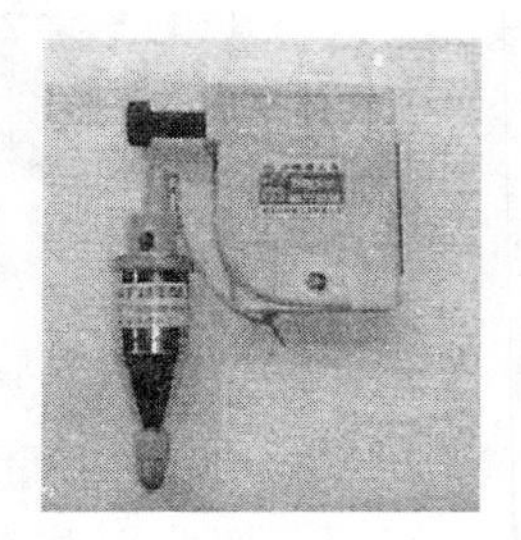

图 1－9　磁力线坠

图 1－10　卷线盒

（10）钢针小锤（图 1－11）。

1）小锤轻轻敲打玻璃、马赛克、瓷砖，可以判断空鼓程度及黏合质量。

2）拨出塑料手柄，里面是尖头钢针，钢针向被检物上戳几下，可探查出多孔板缝隙、砖缝等砂浆是否饱满。锤头上 M6 螺孔，可安装在伸缩杆或对角检测尺上，便于高处检验。

（11）响鼓锤（图 1－12）。轻轻敲打抹灰后的墙面，可以判断墙面的空鼓程度及砂灰与砖、水泥冻结的黏合质量。

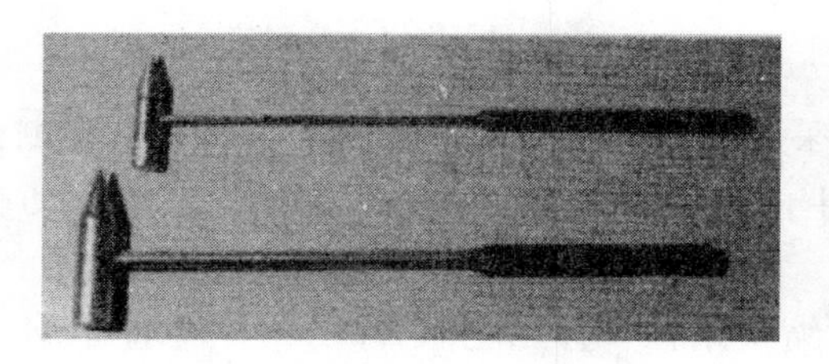

图 1－11　钢针小锤

图 1－12　响鼓锤

第四节　质量验收的组织

一、建筑工程质量验收基本规定

（1）施工现场应具有健全的质量管理体系、相应的施工技术标准、施工质量检验制度和综合施工质量水平评定考核制度。

施工现场质量管理检查记录应由施工单位按表 1－6 填写，总监理工程师进行检查，并做出检查结论。

表 1－6　**施工现场质量管理检查记录**

<table>
<tr><td>工程名称</td><td colspan="2"></td><td>施工许可证号</td><td colspan="2"></td></tr>
<tr><td>建设单位</td><td colspan="2"></td><td>项目负责人</td><td colspan="2"></td></tr>
<tr><td>设计单位</td><td colspan="2"></td><td>项目负责人</td><td colspan="2"></td></tr>
<tr><td>监理单位</td><td colspan="2"></td><td>总监理工程师</td><td colspan="2"></td></tr>
<tr><td>施工单位</td><td></td><td>项目负责人</td><td></td><td>项目技术负责人</td><td></td></tr>
<tr><td>序号</td><td colspan="2">项　目</td><td colspan="3">主 要 内 容</td></tr>
<tr><td>1</td><td colspan="2">项目部质量管理体系</td><td colspan="3"></td></tr>
<tr><td>2</td><td colspan="2">现场质量责任制</td><td colspan="3"></td></tr>
<tr><td>3</td><td colspan="2">主要专业工种操作岗位证书</td><td colspan="3"></td></tr>
<tr><td>4</td><td colspan="2">分包单位管理制度</td><td colspan="3"></td></tr>
<tr><td>5</td><td colspan="2">图纸会审记录</td><td colspan="3"></td></tr>
<tr><td>6</td><td colspan="2">地质勘察资料</td><td colspan="3"></td></tr>
<tr><td>7</td><td colspan="2">施工技术标准</td><td colspan="3"></td></tr>
<tr><td>8</td><td colspan="2">施工组织设计编制及审批</td><td colspan="3"></td></tr>
<tr><td>9</td><td colspan="2">物资采购管理制度</td><td colspan="3"></td></tr>
<tr><td>10</td><td colspan="2">施工设施和机械设备管理制度</td><td colspan="3"></td></tr>
<tr><td>11</td><td colspan="2">计量设备配备</td><td colspan="3"></td></tr>
<tr><td>12</td><td colspan="2">检测试验管理制度</td><td colspan="3"></td></tr>
<tr><td>13</td><td colspan="2">工程质量检查验收制度</td><td colspan="3"></td></tr>
<tr><td colspan="3">自检结果：

施工单位项目负责人：

年　月　日</td><td colspan="3">检查结论：

总监理工程师：

年　月　日</td></tr>
</table>

（2）当工程未实行监理时，建设单位相关人员应履行有关验收规范涉及的监理职责。

（3）建筑工程的施工质量控制应符合下列规定：

1）建筑工程采用的主要材料、半成品、成品、建筑构配件、器具和设备应进行进场检验。凡涉及安全、节能、环境保护和主要使用功能的重要材料、产品，应按各专业工程施工规范、验收规范和设计文件等规定进行复验，并应经专业监理工程师检查认可。

2）各施工工序应按施工技术标准进行质量控制，每道施工工序完成后，经施工单位自检符合规定后，才能进行下道工序施工。各专业工种之间的相关工序应进行交接检验，并应记录。

3）对于项目监理机构提出检查要求的重要工序，应经专业监理工程师检查认可，才能进行下道工序施工。

（4）当专业验收规范对工程中的验收项目未做出相应规定时，应由建设单位组织监理、设计、施工等相关单位制定专项验收要求。涉及结构安全、节能、环境保护等项目的专项验收要求应由建设单位组织专家论证。

（5）建筑工程施工质量应按下列要求进行验收：

1）工程施工质量验收均应在施工单位自检合格的基础上进行。

2）参加工程施工质量验收的各方人员应具备相应的资格。

3）检验批的质量应按主控项目和一般项目验收。

4）对涉及结构安全、节能、环境保护和主要使用功能的试块、试件及材料，应在进场时或施工中按规定进行见证检验。

5）隐蔽工程在隐蔽前应由施工单位通知项目监理机构进行验收，并应形成验收文件，验收合格后方可继续施工。

6）对涉及结构安全、节能、环境保护等的重要分部工程应在验收前按规定进行抽样检验。

7）工程的观感质量应由验收人员现场检查，并应共同确认。

（6）建筑工程施工质量验收合格应符合下列规定：

1）符合工程勘察、设计文件的规定。

2）符合《建筑工程施工质量验收统一标准》（GB 50300—2013）和相关专业验收规范的规定。

二、检验批质量验收

1. 检验批质量验收程序

检验批是工程施工质量验收的最小单位，是分项工程乃至整个建筑工程质量验收的基础。检验批质量验收应由专业监理工程师组织施工单位项目专业质量检查员、专业工长等进行。

验收前，施工单位应先对施工完成的检验批进行自检，合格后由项目专业质量检查员填写检验批质量验收记录（表1-7，有关监理验收记录及结论不填写）及检验批报审、报验表，并报送项目监理机构申请验收；专业监理工程师对施工单位所报资料进行审查，并组织相关人员到验收现场进行主控项目和一般项目的实体检查、验收。对验收不合格的检验批，专业监理工程师应要求施工单位进行整改，并自检合格后予以复验；对验收合格的检验批，专业监理工程师应签认检验批报审、报验表及质量验收记录，准许进行下道工序施工。

表 1－7　　　　　　＿＿＿＿＿＿检验批质量验收记录

<table>
<tr><td colspan="2">单位（子单位）
工程名称</td><td></td><td>分部（子分部）
工程名称</td><td></td><td>分项工程名称</td><td></td></tr>
<tr><td colspan="2">施工单位</td><td></td><td>项目负责人</td><td></td><td>检验批容量</td><td></td></tr>
<tr><td colspan="2">分包单位</td><td></td><td>分包单位项目
负责人</td><td></td><td>检验批部位</td><td></td></tr>
<tr><td colspan="2">施工依据</td><td colspan="2"></td><td>验收依据</td><td colspan="2"></td></tr>
<tr><td rowspan="11">主控项目</td><td colspan="2">验收项目</td><td>设计要求及规范规定</td><td>最小/实际抽样数量</td><td>检查记录</td><td>检查结果</td></tr>
<tr><td>1</td><td></td><td></td><td></td><td></td><td></td></tr>
<tr><td>2</td><td></td><td></td><td></td><td></td><td></td></tr>
<tr><td>3</td><td></td><td></td><td></td><td></td><td></td></tr>
<tr><td>4</td><td></td><td></td><td></td><td></td><td></td></tr>
<tr><td>5</td><td></td><td></td><td></td><td></td><td></td></tr>
<tr><td>6</td><td></td><td></td><td></td><td></td><td></td></tr>
<tr><td>7</td><td></td><td></td><td></td><td></td><td></td></tr>
<tr><td>8</td><td></td><td></td><td></td><td></td><td></td></tr>
<tr><td>9</td><td></td><td></td><td></td><td></td><td></td></tr>
<tr><td>10</td><td></td><td></td><td></td><td></td><td></td></tr>
<tr><td rowspan="5">一般项目</td><td>1</td><td></td><td></td><td></td><td></td><td></td></tr>
<tr><td>2</td><td></td><td></td><td></td><td></td><td></td></tr>
<tr><td>3</td><td></td><td></td><td></td><td></td><td></td></tr>
<tr><td>4</td><td></td><td></td><td></td><td></td><td></td></tr>
<tr><td>5</td><td></td><td></td><td></td><td></td><td></td></tr>
<tr><td colspan="3">施工单位检查结果</td><td colspan="4">专业工长：

项目专业质量检查员：
年　月　日</td></tr>
<tr><td colspan="3">监理单位验收结论</td><td colspan="4">专业监理工程师：
年　月　日</td></tr>
</table>

2. 检验批质量验收合格的规定

（1）主控项目的质量经抽样检验均应合格。

（2）一般项目的质量经抽样检验合格。当采用计数抽样时，合格点率应符合有关专业验收规范的规定，且不得存在严重缺陷。

（3）具有完整的施工操作依据、质量验收记录。

检验批质量验收合格条件除主控项目和一般项目的质量经抽样检验合格外，其施工操作依据、质量验收记录尚应完整且符合设计、验收规范的要求。只有符合检验批质量验收合格条件，该检验批质量方能判定合格。

3. 检验批质量检验方法

（1）检验批质量检验，可根据检验项目的特点在下列抽样方案中选取：

1）计量、计数的抽样方案。

2）一次、二次或多次抽样方案。

3）对重要的检验项目，当有简易快速的检验方法时，选用全数检验方案。

4）根据生产连续性和生产控制稳定性情况，采用调整型抽样方案。

5）经实践证明有效的抽样方案。

（2）计量抽样的错判概率α和漏判概率β可按下列规定采取：

错判概率α是指合格批被判为不合格批的概率，即合格批被拒收的概率。

漏判概率β是指不合格批被判为合格批的概率，即不合格批被误收的概率。

抽样检验必然存在这两类风险，要求通过抽样检验的检验批100%合格是不合理的，也是不可能的。在抽样检验中，两类风险的一般控制范围如下：

1）主控项目：α和β均不宜超过5%。

2）一般项目：α不宜超过5%，β不宜超过10%。

（3）检验批抽样样本应随机抽取，满足分布均匀、具有代表性的要求，抽样数量不应低于有关专业验收规范的规定。

明显不合格的个体可不纳入检验批，但必须进行处理，使其满足有关专业验收规范的规定，并对处理情况予以记录。

三、隐蔽工程质量验收

隐蔽工程是指在下道工序施工后将被覆盖或掩盖、不易进行质量检查的工程，例如：钢筋混凝土工程中的钢筋工程，地基与基础工程中的混凝土基础和桩基础等。因此，隐蔽工程完成后，在被覆盖或掩盖前必须进行隐蔽工程质量验收。隐蔽工程可能是一个检验批，也可能是一个分项工程或子分部工程，所以可按检验批或分项工程、子分部工程进行验收。

当隐蔽工程为检验批时，其质量验收应由专业监理工程师组织施工单位项目专业质量检查员、专业工长等进行。

施工单位应对隐蔽工程质量进行自检，合格后填写隐蔽工程质量验收记录（有关监理验收记录及结论不填写）及隐蔽工程报审、报验表，并报送项目监理机构申请验收；专业监理工程师对施工单位所报资料进行审查，并组织相关人员到验收现场进行实体检查、验收，同时应留有照片、影像等资料。对验收不合格的工程，专业监理工程师应要求施工单位进行整改，自检合格后予以复查；对验收合格的工程，专业监理工程师应签认隐蔽工程报审、报验表及质量验收记录，准予进行下一道工序施工。

四、分项工程质量验收

1. 分项工程质量验收程序

分项工程质量验收应由专业监理工程师组织施工单位项目技术负责人等进行。

验收前，施工单位应先对施工完成的分项工程进行自检，合格后填写分项工程质量验收记录（表1-8）及分项工程报审、报验表，并报送项目监理机构申请验收。专业监理工程师对施工单位所报资料逐项进行审查，符合要求后签认分项工程报审、报验表及质量验收记录。

表 1-8　　　　　　________**分项工程质量验收记录**

<table>
<tr><td colspan="2">工程名称</td><td></td><td>结构类型</td><td></td><td>检验批数</td><td></td></tr>
<tr><td colspan="2">施工单位</td><td></td><td>项目负责人</td><td></td><td>项目技术负责人</td><td></td></tr>
<tr><td colspan="2">分包单位</td><td></td><td>单位负责人</td><td></td><td>项目负责人</td><td></td></tr>
<tr><td>序号</td><td colspan="2">检验批名称及部位、区段</td><td colspan="2">施工、分包单位检查结果</td><td colspan="2">监理单位验收结论</td></tr>
<tr><td>1</td><td colspan="2"></td><td colspan="2"></td><td colspan="2"></td></tr>
<tr><td>2</td><td colspan="2"></td><td colspan="2"></td><td colspan="2"></td></tr>
<tr><td>3</td><td colspan="2"></td><td colspan="2"></td><td colspan="2"></td></tr>
<tr><td>4</td><td colspan="2"></td><td colspan="2"></td><td colspan="2"></td></tr>
<tr><td>5</td><td colspan="2"></td><td colspan="2"></td><td colspan="2"></td></tr>
<tr><td>6</td><td colspan="2"></td><td colspan="2"></td><td colspan="2"></td></tr>
<tr><td>7</td><td colspan="2"></td><td colspan="2"></td><td colspan="2"></td></tr>
<tr><td>8</td><td colspan="2"></td><td colspan="2"></td><td colspan="2"></td></tr>
<tr><td>9</td><td colspan="2"></td><td colspan="2"></td><td colspan="2"></td></tr>
<tr><td>10</td><td colspan="2"></td><td colspan="2"></td><td colspan="2"></td></tr>
<tr><td colspan="7">说明：</td></tr>
<tr><td>施工单位
检查结果</td><td colspan="2">项目专业技术负责人：
年　月　日</td><td>监理单位
验收结论</td><td colspan="3">专业监理工程师：
年　月　日</td></tr>
</table>

2. 分项工程质量验收合格的规定

(1) 分项工程所含检验批的质量均应验收合格。

(2) 分项工程所含检验批的质量验收记录应完整。

分项工程验收是在检验批的基础上进行的。一般情况下，检验批和分项工程两者具有相同或相近的性质，只是批量的大小不同而已，将有关的检验批汇集构成分项工程。

实际上，分项工程质量验收是一个汇总统计的过程，并无新的内容和要求。分项工程质量验收合格条件比较简单，只要构成分项工程的各检验批的质量验收资料完整，并且均已验收合格，则分项工程质量验收合格。因此，在分项工程质量验收时应注意以下三点：

1) 核对检验批的部位、区段是否全部覆盖分项工程的范围，有没有缺漏的部位没有验收到。

2) 一些在检验批中无法检验的项目，在分项工程中直接验收，如砖砌体工程中的全高垂直度、砂浆强度的评定。

3) 检验批验收记录的内容及签字人是否正确、齐全。

五、分部工程质量验收

1. 分部（子分部）工程质量验收程序

分部（子分部）工程质量验收应由总监理工程师组织施工单位项目负责人和项目技

术、质量负责人等进行。由于地基与基础、主体结构工程要求严格，技术性强，关系到整个工程的安全，为严把质量关，规定勘察、设计单位项目负责人和施工单位技术、质量负责人应参加地基与基础分部工程的验收。设计单位项目负责人和施工单位技术、质量负责人应参加主体结构、节能分部工程的验收。

验收前，施工单位应先对施工完成的分部工程进行自检，合格后填写分部工程质量验收记录（表1－9）及分部工程报验表，并报送项目监理机构申请验收。总监理工程师应组织相关人员进行检查、验收，对验收不合格的分部工程，应要求施工单位进行整改，自检合格后予以复查。对验收合格的分部工程，应签认分部工程报验表及验收记录。

表1－9　　分部工程质量验收记录

<table>
<tr><td colspan="2">单位（子单位）
工程名称</td><td colspan="2"></td><td>子分部工程
数量</td><td></td><td>分项工程
数量</td><td></td></tr>
<tr><td colspan="2">施工单位</td><td colspan="2"></td><td>项目负责人</td><td></td><td>技术（质量）
负责人</td><td></td></tr>
<tr><td colspan="2">分包单位</td><td colspan="2"></td><td>分包单位
负责人</td><td></td><td>分包内容</td><td></td></tr>
<tr><td>序号</td><td>子分部工程
名称</td><td>分项工程
名称</td><td>检验批
数量</td><td colspan="2">施工单位检查结果</td><td colspan="2">监理单位验收结论</td></tr>
<tr><td>1</td><td></td><td></td><td></td><td colspan="2"></td><td colspan="2"></td></tr>
<tr><td>2</td><td></td><td></td><td></td><td colspan="2"></td><td colspan="2"></td></tr>
<tr><td>3</td><td></td><td></td><td></td><td colspan="2"></td><td colspan="2"></td></tr>
<tr><td>4</td><td></td><td></td><td></td><td colspan="2"></td><td colspan="2"></td></tr>
<tr><td>5</td><td></td><td></td><td></td><td colspan="2"></td><td colspan="2"></td></tr>
<tr><td>6</td><td></td><td></td><td></td><td colspan="2"></td><td colspan="2"></td></tr>
<tr><td>7</td><td></td><td></td><td></td><td colspan="2"></td><td colspan="2"></td></tr>
<tr><td>8</td><td></td><td></td><td></td><td colspan="2"></td><td colspan="2"></td></tr>
<tr><td colspan="4">质量控制资料</td><td colspan="2"></td><td colspan="2"></td></tr>
<tr><td colspan="4">安全和功能检验结果</td><td colspan="2"></td><td colspan="2"></td></tr>
<tr><td colspan="4">观感质量检验结果</td><td colspan="2"></td><td colspan="2"></td></tr>
<tr><td>综合验收
结论</td><td colspan="7"></td></tr>
<tr><td colspan="2">施工单位
项目负责人：
年　月　日</td><td colspan="2">勘察单位
项目负责人：
年　月　日</td><td colspan="2">设计单位
项目负责人：
年　月　日</td><td colspan="2">监理单位
总监理工程师：
年　月　日</td></tr>
</table>

2. 分部（子分部）工程质量验收合格的规定

（1）所含分项工程的质量均应验收合格。

（2）质量控制资料应完整。

（3）有关安全、节能、环境保护和主要使用功能的抽样检验结果应符合相应规定。

（4）观感质量应符合要求。

分部工程质量验收是在其所含各分项工程质量验收的基础上进行的。首先，分部工程所含各分项工程必须已验收合格且相应的质量控制资料齐全、完整，这是验收的基本条件。其次，由于各分项工程的性质不尽相同，因此作为分部工程不能简单地组合而加以验收，尚须进行以下两方面的检查项目：

1）涉及安全、节能、环境保护和主要使用功能等抽样检验结果应符合相应规定，即涉及安全、节能、环境保护和主要使用功能的地基与基础、主体结构和设备安装等分部工程应进行有关见证检验或抽样检验。例如，建筑物垂直度、标高、全高测量记录，建筑物沉降观测测量记录，给水管道通水试验记录，暖气管道、散热器压力试验记录，照明全负荷试验记录等。总监理工程师应组织相关人员，检查各专业验收规范中规定检测的项目是否都进行了检测；查阅各项检测报告（记录），核查有关检测方法、内容、程序、检测结果等是否符合有关标准规定；核查有关检测单位的资质，见证取样与送样人员资格，检测报告出具单位负责人的签署情况是否符合要求。

2）观感质量验收评定。这类检查往往难以定量，只能以观察、触摸或简单量测的方式进行，并由验收人的主观判断，检查结果并不给出“合格”或“不合格”的结论，而是综合给出“好”“一般”“差”的质量评定结果。所谓“一般”是指观感质量检验能符合验收规范的要求；所谓“好”是指在质量符合验收规范的基础上，能达到精致、流畅的要求，细部处理到位、精度控制好；所谓“差”是指勉强达到验收规范要求，或有明显的缺陷，但不影响安全或使用功能的。评为“差”的项目能进行返修的应进行返修，不能返修的只要不影响结构安全和使用功能的可通过验收。有影响安全和使用功能的项目，不能评定，应返修后再进行评定。

六、单位工程质量验收

1. 单位（子单位）工程质量验收程序

（1）预验收。当单位（子单位）工程完成后，施工单位应依据验收规范、设计图纸等组织有关人员进行自检，对检查结果进行评定，符合要求后填写单位工程竣工验收报审表，以及质量竣工验收记录、质量控制资料核查记录、安全和功能检验资料核查及观感质量检查记录等，并将单位工程竣工验收报审表及有关竣工资料报送项目监理机构申请验收。

总监理工程师应组织专业监理工程师审查施工单位提交的单位工程竣工验收报审表及有关竣工资料，并对工程质量进行竣工预验收。存在质量问题时，应由施工单位及时整改，整改完毕且合格后，总监理工程师应签认单位工程竣工验收报审表及有关资料，并向建设单位提交工程质量评估报告。施工单位向建设单位提交工程竣工报告，申请工程竣工验收。

对需要进行功能试验的项目（包括单机试车和无负荷试车），专业监理工程师应督促施工单位及时进行试验，并对重要项目进行现场监督、检查，必要时请建设单位和设计单位参加；专业监理工程师应认真审查试验报告单并督促施工单位搞好成品保护和现场清理。

单位工程中的分包工程完工后，分包单位应对所施工的建筑工程进行自检，并应按规定的程序进行验收。验收时，总包单位应派人参加。验收合格后，分包单位应将所分包工程的质量控制资料整理完整后，移交给总包单位。建设单位组织单位工程质量验收时，分包单位负责人应参加验收。

（2）验收。建设单位收到施工单位提交的工程竣工报告和完整的质量控制资料，以及项目监理机构提交的工程质量评估报告后，由建设单位项目负责人组织设计、勘察、监理、施工等单位项目负责人进行单位工程验收。对验收中提出的整改问题，项目监理机构应督促施工单位及时整改。工程质量符合要求的，总监理工程应在工程竣工验收报告中签署验收意见。

《建设工程质量管理条例》规定，建设工程竣工验收应当具备下列条件：

1）完成建设工程设计和合同约定的各项内容。

2）有完整的技术档案和施工管理资料。

3）有工程使用的主要建筑材料、建筑构配件和设备的进场试验报告。

4）有勘察、设计、施工、工程监理等单位分别签署的质量合格文件。

5）有施工单位签署的工程保修书。

对于不同性质的建设工程还应满足其他一些具体要求，如工业建设项目，还应满足环境保护设施、劳动、安全与卫生设施、消防设施及必需的生产设施已按设计要求与主体工程同时建成，并经有关专业部门验收合格可交付使用。

在一个单位工程中，对满足生产要求或具备使用条件、施工单位经自行检验、专业监理工程师已预验收通过的子单位工程，建设单位可组织进行验收。有几个施工单位负责施工的单位工程，当其中的施工单位所负责的子单位工程已按设计完成，并经自行检验，也可按规定的程序组织正式验收，办理交工手续。在整个单位工程进行全部验收时，已验收的子单位工程验收资料应作为单位工程验收的附件。

单位工程验收时，如有因季节影响需后期调试的项目，单位工程可先行验收。后期调试项目可约定具体时间另行验收。例如，一般空调制冷性能不能在冬季验收，采暖工程不能在夏季验收。

2. 单位（子单位）工程质量验收合格的规定

（1）所含分部（子分部）工程的质量均应验收合格。

（2）质量控制资料应完整。

（3）所含分部工程中有关安全、节能、环境保护和主要使用功能等的检验资料应完整。

（4）主要使用功能的抽查结果应符合相关专业质量验收规范的规定。

（5）观感质量应符合要求。

单位工程质量验收也称质量竣工验收，是建筑工程投入使用前的最后一次验收，也是最重要的一次验收。参建各方责任主体和有关单位及人员，应加以重视，认真做好单位工程质量竣工验收，把好工程质量关。

为加深理解单位（子单位）工程质量验收合格条件，应注意以下五个方面的内容：

1）所含分部（子分部）工程的质量均应验收合格。施工单位事前应认真做好验收准备，将所有分部工程的质量验收记录表及相关资料，及时进行收集整理，并列出目次表，依序将其装订成册。在核查和整理过程中，应注意以下三点：

a. 核查各分部工程中所含的子分部工程是否齐全。

b. 核查各分部工程质量验收记录表及相关资料的质量评价是否完善。

c. 核查各分部工程质量验收记录表及相关资料的验收人员是否是规定的有相应资质的技术人员，并进行了评价和签认。

2）质量控制资料应完整。质量控制资料完整是指：所收集到的资料能反映工程所采用的建筑材料、构配件和设备的质量技术性能，施工质量控制和技术管理状况；收集到的涉及结构安全和使用功能的施工试验和抽样检测结果，以及工程参建各方质量验收的原始依据、客观记录、真实数据和见证取样等资料，能确保工程结构安全和使用功能，满足设计要求。质量控制资料完整是客观评价工程质量的主要依据。

尽管质量控制资料在分部工程质量验收时已经检查过，但某些资料由于受试验龄期的影响，或受系统测试的需要影响等，难以在分部工程验收时到位。因此应对所有分部工程质量控制资料的系统性和完整性进行一次全面的核查，在全面梳理的基础上，重点检查资料是否齐全、有无遗漏，从而达到完整无缺的要求。

3）所含分部工程中有关安全、节能、环境保护和主要使用功能等检验资料应完整。对涉及安全、节能、环境保护和主要使用功能的分部工程的检验资料应复查合格，资料复查不仅要全面检查其完整性，不得有漏检缺项，而且对分部工程验收时的见证抽样检验报告也要进行复核，这体现了对安全和主要使用功能的重视。

4）主要使用功能的抽查结果应符合相关专业质量验收规范的规定。对主要使用功能应进行抽查，使用功能的检查是对建筑工程和设备安装工程最终质量的综合检验，也是用户最为关心的内容，体现了过程控制的原则，也将减少工程投入使用后的质量投诉和纠纷。因此，在分项、分部工程质量验收合格的基础上，竣工验收时再做全面的检查。

主要使用功能抽查项目，已在各分部工程中列出，有的是在分部工程完成后进行检测，有的还要待相关分部工程完成后才能检测，有的则需要等单位工程全部完成后进行检测。这些检测项目应在单位工程完工、施工单位向建设单位提交工程竣工验收报告之前，全部进行完毕，并将检测报告写好。至于在竣工验收时抽查什么项目，应在检查资料文件的基础上由参与验收的各方人员商定，并用计量、计数的方法抽样检验，检验结果应符合有关专业验收规范的要求。

5）观感质量应符合要求。观感质量验收不单纯是对工程外表质量进行检查，同时也是对部分使用功能和使用安全所作的一次全面检查。例如，门窗启闭是否灵活、关闭后是否严密；又如，室内顶棚抹灰层的空鼓、楼梯踏步高差过大等。涉及使用的安全，在检查时应加以关注。观感质量验收须由参与验收的各方人员共同进行，检查的方法、内容、结论等已在分部工程的相应部分中阐述，最后共同协商确定是否通过验收。

3. 单位工程质量竣工验收记录

单位（子单位）工程质量竣工验收报审表按表1－10填写，单位工程质量竣工验收记录按表1－11填写，单位工程质量控制资料核查记录按表1－12填写，单位工程安全和功能检验资料核查及主要功能抽查记录按表1－13填写，单位工程观感质量检查记录按表1－14填写。表1－11中的验收记录由施工单位填写，验收结论由监理单位填写。综合验收结论由参与验收各方共同商定，由建设单位填写，并应对工程质量是否符合设计和规范要求及总体质量水平做出评定。

表1－10　　　　单位（子单位）工程质量竣工验收报审表

工程名称：　　　　　　　　　　　　　　　　　　　　编号：

致：（项目监理机构） 我方已按施工合同要求完成＿＿＿＿＿＿工程，经自检合格，请予以验收。 附件：1. 工程质量验收报告 2. 工程功能检验资料 施工单位（盖章） 项目经理（签字） 年　月　日
预验收意见： 经预验收，该工程合格/不合格。可以/不可以组织正式验收。 项目监理机构（盖章） 总监理工程师（签字、加盖执业印章） 年　月　日

表 1－11　　单位工程质量竣工验收记录

工程名称		结构类型		层数/建筑面积	
施工单位		技术负责人		开工日期	
项目负责人		项目技术负责人		竣工日期	
序号	项　目	验 收 记 录		验 收 结 论	
1	分部工程验收	共分　部，经查分　部，符合设计及标准规定分　部			
2	质量控制资料核查	共　项，经核查符合规定　项，经核查不符合规定　项			
3	安全和使用功能核查及抽查结果	共核查　项，符合规定　项，共抽查　项，符合规定　项，经返工处理符合规定　项			
4	观感质量验收	共抽查　项，达到“好”和“一般”的　项，经返修处理符合要求的　项			
综合验收结论					
参加验收单位	建设单位	监理单位	施工单位	设计单位	勘察单位
	（公章） 项目负责人： 年　月　日	（公章） 总监理工程师： 年　月　日	（公章） 项目负责人： 年　月　日	（公章） 项目负责人： 年　月　日	（公章） 项目负责人： 年　月　日

注　单位工程验收时，验收签字人员应由相应单位的法人代表书面授权。

表 1－12　　单位工程质量控制资料核查记录

工程名称			施工单位				
序号	项目	资 料 名 称	份数	施工单位		监理单位	
				核查意见	核查人	核查意见	核查人
1	建筑与结构	图纸会审记录、设计变更通知单、工程洽商记录					
2		工程定位测量、放线记录					
3		原材料出厂合格证书及进场检验、试验报告					
4		施工试验报告及见证检测报告					
5		隐蔽工程验收记录					
6		施工记录					
7		地基、基础、主体结构检验及抽样检测资料					
8		分项、分部工程质量验收记录					
9		工程质量事故调查处理资料					
10		新技术论证、备案及施工记录					
结论： 施工单位项目负责人：　　　　总监理工程师： 年　月　日　　　　年　月　日							

表 1-13　　单位工程安全和功能检验资料核查及主要功能抽查记录

工程名称			施工单位			
序号	项目	安全和功能检查项目	份数	检查意见	抽查结果	核查（抽查）人
1	建筑与结构	地基承载力检验报告				
2		桩基承载力检验报告				
3		混凝土强度试验报告				
4		砂浆强度试验报告				
5		主体结构尺寸、位置抽查记录				
6		建筑物垂直度、标高、全高测量记录				
7		屋面淋水或蓄水试验记录				
8		地下室渗漏水检测记录				
9		有防水要求的地面蓄水试验记录				
10		抽气（风）道检查记录				
11		外窗气密性、水密性、耐风压检测报告				
12		幕墙气密性、水密性、耐风压检测报告				
13		建筑物沉降观测测量记录				
14		节能、保温测试记录				
15		室内环境检测报告				
16		土壤氡气浓度检测报告				

结论：

施工单位项目负责人：　　　　　　　　总监理工程师：

年　月　日　　　　　　　　年　月　日

注　抽查项目由验收组协商确定。

表 1－14　　　　单位工程观感质量检查记录

<table>
<tr><td colspan="2">工程名称</td><td colspan="2"></td><td>施工单位</td><td></td></tr>
<tr><td>序号</td><td colspan="2">项 目</td><td colspan="2">抽查质量状况</td><td>质量评价</td></tr>
<tr><td>1</td><td rowspan="10">建筑与结构</td><td>主体结构外观</td><td colspan="2">共检查 点，好 点，一般 点，差 点</td><td rowspan="10"></td></tr>
<tr><td>2</td><td>室外墙面</td><td colspan="2">共检查 点，好 点，一般 点，差 点</td></tr>
<tr><td>3</td><td>变形缝、雨水管</td><td colspan="2">共检查 点，好 点，一般 点，差 点</td></tr>
<tr><td>4</td><td>屋面</td><td colspan="2">共检查 点，好 点，一般 点，差 点</td></tr>
<tr><td>5</td><td>室内墙面</td><td colspan="2">共检查 点，好 点，一般 点，差 点</td></tr>
<tr><td>6</td><td>室内</td><td colspan="2">共检查 点，好 点，一般 点，差 点</td></tr>
<tr><td>7</td><td>室外</td><td colspan="2">共检查 点，好 点，一般 点，差 点</td></tr>
<tr><td>8</td><td>楼梯、踏步、护栏</td><td colspan="2">共检查 点，好 点，一般 点，差 点</td></tr>
<tr><td>9</td><td>门窗</td><td colspan="2">共检查 点，好 点，一般 点，差 点</td></tr>
<tr><td>10</td><td>雨罩、台阶、坡道、散水</td><td colspan="2">共检查 点，好 点，一般 点，差 点</td></tr>
<tr><td colspan="3">观感质量综合评价</td><td colspan="3"></td></tr>
<tr><td colspan="6">结论：

施工单位项目负责人：　　　　　　　　总监理工程师：
年　月　日　　　　　　　　　　　　年　月　日</td></tr>
</table>

注　1. 对质量评价为差的项目应进行返修。
　　2. 观感质量现场检查原始记录应作为本表附件。

七、工程质量验收评定意见分歧的解决

参加质量验收的各方对工程质量验收评定意见不一致时，可采取协商、调解、仲裁和诉讼四种方式解决。

1. 协商

协商是指产品质量争议产生之后，争议的各方当事人本着解决问题的态度，互谅互让，争取当事人各方自行调解解决争议的一种方式。当事人通过这种方式解决纠纷既不伤和气，节省了大量的精力和时间，也免去了调解机构、仲裁机构和司法机关不必要的工作。因此，协商是解决产品质量争议的较好的方式。

2. 调解

调解是指当事人各方在发生产品质量争议后经协商不成时，向有关的质量监督机构或建设行政主管部门提出申请，由这些机构在查清事实、分清是非的基础上，依照国家的法律、法规、规章等，说服争议各方，使各方能互相谅解，自愿达成协议，解决质量争议的

方式。

3. 仲裁

仲裁是指产品质量纠纷的争议各方在争议发生前或发生后达成协议，自愿将争议交给仲裁机构做出裁决，争议各方有义务执行的解决产品质量争议的一种方式。

4. 诉讼

诉讼是指因产品质量发生争议时，在当事人与有关诉讼人的参加下，由人民法院依法审理纠纷案时所进行的一系列活动。它与其他民事诉讼一样，在案例的审理原则、诉讼程序及其他有关方面都要遵守《中华人民共和国民事诉讼法》和其他法律、法规的规定。

以上四种解决方式，具体采用哪种方式来解决争议，法律并没有强制规定，当事人可根据具体情况自行选择。

八、工程施工质量验收评定不符合要求的处理

一般情况下，不合格现象在检验批验收时就应发现并及时处理，但实际工程中不能完全避免不合格情况的出现，因此工程施工质量验收不符合要求的应按下列进行处理：

（1）经返工或返修的检验批，应重新进行验收。在检验批验收时，对于主控项目不能满足验收规范规定或一般项目超过偏差限值时，应及时进行处理。其中，对于严重的质量缺陷应重新施工；一般的质量缺陷可通过返修或更换予以解决，允许施工单位在采取相应的措施后重新验收。如能够符合相应的专业验收规范要求，则应认为该检验批合格。

（2）经有资质的检测单位检测鉴定能够达到设计要求的检验批，应予以验收。当个别检验批发现问题，难以确定能否验收时，应请具有资质的法定检测单位进行检测鉴定。当鉴定结果认为能够达到设计要求时，该检验批可以通过验收。这种情况通常出现在某检验批的材料试块强度不满足设计要求时。

（3）经有资质的检测单位检测鉴定达不到设计要求，但经原设计单位核算认可能够满足安全和使用功能要求，该检验批可予以验收。如经检测鉴定达不到设计要求，但经原设计单位核算、鉴定，仍可满足相关设计规范和使用功能的要求，该检验批可予以验收。一般情况下，标准、规范规定的是满足安全和功能的最低要求，而设计往往在此基础上留有一些余量。在一定范围内，会出现不满足设计要求而符合相应规范要求的情况，两者并不矛盾。

（4）经返修或加固处理的分项、分部工程，满足安全及使用功能要求时，可按技术处理方案和协商文件的要求予以验收。经法定检测单位检测鉴定以后认为达不到规范的相应要求，即不能满足最低限度的安全储备和使用功能时，则必须按一定的技术处理方案进行加固处理，使之能满足安全使用的基本要求。这样可能会造成一些永久性的影响，如增大结构外形尺寸，影响一些次要的使用功能等。但为了避免建筑物的整体或局部拆除，避免社会财富更大的损失，在不影响安全和主要使用功能条件下，可按技术处理方案和协商文件的要求进行验收，责任方应按法律法规承担相应的经济责任和接受处罚。这种方法不能作为降低质量要求、变相通过验收的一种出路，这是应该特别注意的。

（5）经返修或加固处理仍不能满足安全或重要使用要求的分部工程及单位或子单位工程，严禁验收。分部工程及单位工程如存在影响安全和使用功能的严重缺陷，经返修或加固处理仍不能满足安全使用要求的，严禁通过验收。

（6）工程质量控制资料应齐全完整，当部分资料缺失时，应委托有资质的检测单位按有关标准进行相应的实体检测或抽样试验，并出具检测（试验）报告单。实际工程中偶尔会遇到因遗漏检验或资料丢失而导致部分施工验收资料不全的情况，使工程无法正常验收。对此可有针对性地进行工程质量检验，采取实体检测或抽样试验的方法确定工程质量状况。上述工作应由有资质的检测单位完成，检验报告可用于工程施工质量验收。

思考与训练

一、单选题

1. 建筑工程施工质量验收是工程建设质量控制的重要环节，它包括工程施工质量的（　　）和竣工质量验收。

A. 工序交接检查　　B. 施工过程质量验收

C. 工程质量监督　　D. 关键工序检查

2. （　　）是施工质量验收的最小单位，是质量验收的基础。

A. 检验批　　B. 分项工程　　C. 分部工程　　D. 单位工程

3. 关于检验批质量验收的说法，正确的是（　　）。

A. 主控项目达不到质量验收规范条文要求的可以适当降低要求

B. 一般项目都必须达到质量验收规范条文要求

C. 主控项目都必须达到质量验收规范条文要求

D. 一般项目大多数质量指标都必须达到要求，其余30%可以超过一定的指标，但不能超过规定值的1.5倍

4. 在制定检验批的抽样方案时，主控项目对应于合格质量水平的错判概率α和漏判概率β（　　）。

A. 均不宜超过10%　　B. 可以超过10%

C. 均不宜超过5%　　D. 可以超过5%

5. 检验批的质量验收记录由施工项目专业（　　）填写。

A. 质量检查员　　B. 资料检查员　　C. 安全检查员　　D. 施工员

6. 分项工程质量的验收是在（　　）验收的基础上进行的。

A. 检验批　　B. 分部工程　　C. 分项工程　　D. 单位工程

7. （　　）质量验收，是建筑工程投入使用前的最后一次验收。

A. 单位工程　　B. 分部工程　　C. 分项工程　　D. 检验批

8. 实测检查法的手段，可归纳为（　　）四个字。

A. 看、摸、量、套　　B. 靠、吊、敲、照

C. 摸、吊、敲、套　　D. 靠、吊、量、套

9. 单位工程验收记录中综合验收结论由（　　）填写。

A. 施工单位　　B. 监理单位　　C. 设计单位　　D. 建设单位

10. 一栋6层砖混结构住宅工程，每层的砌砖部分作为（　　）验收。

A. 分项工程　　B. 单位工程　　C. 分部工程　　D. 检验批

二、多选题

1. 三阶段控制原理就是通常所说的（　　）。

A. 事前控制　　B. 全面质量控制　　C. 事中控制　　D. 事后控制

E. 全过程质量控制

2. 现场进行质量检查的方法有（　　）。

A. 触摸法　　B. 判断处理法　　C. 目测法　　D. 量测法

E. 试验法

3. 具备独立施工条件并能形成独立使用功能的建筑物及构筑物为一个单位工程，如（　　）。

A. 一栋住宅　　B. 一个商店　　C. 一栋教学楼　　D. 一所学校

4. 检验批按（　　）进行划分。

A. 施工段　　B. 施工工艺　　C. 楼层　　D. 变形缝

5. 属于组成一个单位工程的分部工程的是（　　）。

A. 地基与基础　　B. 主体结构

C. 建筑电气　　D. 钢筋混凝土的模板工程

6. 一般项目在制定检验批的抽样方案时，对应于合格质量水平的（　　）。

A. 错判概率 α 不宜超过 5%　　B. 错判概率 α 不宜超过 10%

C. 漏判概率 β 不宜超过 10%　　D. 漏判概率 β 不宜超过 15%

E. 错判概率 α 不宜超过 15%

7. 检验批合格条件中，主控项目验收内容包括（　　）。

A. 对不能确定偏差值而又允许出现一定缺陷的项目，则以缺陷的数量来区分

B. 建筑材料、构配件及建筑设备的技术性能与进场复验要求

C. 涉及结构安全、使用功能的检测项目

D. 一些重要的允许偏差项目，必须控制在允许偏差限值之内

E. 其他一些无法定量而采用定性的项目

8. 检验批合格是指所含的（　　）的质量经抽样检验合格。

A. 主控项目　　B. 一般项目　　C. 特殊项目　　D. 关键点

9. 分项工程质量验收合格应符合下列规定中的（　　）。

A. 分项工程所含的检验批均应符合合格质量的规定

B. 质量控制资料应完整

C. 分项工程所含的检验批的质量验收记录应完整

D. 观感质量验收应符合要求

E. 地基与基础、主体结构有关安全及功能的检验和抽样检测结果应符合有关规定

10. 主体结构分部工程进行验收时的参与人员为（　　）。

A. 总监理工程师　　B. 施工单位项目负责人

C. 施工单位技术部门负责人　　D. 分包单位项目负责人

11. 验收分项工程时应注意（　　）。

A. 质量控制资料是否完整

B. 核对检验批的部位、区段是否全部覆盖分项工程的范围

C. 观感质量是否符合要求

D. 检验批验收记录的内容及签字人是否正确、齐全

12. 参与分部工程质量验收的单位及人员有（　　）。

A. 监理（建设）单位：总监理工程师（建设单位项目负责人）

B. 施工单位：专职质量员

C. 勘察单位：项目负责人

D. 设计单位：项目负责人

三、案例分析题

某住宅楼工程，位于城市中心区，单位建筑面积为32142m^2，地下2层，地上17层，局部8层。施工过程中2楼悬挑阳台突然断裂，阳台悬挂在墙面上。幸好是夜间发生，没有人员伤亡。经事故调查和原因分析发现，造成该质量事故的主要原因是施工队伍素质差，在施工时将本应放在上部的受拉钢筋放在了阳台板的下部，使得悬臂结构受拉区无钢筋而产生脆性破坏。该工程于2014年8月8日进行竣工验收，在竣工验收中，参与质量验收的各方对墙体偏差验收意见不一致。

根据以上内容，回答下列问题：

(1) 针对工程项目的质量问题，现场常用的质量检查方法有哪些？

(2) 工程项目质量检验的内容有哪些？

(3) 什么是建筑工程施工质量验收的主控项目和一般项目？

(4) 建筑工程施工质量验收中单位（子单位）工程的划分原则是什么？

(5) 在验收评定过程中，参与质量验收的各方对工程质量验收评定意见不一致时，可采取的解决方式有哪些？

第二章

地基与基础工程质量验收与评定

第一节　土　方　工　程

一、土方开挖

土方工程施工前应进行挖、填方的平衡计算，综合考虑土方运距最短、运程合理和各个工程项目的合理施工程序等，做好土方平衡调配，减少重复挖运。当土方工程挖方较深时，施工单位应采取措施，防止基坑底部土的隆起并避免危害周边环境。基底土隆起往往伴随着对周边环境的影响，尤其当周边有地下管线、建（构）筑物、永久性道路时应密切注意。

在挖方前，土方开挖前应检查定位放线，合理安排土方运输车的行走路线及弃土场。应做好地面排水和降低地下水位工作。有不少施工现场由于缺乏排水和降低地下水位的措施，而对施工产生影响，土方施工应尽快完成，以避免造成集水、坑底隆起等现象，减少对环境的影响。

土方工程施工，应经常测量和校核其平面位置、水平标高和边坡坡度。对回填土方还应检查回填土料、含水量、分层厚度、压实度，对分层挖方，也应检查开挖深度等。平面控制桩和水准控制点采取可靠的保护措施，定期复测和检查。在土方工程施工测量中，除开工前的复测放线外，还应配合施工对平面位置（包括控制边界线、分界线、边坡的上口线和底口线等）、边坡坡度（包括放坡线、变坡等）和标高（包括各个地段的标高）等经常进行测量，校核是否符合设计要求。

对雨季和冬季施工还应遵守国家现行有关标准，也可参照相应地方标准执行。

临时性挖方的边坡值应符合表2-1的规定。

表2-1　临时性挖方边坡值

土的类别		边坡值（高：宽）
砂土（不包括细砂、粉砂）		1：1.25～1：1.50
一般性黏土	硬	1：0.75～1：1.00
	硬、塑	1：1.00～1：1.25
	软	1：1.50或更缓
碎石类土	充填坚硬、硬塑黏性土	1：0.50～1：1.00
	充填砂地土	1：1.00～1：1.50

注　1. 设计有要求时，应符合设计标准。
2. 如采用降水或其他加固措施，可不受本表限制，但应计算复核。
3. 开挖深度，对软土不应超过4cm，对硬土不应超过8cm。

土方开挖工程质量验收标准应符合表2－2的规定。

表2－2　**土方开挖工程质量验收标准**　单位：mm

项目	序号	检查项目	允许偏差或允许值					检验方法
			柱基基坑基槽	挖方场地平整		管沟	地（路）面基层	
				人工	机械			
主控项目	1	标高	－50	±30	±50	－50	－50	水准仪
	2	长度、宽度（由设计中心线向两边量）	＋200 －50	＋300 －100	＋500 －150	＋100		经纬仪，用钢尺量
	3	边坡	设计要求					观察或用坡度尺检查
一般项目	1	表面平整度	20	20	50	20	20	用2m靠尺和楔形塞尺检查
	2	基底土性	设计要求					观察或土样分析

注　1. 地（路）面基层的偏差只适用于直接在挖、填方上做地（路）面的基层。
2. 表中所列数值适用于附近无重要建筑物或重要公共设施，且基坑暴露时间不长的条件。

二、土方回填

近年来，有些施工单位对回填土施工质量不够重视，导致基础（路基）下沉、地坪（路面）空鼓等现象时常发生，严重时造成建筑物整体不均匀沉降—局部结构裂缝。

土方回填前应清除基底的垃圾、树根等杂物，抽除坑穴积水、淤泥，验收基底标高。如在耕植上或松土上填方，应在基底压实后再进行。对填方土料应按设计要求验收后方可填入。

填方施工过程中应检查排水措施，每层填筑厚度、含水量控制、压实程度、填筑厚度及压实遍数应根据土质、压实系数及所用机具确定。填方工程的施工参数如每层填筑厚度、压实遍数及压实系数对重要工程均应做现场试验后确定，或由设计提供。如无试验依据，应符合表2－3的规定。

表2－3　**填土施工时的分层厚度及压实遍数**

压实机具	分层厚度/mm	每层压实遍数
平碾	250～300	6～8
振动压实机	250～350	3～4
柴油打夯机	200～250	3～4
人工打夯	<200	3～4

填方施工结束后，应检查标高、边坡坡度、压实程度等，检验标准应符合表2－4的规定。

表 2－4　　填方工程质量检验标准　　单位：mm

项目	序号	检查项目	允许偏差或允许值					检验方法
			柱基基坑基槽	挖方场地平整		管沟	地（路）面基层	
				人工	机械			
主控项目	1	标高	－50	±30	±50	－50	－50	水准仪
	2	分层压实系数	设计要求					按规定方法
一般项目	1	回填土料	设计要求					取样检查或直观鉴别
	2	分层厚度及含水量	设计要求					水准仪及抽样检查
	3	表面平整度	20	20	30	20	20	用靠尺或水准仪

三、基坑工程

在基坑（槽）或管沟工程等开挖施工中，现场不宜进行放坡开挖，当可能对邻近建（构）筑物、地下管线、永久性道路产生危害时，应对基坑（槽）、管沟进行支护后再开挖。在基础工程施工中，如挖方较深、土质较差或有地下水渗流等，可能对邻近建（构）筑物、地下管线、永久性道路等产生危害，或构成边坡不稳定。在这种情况下，不宜进行大开挖施工，应对基坑（槽）管沟壁进行支护。

基坑（槽）、管沟开挖前应做好下述工作：①基坑（槽）、管沟开挖前，应根据支护结构形式、挖深、地质条件、施工方法、周围环境、工期、气候和地面载荷等资料制定施工方案、环境保护措施、监测方案，经审批后方可施工；②土方工程施工前，应对降水、排水措施进行设计，系统应经检查和试运转，一切正常时方可开始施工；③围护结构的施工质量验收合格后方可进行土方开挖。

基坑的支护与开挖方案，应按当地的要求，对方案进行申报，经批准后才能施工。降水、排水系统对维护基坑的安全极为重要，必须在基坑开挖施工期间安全运转，应时刻检查其工作状况。邻近有建筑物或有公共设施，在降水过程中要予以观测，不得因降水而危及这些建筑物或设施的安全。许多围护结构由水泥土搅拌桩、钻孔灌注桩、高压水泥喷射桩等构成，因此这类桩可按相应的规定标准验收。

土方开挖的顺序、方法必须与设计工况相一致，并遵循“开槽支撑，先撑后挖，分层开挖，严禁超挖”的原则。基坑（槽）、管沟挖土要分层进行，分层厚度应根据工程具体情况（包括土质、环境等）决定，开挖本身是一种卸荷过程，防止局部区域挖土过深、卸载过速，引起土体失稳，降低土体抗剪性能，同时在施工中应不损伤支护结构，以保证基坑的安全。

基坑（槽）、管沟的挖土应分层进行。在施工过程中基坑（槽）、管沟边堆置土方不应超过设计荷载，挖方时不应碰撞或损伤支护结构、降水设施。

基坑（槽）、管沟土方施工中应对支护结构、周围环境进行观察和监测，如出现异常情况应及时处理，待恢复正常后方可继续施工。

基坑（槽）、管沟开挖至设计标高后，应对坑底进行保护，经验槽合格后，方可进行垫层施工。对特大型基坑，宜分区分块挖至设计标高，分区分块及时浇筑垫层。必要时，可加强垫层。

基坑（槽）、管沟土方工程验收必须以确保支护结构安全和周围环境安全为前提。当设计有指标时，以设计要求为依据，如无设计指标时应按表 2-5 的规定执行。

表 2-5　　基坑变形的监控值　　单位：cm

基坑类别	围护结构墙顶位移监控值	围护结构墙体最大位移监控值	地面最大沉降监控值
一级基坑	3	5	3
二级基坑	6	8	6
三级基坑	8	10	10

注　1. 符合下列情况之一，为一级基坑：
（1）重要工程或支护结构做主体结构的一部分。
（2）开挖深度大于 10cm。
（3）与邻近建筑物，重要设施的距离在开挖深度以内的基坑。
（4）基坑范围内有历史文物、近代优秀建筑、重要管线等需严加保护的基坑。
2. 三级基坑为开挖深度小于 7cm，且周围环境无特别要求时的基坑。
3. 除一级和三级外的基坑属二级基坑。
4. 当周围已有的设施有特殊要求时，尚应符合这些要求。
5. 本表适用于软土地区的基坑工程，对硬土区应执行设计规定。

第二节　地　基　工　程

一、概述

建筑地基与基础工程是建筑物的重要部分，它影响着建筑物的结构安全，地基基础工程质量是整个建筑工程质量控制的核心，它对建筑工程质量起着决定性的作用，如果地基基础质量不合格，其不仅会影响整体建筑的质量，还会对人们的生命安全造成很大的威胁，加强建筑地基基础质量控制具有十分重要的意义。

建筑物地基的施工应具备下述资料：①岩土工程勘察资料；②邻近建筑物和地下设施类型、分布及结构质量情况；③工程设计图纸、设计要求及需达到的标准、检验手段。

砂、石子、水泥、钢材、石灰、粉煤灰等原材料的质量、检验项目、批量和检验方法，应符合国家现行标准的规定。

地基施工结束，宜在一个间歇期后，进行质量验收，间歇期由设计确定。

地基加固处理的主要目的是提高软弱地基的承载力，保证地基的稳定。地基加固常用的方法有换土处理，人工或机械夯（压）实，振动压实，土（灰土）、砂、石桩挤密加固，排水固结及化学加固等。各种地基加固方法各有其适用范围和条件，如选用不当或施工方法有错误，不按规范和操作规程进行，就会造成质量事故。

对灰土地基、砂和砂石地基、土工合成材料地基、粉煤灰地基、强夯地基、注浆地基、预压地基，其竣工后的结果（地基强度或承载力）必须达到设计要求的标准。检验数量，每单位工程不应少于 3 点，1000m^2 以上工程，每 100m^2 至少应有 1 点，3000m^2 以上工程，每 300m^2 至少应有 1 点。每一独立基础下至少应有 1 点，基槽每 20 延米应有 1 点。由于各地各设计单位的习惯、经验等不同，对地基处理后的质量检验指标均不一样，可按设计要求，采用标贯、静力触探、十字板剪切强度、静荷载试验等方法进行检验。各种指标的检验方法可按国家现行行业标准《建筑地基处理技术规范》（JGJ 79）的规定执行。

对水泥土搅拌复合地基、高压喷射注浆桩复合地基、砂桩地基、振冲桩复合地基、土和灰土挤密桩复合地基、水泥粉煤灰碎石桩复合地基及夯实水泥土桩复合地基，其承载力检验，数量为总数的0.5%～1%，但不应少于3根。检查方法可按国家现行行业标准《建筑工程基桩检测技术规范》(JGJ 106) 的规定执行。

除以上的主控项目外，其他主控项目及一般项目可随意抽查，但复合地基中的水泥土搅拌桩、高压喷射注浆桩、振冲桩、土和灰土挤密桩、水泥粉煤灰碎石桩及夯实水泥土桩至少应抽查20%。

以上各类地基的主控项目及数量是至少应达到的，其他主控项目及数量是至少应达到的，其他主控项目及检验数量由设计确定，一般项目可根据实际情况，随时抽查，做好记录。复合地基中的桩的施工是主要的，应保证20%的抽查量。

二、灰土地基

灰土的土料宜用黏土、粉质黏土，严禁采用冻土、膨胀土和盐渍土等活动性较强的土料。灰土土料、石灰或水泥（当水泥替代灰土中的石灰时）等材料及配合比应符合设计要求，灰土应搅拌均匀。

施工过程中应检查分层铺设的厚度、分段施工时上下两层的搭接长度、夯实时加水量、夯压遍数、压实系数。验槽发现有软弱土层或孔穴时，应挖除并用素土或灰土分层填实。最优含水量可通过击实试验确定。灰土最大虚铺厚度可参考表2-6所列数值。

表2-6　　灰土最大虚铺厚度

序号	夯实机具	质量/t	厚度/mm	备注
1	石夯、木夯	0.04～0.08	200～250	人力送夯，落距400～500mm，每夯搭接半夯
2	轻型夯实机械	—	200～250	蛙式或柴油打夯机
3	压路机	机重6～10	200～300	双轮

施工结束后，应检验灰土地基的承载力。灰土地基的质量检验标准应符合表2-7的规定。

表2-7　　灰土地基质量检验标准

项目	序号	检查项目	允许偏差或允许值		检查方法
			单位	数值	
主控项目	1	地基承载力	设计要求		按规定方法
主控项目	2	配合比	设计要求		按拌和时的体积比
主控项目	3	压实系数	设计要求		现场实测
一般项目	1	石灰粒径	mm	≤5	筛选法
一般项目	2	土料有机质含量	%	≤5	试验室焙烧法
一般项目	3	土颗粒粒径	mm	≤5	筛分法
一般项目	4	含水量（与要求的最优含水量比较）	%	±2	烘干法
一般项目	5	分层厚度偏差（与设计要求比较）	mm	±50	水准仪

三、砂及砂石地基

砂、石等原材料质量、配合比应符合设计要求，砂、石应搅拌均匀。原材料宜用中砂、粗砂、砾砂、碎石（卵石）、石屑。细砂应同时掺入25%～35%碎石或卵石。

砂和砂石地基分段施工时，接头处应做成斜坡，每层错开0.5～1m，并充分压实。

施工过程中必须检查分层厚度、分段施工时搭接部分的压实情况、加水量、压实遍数、压实系数。砂和砂石地基每层铺筑厚度及最优含水量可参考表2-8所列数值。

表2-8　砂和砂石地基每层铺筑厚度及最优含水量

序号	压实方法	每层铺筑厚度/mm	施工时的最优含水量/%	施工说明	备注
1	平振法	200～250	15～20	用平板式振捣器往复振捣	不宜使用干细砂或含泥量较大的砂所铺筑的砂地基
2	插振法	振捣器插入深度	饱和	（1）用插入式振捣器。 （2）插入点间距可根据机械振幅大小决定。 （3）不应插至下卧黏性土层。 （4）插入振捣完毕后，所留的孔洞，应用砂填实	不宜使用细砂或含泥量较大的砂所铺筑的砂地基
3	水撼法	250	饱和	（1）注水高度应超过每次铺筑面层。 （2）用钢叉摇撼捣实插入点间距为100mm。 （3）钢叉分四齿，齿的间距80mm，长300mm，木柄长90mm	
4	夯实法	150～200	饱和	（1）用木夯或机械夯。 （2）木夯重40kg，落距400～500mm。 （3）一夯压半夯全面夯实	
5	碾压法	250～350	8～12	6～12t压路机往复碾压	适用于大面积施工的砂和砂石地基

注　在地下水位以下的地基其最下层的铺筑厚度可比上表增加50mm。

施工结束后，应检验砂石地基的承载力。砂和砂石地基质量检验标准应符合表2-9的规定。

表2-9　砂和砂石地基质量检验标准

项目	序号	检查项目	允许偏差或允许值		检查方法
			单位	数值	
主控项目	1	地基承载力	设计要求		按规定方法
	2	配合比	设计要求		检查拌和时的体积比或重量比
	3	压实系数	设计要求		现场实测
一般项目	1	砂石料有机质含量	%	≤5	焙烧法
	2	砂石料含泥量	%	≤5	水洗法
	3	石料粒径	mm	≤100	筛分法
	4	含水量（与最优含水量比较）	%	±2	烘干法
	5	分层厚度（与设计要求比较）	mm	±50	水准仪

四、水泥土搅拌桩地基

水泥土搅拌桩地基是利用水泥作为固化剂，通过深层搅拌机在地基深部，就地将软土和固化剂强制拌和，利用固化剂和软土发生一系列物理、化学反应，使凝结成具有整体性、水稳性好和较高强度的水泥加固体，与天然地基形成复合地基。适用于加固较深厚的淤泥、淤泥质土、粉土、饱和黄土、素填土和含水量较高且地基承载能力不大于 120kPa 的黏性土地基。多用于墙下条形基础、厂房地基、深基坑支护防渗墙等。

水泥土搅拌桩施工前应检查水泥及外掺剂的质量、桩位、搅拌机工作性能及各种计量设备完好程度（主要是水泥浆流量计及其他计量装置）。水泥土搅拌桩对水泥压力量要求较高，必须在施工机械上配置流量控制仪表，以保证一定的水泥用量。

施工中应检查机头提升速度、水泥浆或水泥注入量、搅拌桩的长度及标高。水泥土搅拌桩施工过程中，为确保搅拌充分，桩体质量均匀，搅拌机头提速不宜过快，否则会使搅拌桩体局部水泥量不足或水泥不能均匀地拌和在土中，导致桩体强度不一，因此规定了机头提升速度。

施工结束后，应检查桩体强度、桩体直径及地基承载力。进行强度检验时，对承重水泥土搅拌桩应取 90d 后的试件；对支护水泥土搅拌桩应取 28d 后的试件。水泥土搅拌桩地基质量检验标准应符合表 2－10 的规定。

表 2－10　　水泥土搅拌桩地基质量检验标准

项目	序号	检查项目	允许偏差或允许值		检查方法
			单位	数值	
主控项目	1	水泥及外掺剂质量	设计要求		查产品合格证书或抽样送检
	2	水泥用量	参数指标		查看流量计
	3	桩体强度	设计要求		按规定办法
	4	地基承载力	设计要求		按规定办法
一般项目	1	机头提升速度	m/min	≤0.5	测量机头上升距离及时间
	2	桩底标高	mm	±200	测量机头深度
	3	桩顶标高	mm	＋100 －50	水准仪（最上部 500mm 不计入）
	4	桩位偏差	mm	<50	用钢尺量
	5	桩径		<0.04D	用钢尺量，D 为桩径
	6	垂直度	%	≤1.5	经纬仪
	7	搭接	mm	>200	用钢尺量

五、水泥粉煤灰碎石桩复合地基

随着地基处理技术的不断发展，越来越多的材料可以作为复合地基的桩体材料。粉煤灰是我国数量最大、分布范围最广的工业废料之一，为桩体材料开辟了新的途径。

水泥粉煤灰碎石桩是采用碎石、石屑、粉煤灰、少量水泥加水进行拌和后，利用桩工机械，振动灌入地基中，制成一种具有粘结强度的非柔性、非刚性的亚类桩，它与桩间土形成复合地基，共同承受荷载，从而达到加固地基的目的。

水泥、粉煤灰、砂石碎石等原材料应符合设计要求。施工中应检查桩身混合料的配合比、坍落度和提拔钻杆速度（或提拔套管速度）、成孔深度、混合料灌入量等。提拔钻杆（或套管）的速度必须与泵入混合料的速度相配，否则容易产生缩颈或断桩，而且不同土层中提拔的速度不一样，砂性土、砂质黏土、黏土中提拔的速度为1.2～1.5m/min，在淤泥质土中应当放慢。桩顶标高应高出设计标高0.5m。由沉管方法成孔后，应注意新施工桩对已成桩的影响，避免挤桩。

施工结束后，应对桩顶标高、桩位、桩体质量、地基承载力以及褥垫层的质量做检查。复合地基检验应在桩体强度符合试验荷载条件时进行，一般宜在施工结束后2～4周后进行。

水泥粉煤灰碎石桩复合地基质量检验标准应符合表2-11的规定。

表2-11　　水泥粉煤灰碎石桩复合地基质量检验标准

项目	序号	检查项目	允许偏差或允许值		检查方法
			单位	数值	
主控项目	1	原材料	设计要求		查产品合格证或抽样送检
	2	桩径	mm	−20	用钢尺量或计算填料量
	3	桩身强度	设计要求		查28d试块强度
	4	地基承载力	设计要求		按规定的办法
一般项目	1	桩身完整性	按桩基检测技术规范		按桩基检测技术规范
	2	桩位偏差		满堂布桩≤0.04D 条基布桩≤0.25D	用钢尺量，D为桩径
	3	桩垂直度	%	≤1.5	用经纬仪测桩管
	4	桩长	mm	+100	测桩管长度或垂球测孔深
	5	褥垫层夯填度	≤0.9		用钢尺量

注　1. 夯填土指夯实后的褥垫层厚度与虚体厚度的比值。

2. 桩径允许偏差负值是指个别断面。

六、土和灰土挤密桩地基

灰土桩是用石灰和土按一定体积比例（2∶8或3∶7）拌和，并在桩孔内夯实加密后形成的桩，这种材料在化学性能上具有气硬性和水硬性，由于石灰内带正电荷钙离子与带负电荷黏土颗粒相互吸附，形成胶体凝聚，并随灰土龄期增长，土体固化作用提高，使土体逐渐增加强度。在力学性能上，它可达到挤密地基效果，提高地基承载力，消除湿陷性，沉降均匀和沉降量减小。

土和灰土挤密桩适用于地下水位以上的湿陷性黄土、人工填土、新近堆积土和地下水有上升趋势地区的地基加固。

挤密桩施工前，应在现场进行成孔、夯填工艺和挤密效果试验。通过试验可检验挤密桩地基的质量和效果，同时取得指导施工的各项技术参数：成孔工艺、桩径大小、桩孔回填料速度和夯击次数的关系、填料厚度、最优含水量、干密度和桩间土的挤密效果，以确定合适的桩间距等施工参数质量标准。施工前对土及灰土的质量、桩孔放样位置等做检查。成孔顺序应先外后内，同排桩应间隔施工。填料含水量如过大，宜预干或预湿处理后再填入。

施工中应对桩孔直径、桩孔深度、夯击次数、填料的含水量等做检查。施工结束后，应检验成桩的质量及地基承载力。土和灰土挤密桩地基质量检验标准应符合表 2 - 12 的规定。

表 2 - 12　　土和灰土挤密桩地基质量检验标准

项目	序号	检 查 项 目	允许偏差或允许值		检 查 方 法
			单位	数值	
主控项目	1	桩体及桩间土干密度	设计要求		现场取样检查
	2	桩长	mm	+500	测桩管长度或垂球测孔深
	3	地基承载力	设计要求		按规定方法
	4	桩径	mm	−20	用钢尺量
一般项目	1	土料有机质含量	%	≤5	试验室焙烧法
	2	石灰粒径	mm	≤5	筛选法
	3	桩位偏差		满堂布桩≤0.04D 条基布桩≤0.25D	用钢尺量，D 为桩径
	4	垂直度	%	≤1.5	用经纬仪测桩管
	5	桩径	mm	−20	用钢尺量

注　桩径允许偏差负值是指个别断面。

七、强夯地基

强夯地基是利用夯锤（锤质量不小于 8t）自由下落（落距不小于 6m）产生的冲击能来夯实浅层填土地基，使表面形成一层较均匀地硬层来承受上部荷载。

施工前应检查夯锤质量、尺寸、落距控制手段，排水设施及被夯地基的土质。

施工中应检查落距、夯击遍数、夯点位置、夯击范围。对透水性差、含水量高的土层，前后两遍夯击要有一定间歇期，一般为 2～4 周。

施工结束后，检查被夯地基的强度并进行承载力检验。强夯地基的质量检验应在夯后一定间歇期进行，一般为 2 周。

强夯地基质量检验标准应符合表 2 - 13 的规定。

表 2-13　　强夯地基质量检验标准

项目	序号	检查项目	允许偏差或允许值		检查方法
			单位	数值	
主控项目	1	地基强度	设计要求		按规定方法
	2	地基承载力	设计要求		按规定方法
一般项目	1	夯锤落距	mm	±300	钢索设标志
	2	夯锤质量	kg	±100	称重
	3	夯击遍数及顺序	设计要求		计数法
	4	夯点间距	mm	±500	用钢尺量
	5	夯击范围（超出基础范围距离）	设计要求		用钢尺量
	6	前后两遍间歇时间	设计要求		

八、振冲地基

振冲地基施工按其加固机理不同，分为振冲置换法和振冲密实法。

施工前应检查振冲器的性能、电流表和电压表的准确度及填料的性能。

施工中应检查密实电流、供水压力、供水量、填料量、孔底留振时间、振冲点位置、振冲器施工参数（施工参数由振冲试验或设计确定）等。

施工结束后，应在有代表性的地段进行地基强度或地基承载力检验。

振冲地基质量检验应在施工结束后一定时间之后进行，对砂土地基一般间歇 2～3 周。

振冲地基质量检验标准应符合表 2-14 的规定。

表 2-14　　振冲地基质量检验标准

项目	序号	检查项目	允许偏差或允许值		检查方法
			单位	数值	
主控项目	1	填料粒径	设计要求		抽样检查
	2	密实电流（黏性土）	A	50～55	电流表读数
		密实电流（砂性土或粉土）（以上为功率 30kW 振冲器）	A	40～50	电流表读数
		密实电流（其他类型振冲器）	A_0	1.5～2.0	电流表读数（A_0为空振电流）
	3	地基承载力	设计要求		按规定方法
一般项目	1	填料含泥量	%	<5	抽样检查
	2	振冲器喷水中心与孔径中心偏差	mm	≤50	用钢尺量
	3	成孔中心与设计孔位中心偏差	mm	≤100	用钢尺量
	4	桩体直径	mm	<50	用钢尺量
	5	孔深	mm	±200	量钻杆或重锤测

九、高压喷射注浆地基

高压喷射注浆地基是利用钻机把带有喷嘴的注浆管钻至土层的预定位置或先钻孔后将注浆管放在预定位置，用高压使浆液或水从喷嘴中射出，边旋转边喷射浆液，使土体与浆液搅拌混合成一固结体。浆液中的水泥宜采用普通硅酸盐水泥，水泥浆液的水灰比可取1.0～1.5。

施工前应检查水泥及外掺剂等的质量、桩位、压力表及流量表的精度和灵敏度、高压喷射设备的性能等。

施工中应检查施工参数（压力、水泥浆量、提升速度、旋转速度等）及施工顺序。

施工结束后，应检验桩体强度、平均直径、桩身中心位置、桩体质量及承载力等。

高压喷射注浆地基质量检验标准应符合表2－15的规定。

表2－15　　高压喷射注浆地基质量检验标准

项目	序号	检查项目	允许偏差或允许值		检查方法
			单位	数值	
主控项目	1	水泥及外掺剂质量	符合出厂要求		查产品合格证书或抽样送检
	2	水泥用量	设计要求		查看流量表及水泥浆水灰比
	3	桩体强度或完整性检验	设计要求		按规定方法
	4	地基承载力	设计要求		按规定方法
一般项目	1	钻孔位置	mm	≤50	用钢尺量
	2	钻孔垂直度	%	≤1.5	经纬仪测钻杆或实测
	3	孔深	mm	±200	用钢尺量
	4	注浆压力	按设定参数指标		查看压力表
	5	桩体搭接	mm	>200	用钢尺量
	6	桩体直径	mm	≤50	开挖后用钢尺量
	7	桩身中心允许偏差		≤0.2D	开挖后桩顶下500mm处用钢尺量，D为桩径

第三节　桩基础工程

一、概述

如果天然地基承载力不能满足上部结构的荷载要求，且经过简单的人工处理也无法满足要求的情况下，可采用桩基础工程，利用桩身把上部荷载力传到地层深处能够符合要求的土层中。《建筑地基基础工程施工质量验收规范》（GB 50202—2002）对桩基础工程施工的质量控制作了如下规定：

（1）除设计的相关规定外，应按下述要求进行：①当桩顶设计标高与施工现场标高相同时，或桩基施工结束后，有可能对桩位进行检查时，桩基工程的验收应在施工结束后进行；②当桩顶设计标高低于施工场地标高，送桩后无法对桩位进行检查时，对打入桩可在每根桩桩顶沉至场地标高时，进行中间验收，待全部桩施工结束，承台或底板开挖到设计标高后，再做最终验收。对灌注桩可对护筒位置做中间验收。桩位的放样允许偏差为：群桩 20mm；单排桩 10mm。

（2）桩顶标高低于施工场地标高时，如不做中间验收，在土方开挖后如有桩顶位移发生不易明确责任，究竟是土方开挖不妥，还是本身桩位不准（打入桩施工不慎，会造成挤土，导致桩位位移），加一次中间验收有利于责任区分，引起打桩及土方承包商的重视。

（3）打（压）入桩（预制混凝土方桩、先张法预应力管桩、钢桩）的桩位偏差，必须符合表 2－16 的规定。斜桩倾斜度的偏差不得大于倾斜角正切值的 15%（倾斜角系桩的纵向中心线与铅垂线间夹角）。

表 2－16　预制桩（钢桩）桩位的允许偏差　单位：mm

项目	内　容	允许偏差
1	盖有基础梁的桩： （1）垂直基础梁的中心线。 （2）沿基础梁的中心线	 $100+0.01H$ $150+0.01H$
2	桩数为 1～3 根桩基中的桩	100
3	桩数为 4～16 根桩基中的桩	1/2 桩径或边长
4	桩数大于 16 根桩基中的桩： （1）最外边的桩。 （2）中间桩	 1/3 桩径或边长 1/2 桩径或边长

注　H 为施工现场地面标高与桩顶设计标高的距离。

（4）表 2－16 中的数值未计算及由于降水和基坑开挖等造成的位移，但由于打桩顺序不当，造成挤土而影响已入桩的位移，是包括在表列数值中。为此必须在施工中考虑合适的顺序及打桩速率。布桩密集的基础工程应有必要的措施来减少沉桩的挤土影响。

（5）灌注桩的桩位偏差必须符合表 2－17 的规定，桩顶标高至少要比设计标高高出 0.5m，桩底清孔质量按不同的成桩工艺有不同的要求，应按本章的各节要求执行。每浇注 $50m^3$ 必须有 1 组试件，小于 $50m^3$ 的桩，每根桩必须有 1 组试件。

表 2－17　灌注桩的平面位置和垂直度的允许偏差

序号	成孔方法		桩径允许偏差/mm	垂直度允许偏差/%	桩位允许偏差/mm	
					1～3 根、单排桩基垂直于中心线方向和群桩基础的边桩	条形桩基沿中心线方向和群桩基础的中间桩
1	泥浆护壁	$D\leqslant1000$mm	±50	<1	$D/6$，且不大于 100	$D/4$，且不大于 150
		$D>1000$mm	±50		$100+0.01H$	$150+0.01H$
2	套管成孔灌注桩	$D\leqslant500$mm	－20	<1	70	150
		$D>500$mm			100	150

续表

序号	成孔方法		桩径允许偏差/mm	垂直度允许偏差/%	桩位允许偏差/mm	
					1～3根、单排桩基垂直于中心线方向和群桩基础的边桩	条形桩基沿中心线方向和群桩基础的中间桩
3	干成孔灌注桩		−20	<1	70	150
4	人工挖孔桩	混凝土护壁	+50	<0.5	50	150
		钢套管护壁	+50	<1	100	200

注　1. 桩径允许偏差的负值是指个别断面。
　　2. 采用复打、反插法施工的桩，其桩径允许偏差不受上表限制。
　　3. H 为施工现场地面标高与桩顶设计标高的距离，D 为设计桩径。

工程桩应进行承载力检验，对于地基基础设计等级为甲级或地质条件复杂，成桩质量可靠性低的灌注桩，应采用静载荷试验的方法进行复杂，成桩质量可靠性低的灌注桩，应采用静载荷试验的方法进行检验，检验桩数不应少于总数的1%，且不应少于3根，当总桩数不少于50根时，检验桩数不应少于2根。

对重要工程（甲级）应采用静载荷试验检验桩的垂直承载力。工程的分类按现行国家标准《建筑地基基础设计规范》（GB 50007）的规定。关于静载荷试验桩的数量，如果施工区域地质条件单一，当地又有足够的实践经验，数量可根据实际情况，由设计确定。承载力检验不仅是检验施工的质量而且也能检验设计是否达到工程的要求。因此，施工前的试桩如没有破坏又用于实际工程中应可作为验收的依据。非静载荷试验桩的数量，可按国家现行行业标准《建筑工程基桩检测技术规范》（JGJ 106）的规定。

工程应进行桩身质量检验，对设计等级为甲级或地质条件复杂，成桩质量可靠性低的灌注桩，抽检数量不应少于总数的30%，且不应少于20根；其他桩基工程的抽检数量不应少于总数的20%，且不应少于10根；对混凝土预制桩及地下水位以上且终孔后经过核验的灌注桩，检验数量不应少于总桩数的10%，且不得少于10根。每个柱子承台下不得少于1根。

桩身质量的检验方法很多，可按国家现行行业标准《建筑基桩检测技术规范》（JGJ 106）所规定的方法执行。打入桩制桩的质量容易控制，问题也较易发现，抽查数可较灌注桩少。

对砂、石子、钢材、水泥等原材料的质量、检验项目、批量和检验方法，应符合国家现行标准的规定。

除以上的主控项目外，其他主控项目应全部检查，对一般项目，除已明确规定外，其他可按20%抽查，但混凝土灌注桩应全部检查。

二、静力压桩

静力压桩包括锚杆静压桩及其他各种非冲击力沉桩。静力压桩的方法较多，有锚杆静压、液压千斤顶加压、绳索系统加压等，凡非冲击力沉桩均按静力压桩考虑。

施工前应对成品桩（锚杆静压成品桩一般均由工厂制造，运至现场堆放）做外观及强度检验，按桩用焊条或半成品硫黄胶泥应有产品合格证书，或送有关部门检验，压桩用压力表、锚杆规格及质量也应进行检查，硫黄胶泥半成品应每100kg做一组试件（3件）。

压桩过程中应检查压力、桩垂直度、接桩间歇时间、桩的连接质量及压入深度、重要工程应对电焊接桩的接头做10%的探伤检查。对承受反力的结构应加强观测。

施工结束后，应做桩的承载力及桩体质量检验。

锚杆静力压桩质量检验标准应符合表2-18的规定。

表2-18　　静力压桩质量检验标准

项目	序号	检查项目		允许偏差或允许值		检查方法
				单位	数值	
主控项目	1	桩体质量检验		按《建筑基桩检测技术规范》(JGJ 106)		按《建筑基桩检测技术规范》(JGJ 106)
	2	桩位偏差		见本规范表5.1.3		用钢尺量
	3	承载力		按《建筑基桩检测技术规范》(JGJ 106)		按《建筑基桩检测技术规范》(JGJ 106)
一般项目	1	成品桩质量	外观	表面平整，颜色均匀，掉角深度小于10mm，蜂窝面积小于总面积的0.5%		直观、外形尺寸见本规范表5.4.5、强度查产品合格证书或钻芯试压
			外形尺寸	见本规范表5.4.5		
			强度	满足设计要求		
	2	硫黄胶泥质量（半成品）		设计要求		查产品合格证书或抽样送检
	3	接桩	电焊接桩：焊缝质量	见本规范表5.5.4-2		见本规范表5.5.4-2
			电焊结束后停歇时间	min	>1.0	秒表测定
			硫黄胶泥接桩： 胶泥浇注时间 浇注后停歇时间	 min min	 <2 >7	 秒表测定 秒表测定
	4	电焊条质量		设计要求		查产品合格证书
	5	压桩压力（设计有要求时）		%	±5	查压力表读数
	6	接桩时上下节平面偏差 接桩时节点弯曲矢高		mm	<10 <1/1000l	用钢尺量 用钢尺量，l为两节桩长
	7	桩顶标高		mm	±50	水准仪

注　本表中的本规范指《建筑地基基础工程施工质量验收规范》(GB 50202—2002)。

三、先张法预应力管桩

施工前应检查进入现场的成品桩、接桩用电焊条等产品质量。

施工过程中应检查桩的贯入情况、桩顶完整状况、电焊接桩质量、桩体垂直度、电焊后的停歇时间。重要工程应对电焊接头做10%的焊缝探头检查。先张法预应力管桩，强度较高，锤击力性能比一般混凝土预制桩好，抗裂性强。因此，总的锤击数较高，相应的电焊接桩质量要求也高，尤其是电焊后有一定间歇时间，不能焊完即锤击，这样容易使接头损伤。为此，对重要工程应对接头做X光拍片检查。

施工结束后，应做承载力检验及桩体质量检验。由于锤击次数多，对桩体质量进行检验是有必要的，可检查桩体是否被打裂，电焊接头是否完整等。

先张法预应力管桩质量检验标准应符合表 2-19 的规定。

表 2-19　　先张法预应力管桩质量检验标准

项目	序号	检查项目		允许偏差或允许值		检查方法
				单位	数值	
主控项目	1	桩体质量检验		按《建筑基桩检测技术规范》(JGJ 106)		按《建筑基桩检测技术规范》(JGJ 106)
	2	桩位偏差		见本规范表 5.1.3		用钢尺量
	3	承载力		按《建筑基桩检测技术规范》(JGJ 106)		按《建筑基桩检测技术规范》(JGJ 106)
一般项目	1	成品桩质量	外观	无蜂窝、露筋、裂缝、色感均匀、桩顶处无孔隙		直观
			桩径	mm	±5	用钢尺量
			管壁厚度	mm	±5	用钢尺量
			桩尖中心线	mm	<2	用钢尺量
			顶面平整度	mm	10	用水平尺量
			桩体弯曲		<1/1000l	用钢尺量，l 为桩长
	2	砂料的有机质含量		见本规范表 5.5.4-2		见本规范表 5.5.4-2
				min	>1.0	秒表测定
				mm	<10	用钢尺量
					<1/1000l	用钢尺量，l 为两节桩长
	3	桩位		设计要求		现场实测或查沉桩记录
	4	砂桩标高		mm	±50	水准仪

注　本表中的本规范指《建筑地基基础工程施工质量验收规范》(GB 50202—2002)。

四、混凝土预制桩

混凝土预制桩可在工厂生产，也可在现场支模预制。混凝土预制桩在现场预制时，应对原材料、钢筋骨架、混凝土强度进行检查，钢筋骨架质量检验标准见表 2-20；采用工厂生产的成品桩时，桩进场后应进行外观及尺寸检查。对工厂的成品桩虽有产品合格证书，但在运输过程中容易碰坏，为此，进场后应再做检查。

施工中应对桩体垂直度、沉桩情况、桩顶完整状况、接桩质量等进行检查，对电焊接桩，重要工程应做10%的焊缝探伤检查。经常发生接桩时电焊质量较差，从而接头在锤击过程中断开，尤其接头对接的两端面不平整，电焊更不容易保证质量，对重要工程做 X 光拍片检查是完全必要的。

施工结束后，应对承载力及桩体质量做检验。对长桩或总锤击数超过 500 击的锤击桩，应符合桩体强度及 28d 龄期的两项条件才能锤击。混凝土桩的龄期，对抗裂性有影响，这是经过长期试验得出的结果，不到龄期的桩就像不足月出生的婴儿，有先天不足的弊端。经长时期锤击或锤击拉应力稍大一些便会产生裂缝。故有强度龄期双控的要求，但对短桩，锤击数又不多，满足强度要求一项应是可行的。有些工程进度较急，桩又不是长桩，可以采用蒸汽养护以求短期内达到强度，即可开始沉桩。

钢筋混凝土预制桩的质量检验标准应符合表 2-21 的规定。

表 2-20　　**预制桩钢筋骨架质量检验标准**　　单位：mm

项目	序号	检查项目	允许偏差或允许值	检查方法
主控项目	1	主筋距桩顶距离	±5	用钢尺量
	2	多节桩锚固钢筋位置	5	用钢尺量
	3	多节桩预埋铁件	±3	用钢尺量
	4	主筋保护层厚度	±5	用钢尺量
一般项目	1	主筋间距	±5	用钢尺量
	2	桩尖中心线	10	用钢尺量
	3	箍筋间距	±20	用钢尺量
	4	桩顶钢筋网片	±10	用钢尺量
	5	多节桩锚固钢筋长度	±10	用钢尺量

表 2-21　　**钢筋混凝土预制桩的质量检验标准**

项目	序号	检查项目		允许偏差或允许值		检查方法
				单位	数值	
主控项目	1	桩体质量检验		按《建筑基桩检测技术规范》(JGJ 106)		按《建筑基桩检测技术规范》(JGJ 106)
	2	桩体偏差		见本规范表 5.1.3		用钢尺量
	3	承载体		按《建筑基桩检测技术规范》(JGJ 106)		按《建筑基桩检测技术规范》(JGJ 106)
一般项目	1	砂、石、水泥、钢材等原材料（现场预制时）		符合设计要求		查出厂质保文件或抽样送检
	2	混凝土配合比及强度（现场预制时）		符合设计要求		检查称量及查试块记录
	3	成品桩外形		表面平整，颜色均匀，掉角深度小于 10mm，蜂窝面积小于总面积 0.5%		直观
	4	成品桩裂缝（收缩裂缝或起吊、装运、堆放引起的裂缝）		深度小于 20mm，宽度小于 0.25mm，横向裂缝不超过边长的一半		裂缝测定仪，该项在地下水有侵蚀地区及锤击数超过 500 击的长桩不适用
	5	成品桩尺寸	横截面边长	mm	±5	用钢尺量
			桩顶对角线差	mm	<10	用钢尺量
			桩尖中心线	mm	<10	用钢尺量
			桩身弯曲矢高		<1/1000l	用钢尺量，l 为桩长
			桩顶平整度	mm	<2	用水平尺量
	6	电焊接桩	焊缝质量	见本规范表 5.5.4-2		见本规范表 5.5.4-2
			电焊结束后停歇时间	min	>1.0	秒表测定
			上下节平面偏差	mm	<10	用钢尺量
			节点弯曲矢高		<1/1000l	用钢尺量，l 为两节桩长
	7	硫黄胶泥接桩	胶泥浇注时间	min	<2	秒表测定
			浇注后停歇时间	min	>7	秒表测定
	8	桩顶标高		mm	±50	水准仪
	9	停锤标准		设计要求		现场实测或查沉桩记录

注　本表中的本规范指《建筑地基基础工程施工质量验收规范》(GB 50202—2002)。

五、钢桩

型钢桩是采用钢材生产的热轧 H 型钢打入土中成桩，具有穿透能力较强，施工挤土量小，切割、接长较简便，取材较易等特点，但承载能力，抗锤击性能略差一些。适用于工业与民用建筑桩基及作基坑支护柱桩应用。

施工前应检查进入现场的成品钢桩，成品钢桩质量验收标准应符合表 2－22 的规定。钢桩包括钢管桩、型钢桩等。成品桩也是在工厂生产，应有一套质检标准，但也会因运输堆放造成桩的变形，因此，进场后需再做检验。

施工中应检查钢桩的垂直度、沉入过程、电焊连接质量、电焊后的停歇时间、桩顶锤击后的完整状况、电焊质量等，除常规检查外，应做 10％的焊缝探伤检查。

施工结束后应做承载力检验。

钢桩施工质量验收标准应符合表 2－23 的规定。

表 2－22　　成品钢桩质量验收标准

项目	序号	检查项目		允许偏差或允许值		检查方法
				单位	数值	
主控项目	1	钢桩外径或断面尺寸	桩端		±0.5％D	用钢尺量，D 为外径或边长
			桩身		±1D	
	2	矢量			＜1/1000l	用钢尺量，l 为桩长
一般项目	1	长度		mm	±10	用钢尺量
	2	端部平整度		mm	≤2	用水平尺量
	3	H 钢桩的方正度	h＞300	mm	$T+T'\leqslant 8$	用钢尺量，h、T、T'见图示
			h＜300	mm	$T+T'\leqslant 6$	
	4	端部平面与桩中心线的倾斜值		mm	≤2	用水平尺量

表 2－23　　钢桩施工质量验收标准

项目	序号	检查项目	允许偏差或允许值		检查方法
			单位	数值	
主控项目	1	桩位偏差	见本规范表 5.1.3		用钢尺量
	2	承载力	按《建筑基桩检测技术规范》(JGJ 106)		按《建筑基桩检测技术规范》(JGJ 106)

续表

项目	序号	检查项目	允许偏差或允许值		检查方法
			单位	数值	
一般项目	1	电焊接桩焊缝： (1) 上下节端部错口 (外径≥700mm) (外径<700mm) (2) 焊缝咬边深度 (3) 焊缝加强层高度 (4) 焊缝加强层宽度 (5) 焊缝电焊质量外观 (6) 焊缝探伤检验	 mm mm mm mm 无气孔，无焊瘤，无裂缝 满足设计要求	 ≤3 ≤2 ≤0.5 2	 用钢尺量 用钢尺量 焊缝检查仪 焊缝检查仪 直观 按设计要求
	2	电焊结束后停歇时间	min	>1.0	按设计要求
	3	节点弯曲矢量		<1/1000l	用钢尺量，l 为两节桩长
	4	桩顶标高	mm	±50	水准仪
	5	停锤标准	设计要求		用钢尺量或沉桩记录

注　本表中的本规范指《建筑地基基础工程施工质量验收规范》(GB 50202—2002)。

六、钢筋混凝土灌注桩

钢筋混凝土灌注桩是一种直接在现场桩位上就地成孔，然后在孔内浇筑混凝土或安放钢筋笼再浇筑混凝土而成的桩。按其成孔方法不同，可分为钻孔灌注桩、沉管灌注桩、人工挖孔、嵌岩桩和挖孔扩底灌注桩等。

钻孔灌注桩作为一种基础形式，目前在我国广泛使用在铁路桥梁、公路桥梁、城市各种桥梁中，这是因为这种施工方法，可以变水下作业为水上施工，从而大大简化施工，缩短工期，降低了工程造价，而且所需设备简单，操作方便。但其施工质量难于控制，发生事故后又较难处理。

施工前应对水泥、砂、石子（如现场搅拌）、钢材等原材料进行检查，对施工组织设计中制定的施工顺序、监测手段（包括仪器、方法）也应检查。混凝土灌注桩的质量检验应较其他桩种严格，这是工艺本身要求，再则工程事故也较多，因此，对监测手段要事先落实。

施工中应对成孔、清查、放置钢筋笼、灌注混凝土等进行全过程检查，人工挖孔桩尚应复验孔底持力层土（岩）性。嵌岩桩必须有桩端持力层的岩性报告。沉渣厚度应在钢筋笼放入后，混凝土浇注前测定，成孔结束后，放钢筋笼、混凝土导管都会造成土体跌落，增加沉渣厚度，因此，沉渣厚度应是二次清孔后的结果。沉渣厚度的检查目前均用重锤，有些地方用较先进的沉渣仪，这种仪器应预先做标定。人工挖孔桩一般对持力层有要求，而且到孔底察看土性是有条件的。

施工结束后，应检查混凝土强度，并应做桩体质量及承载力的检验。

混凝土灌注桩钢筋笼质量验收标准应符合表 2-24 的规定，混凝土灌注桩质量验收标准应符合表 2-25 的规定。

表 2-24　　混凝土灌注桩钢筋笼质量验收标准　　单位：mm

项目	序号	检查项目	允许偏差或允许值	检查方法
主控项目	1	主筋间距	±10	用钢尺量
	2	长度	±100	用钢尺量
一般项目	1	钢筋材质检验	设计要求	抽样送检
	2	箍筋间距	±20	用钢尺量
	3	直径	±10	用钢尺量

注　灌注桩的钢筋笼有时在现场加工，不是在工厂加工完后运到现场，为此，列出了钢筋笼的质量验收标准。

表 2-25　　混凝土灌注桩质量验收标准

项目	序号	检查项目		允许偏差或允许值		检查方法
				单位	数值	
主控项目	1	桩位		见本规范表 5.1.4		基坑开挖前量护筒，开挖后量桩中心
	2	孔深		mm	+300	只深不浅，用重锤测，或测钻杆、套管长度，嵌岩桩应确保进入设计要求的嵌岩深度
	3	桩体质量检验		按《建筑基桩检测技术规范》(JGJ 106)。如钻芯取样，大直径嵌岩桩应钻至桩尖下 50mm		按《建筑基桩检测技术规范》(JGJ 106)
	4	混凝土强度		设计要求		试件报告或钻芯取样送检
	5	承载力		按《建筑基桩检测技术规范》(JGJ 106)		按《建筑基桩检测技术规范》(JGJ 106)
一般项目	1	垂直度		见本规范表 5.1.4		测大管或钻杆，或用超声波探测，干施工时吊垂球
	2	桩径		见本规范表 5.1.4		井径仪或超声波检测，干施工时吊垂球
	3	泥浆比重（黏土或砂性土中）		1.15～1.20		用比重计测，清孔后在距孔底 50cm 处取样
	4	泥浆面标高（高于地下水位）		m	0.5～1.0	目测
	5	沉渣厚度	端承桩	mm	≤50	用沉渣仪或重锤测量
			摩擦桩	mm	≤150	
	6	混凝土坍落度	水下灌注	mm	160～220	坍落度仪
			干施工	mm	70～100	
	7	钢筋笼安装深度		mm	±100	用钢尺量
	8	混凝土充盈系数		>1		检查每根桩的实际灌注量
	9	桩顶标高		mm	+30 -50	水准仪，需扣除桩顶浮浆层及劣质桩体

注　本表中的本规范指《建筑地基基础工程施工质量验收规范》(GB 50202—2002)。

第四节　地 下 防 水 工 程

随着中国经济的快速发展和城市化进程的加快，使高层建筑像雨后春笋般在各大城市拔地而起，出现了前所未有的大发展。在高层建筑建设的同时，在建筑物的本身，注定了建筑的基础为深基础，基础埋深通常在地下水位以下，为了土地的充分利用，建筑物下面几乎全部设计成停车场、储物间、设备间等房间，这就决定了地下室必须进行防水设计，才能保证地下室的充分利用，及建筑物本身的使用寿命。由于地下室防水为隐蔽工程，这就在施工过程中注定要对防水作业加强管理，控制质量方面显得尤为重要。目前施工的建筑物，地下室防水大多以结构自防水与卷材防水相结合方式加以运用。

一、概述

(1) 地下防水工程必须由持有资质等级证书的防水专业队伍进行施工，主要施工人员应持有省级及以上建设行政主管部门或其指定单位颁发的执业资格证书或防水专业岗位证书。

(2) 地下防水工程施工前，应通过图纸会审，掌握结构主体及细部构造的防水要求，施工单位应编制防水工程专项施工方案，经监理单位或建设单位审查批准后执行。

(3) 地下防水工程的施工，应建立各道工序的自检、交接检和专职人员检查的制度，并有完整的检查记录。工程隐蔽前，应由施工单位通知有关单位进行验收，并形成隐蔽工程验收记录；未经监理单位或建设单位代表对上道工序的检查确认，不得进行下道工序的施工。

(4) 地下防水工程施工期间，必须保持地下水位稳定在工程底部最低高程 0.5m 以下，必要时应采取降水措施。对采用明沟排水的基坑，应保持基坑干燥。

(5) 地下防水工程不得在雨天、雪天和五级风及其以上时施工；防水材料施工环境气温条件宜符合表 2-26 的规定。

表 2-26　防水材料施工环境气温条件

防水材料	施工环境气温条件
高聚物改性沥青防水卷材	冷粘法、自粘法不低于 5℃，热熔法不低于－10℃
合成高分子防水卷材	冷粘法、自粘法不低于 5℃，焊接法不低于－10℃
有机防水涂料	溶剂型为－5～35℃，反应型、溶乳型为 5～35℃
无机防水涂料	5～35℃
防水混凝土、防水砂浆	5～35℃
膨润土防水涂料	不低于－20℃

(6) 地下防水工程是一个子分部工程，其分项工程的划分应符合表 2-27 的要求。

表 2－27　　地下防水工程的分项工程

子分部工程		分项工程
地下防水工程	主体结构防水	防水混凝土、水泥砂浆防水层、卷材防水层、涂料防水层、塑料防水板防水层、金属板防水层、膨润土防水材料防水层
	细部构造防水	施工缝、变形缝、后浇带、穿墙管、埋设件、预留通道接头、桩头、孔口、坑、池
	特殊施工法结构防水	锚喷支护、地下连续墙、盾构隧道、沉井、逆筑结构
	排水	渗排水、盲沟排水、隧道、坑道排水、坑道排水、塑料排水板排水
	注浆	预注浆、后注浆、结构裂缝注浆

（7）地下防水工程的分项工程检验批和抽样检验数量应符合下列规定：①主体结构防水工程和细部构造防水工程应按结构层、变形缝或后浇带等施工段划分检验批；②特殊施工法结构防水工程应按隧道区间、变形缝等施工段划分检验批；③排水工程和注浆工程应各为一个检验批；④各检验批的抽样检验数量：细部构造应为全数检查，其他均应符合规范的规定。

二、防水混凝土工程

1. 质量控制要点

（1）防水混凝土适用于抗渗等级不低于 P6 的地下混凝土结构。不适用于环境温度高于 80℃的地下工程。处于侵蚀性介质中，防水混凝土的耐侵蚀性要求应符合现行国家标准《工业建筑防腐蚀设计规范》（GB 50046）和《混凝土结构耐久性设计规范》（GB 50476）的有关规定。

（2）水泥的选择应符合下列规定：

1）宜采用普通硅酸盐水泥或硅酸盐水泥，采用其他品种水泥时应经试验确定。

2）在受侵蚀性介质作用时，应按介质的性质选用相应的水泥品种。

3）不得使用过期或受潮结块的水泥，并不得将不同品种或强度等级的水泥混合使用。

（3）砂、石的选择应符合下列规定：

1）砂宜选用中粗砂，含泥量不应大于 3.0%，泥块含量不宜大于 1.0%。

2）不宜使用海砂；在没有使用河砂的条件时，应对海砂进行处理后才能使用，且控制氯离子含量不得大于 0.06%。

3）碎石或卵石的粒径宜为 5～40mm，含泥量不应大于 1.0%，泥块含量不应大于 0.5%。

4）对长期处于潮湿环境的重要结构混凝土用砂、石，应进行碱活性检验。

（4）矿物掺合料的选择应符合下列规定：

1）粉煤灰的级别不应低于二级，烧失量不应大于 5%。

2）硅粉的比表面积不应小于 15000m^2/kg，SiO_2 含量不应小于 85%。

3）粒化高炉矿渣粉的品质要求应符合现行国家标准《用于水泥和混凝土中的粒化高炉矿渣粉》（GB/T 18046）的有关规定。

（5）混凝土拌和用水应符合现行行业标准《混凝土用水标准》（JGJ 63）的有关规定。

（6）外加剂的选择应符合下列规定：

1）外加剂的品种和用量应经试验确定，所用外加剂应符合现行国家标准《混凝土外加剂应用技术规范》（GB 50119）的质量规定。

2）掺加引气剂或引气型减水剂的混凝土，其含气量宜控制为3%～5%。

3）考虑外加剂对硬化混凝土收缩性能的影响。

4）严禁使用对人体产生危害、对环境产生污染的外加剂。

（7）防水混凝土的配合比应经试验确定，并应符合下列规定：

1）试配要求的抗渗水压值应比设计值提高0.2MPa。

2）混凝土胶凝材料总量不宜小于320kg/m³，其中水泥用量不宜少于260kg/m³；粉煤灰掺量宜为胶凝材料总量的20%～30%，硅粉的掺量宜为胶凝材料总量的2%～5%。

3）水胶比不得大于0.50，有侵蚀性介质时水胶比不宜大于0.45。

4）砂率宜为35%～40%，泵送时可增加到45%。

5）灰砂比宜为1∶1.5～1∶2.5。

6）混凝土拌和物的氯离子含量不应超过胶凝材料总量的0.1%；混凝土中各类材料的总碱量即Na_2O当量不得大于3kg/m³。

（8）防水混凝土采用预拌混凝土时，入泵坍落度宜控制在120～140mm，坍落度每小时损失不应大于20mm，坍落度总损失值不应大于40mm。

（9）混凝土拌制和浇筑过程控制应符合下列规定：

1）拌制混凝土所用材料的品种、规格和用量，每工作班检查不应少于两次。每盘混凝土各组成材料计量结果的允许偏差应符合表2-28的规定。

表2-28　混凝土各组成材料计量结果的允许偏差　%

混凝土组成材料	每盘计量	累计计量
水泥、掺合料	±2	±1
粗、细骨料	±3	±2
水、外加剂	±2	±1

注　累计计量仅适用于微机控制计量的搅拌站。

2）混凝土在浇筑地点的坍落度，每工作班至少检查两次。混凝土的坍落度试验应符合现行国家标准《普通混凝土拌合物性能试验方法标准》（GB/T 50080）的有关规定。混凝土坍落度允许偏差应符合表2-29的规定。

表2-29　混凝土坍落度允许偏差　单位：mm

要求坍落度	允许偏差	要求坍落度	允许偏差
≤40	±10	≥100	±20
50～90	±15		

3）泵送混凝土拌和物在运输后出现离析，必须进行二次搅拌。当坍落度损失后不能满足施工要求时，应加入原水胶比的水泥浆或掺加同品种的减水剂进行搅拌，严禁直接加水。

(10) 防水混凝土抗压强度试件，应在混凝土浇筑地点随机取样后制作，并应符合下列规定：

1) 同一工程、同一配合比的混凝土，取样频率和试件留置组数应符合现行国家标准《混凝土结构工程施工质量验收规范》(GB 50204) 的有关规定。

2) 抗压强度试验应符合现行国家标准《普通混凝土力学性能试验方法标准》(GB/T 50081) 的有关规定。

3) 结构构件的混凝土强度评定应符合现行国家标准《混凝土强度检验评定标准》(GB/T 50082) 的有关规定。

(11) 防水混凝土抗渗性能应采用标准条件下养护混凝土抗渗试件的试验结果评定，试件应在混凝土浇筑地点随机取样后制作，并应符合下列规定：

1) 连续浇筑混凝土每 $500m^3$ 应留置一组 6 个抗渗试件，且每项工程不得少于两组；采用预拌混凝土的抗渗试件，留置组数应视结构的规模和要求而定。

2) 抗渗性能试验应符合现行国家标准《普通混凝土长期性能和耐久性能试验方法》(GB/T 50082) 的有关规定。

(12) 大体积防水混凝土的施工应采取材料选择、温度控制、保温保湿等技术措施。在设计许可的情况下，掺粉煤灰混凝土设计强度的龄期宜为 60d 或 90d。

(13) 防水混凝土分项工程检验批的抽样检验数量，应按混凝土外露面积每 $100m^2$ 抽查 1 处，每处 $10m^2$，且不得少于 3 处。

2. 主控项目

(1) 防水混凝土的原材料、配合比及坍落度必须符合设计要求。检验方法：检查产品合格证、产品性能检测报告、计量措施和材料进场检验报告。

(2) 防水混凝土的抗压强度和抗渗性能必须符合设计要求。检验方法：检查混凝土抗压强度、抗渗性能检验报告。

(3) 防水混凝土结构的变形缝、施工缝、后浇带、穿墙管、埋设件等设置和构造必须符合设计要求。检验方法：观察检查和检查隐蔽工程验收记录。

3. 一般项目

(1) 防水混凝土结构表面应坚实、平整，不得有露筋、蜂窝等缺陷；埋设件位置应准确。检验方法：观察检查。

(2) 防水混凝土结构表面的裂缝宽度不应大于 0.2mm，且不得贯通。检验方法：用刻度放大镜检查。

(3) 防水混凝土结构厚度不应小于 250mm，其允许偏差应为 +15mm、-10mm；主体结构迎水面钢筋保护层厚度不应小于 50mm，其允许偏差为 ±10mm。检验方法：尺量检查和检查隐蔽工程验收记录。

三、卷材防水层

1. 质量控制要点

(1) 卷材防水层适用于受侵蚀性介质作用或受振动作用的地下工程；卷材防水层应铺设在主体结构的迎水面。

(2) 卷材防水层应采用高聚物改性沥青防水卷材和合成高分子防水卷材。所选用的基层处理剂、胶粘剂、密封材料等均应与铺贴的卷材相匹配。

（3）在进场材料检验的同时，防水卷材接缝粘结质量检验应按《地下防水工程质量验收规范》（GB 50208）执行。

（4）铺贴防水卷材前，清扫应干净、干燥，并应涂刷基层处理剂；当基面潮湿时，应涂刷湿固化型胶粘剂或潮湿界面隔离剂。

（5）基层阴阳角应做成圆弧或45°坡角，其尺寸应根据卷材品种确定；在转角处、变形缝、施工缝、穿墙管等部位应铺贴卷材加强层，加强层宽度不应小于500mm。

（6）防水卷材的搭接宽度应符合表2－30的要求。铺贴双层卷材时，上下两层和相邻两幅卷材的接缝应错开1/3～1/2幅宽，且两层卷材不得相互垂直铺贴。

表2－30　　防水卷材的搭接宽度

卷材品种	搭接宽度/mm
弹性体改性沥青防水卷材	100
改性沥青聚乙烯胎防水卷材	100
自粘聚合物改性沥青防水卷材	80
三元乙丙橡胶防水卷材	100/60（胶粘剂/胶结带）
聚氯乙烯防水卷材	60/80（单面焊/双面焊）
	100（胶粘剂）
聚乙烯丙纶复合防水卷材	100（粘接料）
高分子自粘胶膜防水卷材	70/80（自粘胶/胶结带）

（7）冷粘法铺贴卷材应符合下列规定：①胶粘剂涂刷应均匀，不得露底，不堆积；②根据胶粘剂的性能，应控制胶粘剂涂刷与卷材铺贴的间隔时间；③铺贴时不得用力拉伸卷材，排除卷材下面的空气，辊压粘接牢固；④铺贴卷材应平整、顺直，搭接尺寸准确，不得有扭曲、皱折；⑤卷材接缝部位应采用专用粘接剂或胶结带满粘，接缝口应用密封材料封严，其宽度不应小于10mm。

（8）热熔法铺贴卷材应符合下列规定：①火焰加热器加热卷材应均匀，不得加热不足或烧穿卷材；②卷材表面热熔后应立即滚铺，排除卷材下面的空气，并粘接牢固；③铺贴卷材应平整、顺直，搭接尺寸准确，不得有扭曲、皱折；④卷材接缝部位应溢出热熔的改性沥青胶料，并粘接牢固，封闭严密。

（9）卷材防水层完工并经验收合格后应及时做保护层。保护层应符合下列规定：①顶板的细石混凝土保护层与防水层之间宜设置隔离层，细石混凝土保护层厚度：机械回填时不宜小于70mm，人工回填时不宜小于50mm；②底板的细石混凝土保护层厚度不应小于50mm；③侧墙宜采用软质保护材料或铺抹20mm厚1：2.5水泥砂浆。

（10）卷材防水层分项工程检验批的抽检数量，应按铺贴面积每100m^2抽查1处，每处10m^2，且不得少于3处。

2. 主控项目

（1）卷材防水层所用卷材及其配套材料必须符合设计要求。检验方法：检查产品合格证、产品性能检测报告和材料进场检验报告。

（2）卷材防水层在转角处、变形缝、施工缝、穿墙管等部位做法必须符合设计要求。检验方法：观察检查和检查隐蔽工程验收记录。

3. 一般项目

（1）卷材防水层的搭接缝应粘贴或焊接牢固，密封严密，不得有扭曲、皱折、翘边和起泡等缺陷。检验方法：观察检查。

（2）采用外防外贴法铺贴卷材防水层时，立面卷材接槎的搭接宽度，高聚物改性沥青类卷材应为150mm，合成高分子类卷材应为100mm，且上层卷材应盖过下层卷材。检验方法：观察和尺量检查。

（3）侧墙卷材防水层的保护层与防水层应结合紧密、保护层厚度应符合设计要求。检验方法：观察和尺量检查。

（4）卷材搭接宽度的允许偏差应为－10mm。检验方法：观察和尺量检查。

四、涂料防水层

1. 质量控制要点

（1）涂料防水层适用于受侵蚀性介质作用或受振动作用的地下工程；有机防水涂料宜用于主体结构的迎水面，无机防水涂料宜用于主体结构的迎水面或背水面。

（2）有机防水涂料应采用反应型、水乳型、聚合物水泥等涂料；无机防水涂料应采用掺外加剂、掺合料的水泥基防水涂料或水泥基渗透结晶型防水涂料。

（3）有机防水涂料基面应干燥。当基面较潮湿时，应涂刷湿固化型胶粘剂或潮湿界面隔离剂；无机防水涂料施工前，基面应充分润湿，但不得有明水。

（4）涂料防水层的施工应符合下列规定：

1）多组分涂料应按配合比准确计量，搅拌均匀，并应根据有效时间确定每次配制的用量。

2）涂料应分层涂刷或喷涂，涂层应均匀，涂刷应待前遍涂层干燥成膜后进行；每遍涂刷时应交替改变涂层的涂刷方向，同层涂膜的先后搭压宽度宜为30～50mm。

3）涂料防水层的甩槎处接缝宽度不应小于100mm，接涂前应将其甩槎表面处理干净。

4）采用有机防水涂料时，基层阴阳角处应做成圆弧；在转角处、变形缝、施工缝、穿墙管等部位应增加胎体增强材料和增涂防水涂料，宽度不应小于50mm。

5）胎体增强材料的搭接宽度不应小于100mm，上下两层和相邻两幅胎体的接缝应错开1/3幅宽，且上下两层胎体不得相互垂直铺贴。

（5）涂料防水层完工并经验收合格后应及时做保护层。保护层应符合下列规定：

1）顶板的细石混凝土保护层与防水层之间宜设置隔离层。细石混凝土保护层厚度：机械回填时不宜小于70mm，人工回填时不宜小于50mm。

2）底板的细石混凝土保护层厚度不应小于50mm。

3）侧墙宜采用软质保护材料或铺抹20mm厚1∶2.5水泥砂浆。

（6）涂料防水层分项工程检验批的抽检数量，应按铺贴面积每100m^{2}抽查1处，每处10m^2，且不得少于3处。

2．主控项目

（1）涂料防水层所用的材料及配合比必须符合设计要求。检验方法：检查产品合格证、产品性能检测报告、计量措施和材料进场检验报告。

（2）涂料防水层的平均厚度应符合设计要求，最小厚度不得低于设计厚度的90%。检验方法：用针测法检查。

（3）涂料防水层在转角处、变形缝、施工缝、穿墙管等部位做法必须符合设计要求。检验方法：观察检查和检查隐蔽工程验收记录。

3．一般项目

（1）涂料防水层应与基层粘接牢固、涂刷均匀，不得流淌、鼓泡、露槎。检验方法：观察检查。

（2）涂层间夹铺胎体增强材料时，应使防水涂料浸透胎体覆盖完全，不得有胎体外露现象。检验方法：观察检查。

（3）侧墙涂料防水层的保护层与防水层应结合紧密，保护层厚度应符合设计要求。检验方法：观察检查。

五、细部构造防水工程

1．质量控制

（1）防水混凝土的变形缝、施工缝、后浇带等细部构造，应采用止水带、遇水膨胀橡胶腻子止水条等高分子防水材料和接缝密封材料。

地下工程应设置封闭严密的变形缝，变形缝的构造应以简单可靠、易于施工为原则。选用变形缝的构造形式和材料时，应根据工程特点、地基或结构变形情况及水压、水质影响等因素，适应防水混凝土结构的伸缩和沉降的需要，并保证防水结构不破坏。对水压大于0.3MPa、变形量为20～30mm、结构厚度大于或等于300mm的变形缝，应采用中埋式橡胶止水带；对环境温度高于50℃、结构厚度大于或等于30mm的变形缝可采用2mm厚的紫铜片或3mm厚的不锈钢等金属止水带，其中间呈圆弧形。

（2）变形缝的防水施工应符合下列要求：

1）止水带宽度和材质的物理性能均应符合设计要求，无裂缝和气泡；接头应采用热接，不得叠接，接缝平整牢固，不得有裂口和脱胶现象。

2）中埋式止水带中心线应和变形缝中心线重合，止水带不得穿孔或用铁钉固定。

3）变形缝设置中埋式止水带时，混凝土浇筑前应校正止水带位置，表面清理干净，止水带损坏处应修补。顶、底板止水带的下侧混凝土应振捣密实。边墙止水带内外侧混凝土应均匀，保持止水带位置正确、平直，无卷曲现象。

4）变形缝处增设的卷材或涂料层，应按设计要求施工。

（3）施工缝的防水施工应符合下列要求：

1）水平施工缝浇筑混凝土前，应将其表面浮浆和杂物清除，铺水泥砂浆或涂刷混凝土界面处理剂并及时浇筑混凝土。

2）垂直施工缝浇筑混凝土前，应将其表面清理干净，涂刷混凝土界面处理剂并及时浇筑混凝土。

3）施工缝采用遇水膨胀橡胶腻子止水条时，应将止水条牢固地安装在缝表面预留槽内。

4）施工缝采用中埋式止水带时，应确保止水带位置准确、固定牢靠。

（4）后浇带的防水施工应符合下列要求：

1）后浇带应在其两侧混凝土龄期达到42d后再施工。

2）后浇带的接缝处理与施工缝相同。

3）后浇带应采用收缩补偿混凝土，其强度等级不得低于两侧混凝土。

4）后浇带养护时间不得少于28d。

（5）穿墙管道的防水施工应符合下列要求：

1）穿墙管止水环与主管或翼环与套管应连续满焊，并做好防腐处理。

2）穿墙管处防水层施工前，应将套管内表面清理干净。套管内的管道安装完毕后，应在两管间嵌入内衬填料，端部用密封材料填缝。柔性穿墙时，穿墙内侧应用法兰压紧。

3）穿墙管外侧防水层应铺设严密，不留接槎；增铺附加层时，应按设计要求施工。

（6）埋设件的防水施工应符合下列要求：

1）埋设件端部或预留孔（槽）底部的混凝土厚度不得小于250mm；当厚度小于250mm时，必须局部加厚或采取其他防水措施。

2）预留地坑、孔洞、沟槽内防水层，应与孔（槽）外的结构防水层保持连续。

3）固定模板用的螺栓必须穿过混凝土结构时，螺栓或套管应满焊止水环或翼环，采用工具式螺栓或螺栓加堵头做法，拆模后应采取加强防水措施将留下的凹槽封堵密实。

（7）密封材料的防水施工应符合下列要求：

1）检查黏结基层的干燥程度及接缝的尺寸，接缝内部的杂物应清除干净。

2）热灌法施工应自下向上进行并尽量减少接头，接头应采用斜槎；密封材料熬制及浇灌温度应按有关材料要求严格控制。

3）冷嵌法施工应分次将密封材料嵌填在缝内，压嵌密实并与缝壁粘接牢固，防止裹入空气。接头应采用斜槎。

4）接缝处的密封材料底部应嵌填背衬材料，外露密封材料上应设置保护层，其宽度不得小于100mm。

2. 主控项目

（1）材料要求：卷材防水层所用卷材及主要配套材料必须符合设计要求。检查方法：检查出厂合格证、质量检验报告或现场抽样试验报告。

（2）细部做法：卷材防水层及其转角处、变形缝、穿墙管道等细部做法均应符合设计要求。检查方法：观察检查和检查隐蔽工程验收记录。

3. 一般项目

（1）止水带埋设：中埋式止水带中心线应和变形缝中心线重合，止水带应固定牢靠，平直，无卷曲现象。检查方法：观察检查和检查隐蔽工程验收记录。

（2）穿墙管止水环加工：穿墙管止水环与主管或翼环与套管应连续满焊，并做防腐处理。检查方法：观察检查和检查隐蔽工程验收记录。

(3) 接缝密封材料：接缝处混凝土表面应密实、洁净、干燥。密封材料应嵌填严密、粘接牢固，不得有开裂、鼓泡和下坍现象。检查方法：观察检查。

六、地下防水工程质量验收

地下防水工程质量验收的程序和组织应符合现行国家标准《建筑工程施工质量验收统一标准》(GB 50300) 的有关规定。

地下防水工程应对下列部位做好隐蔽工程验收记录：防水层的基层；防水混凝土结构和防水层被掩盖的部位；施工缝、变形缝和后浇带等防水构造做法；管道穿过防水层的封固部位；渗排水层、盲沟和沟槽；结构裂缝注浆处理部位；衬砌前围岩渗漏水处理部位；基坑的超挖和回填。

地下防水工程的观感质量检查应符合下列规定：

(1) 防水混凝土应密实，表面应平整，不得有露筋、蜂窝等缺陷；裂缝宽度不得大于0.2mm，并不得贯通。

(2) 水泥砂浆防水层应密实、平整、粘接牢固，不得有空鼓、裂纹、起砂、麻面等缺陷。

(3) 卷材防水层接缝应粘接牢固、封闭严密，防水层不得有损伤、空鼓、皱折等缺陷。

(4) 涂料防水层应与基层粘接牢固，不得有脱皮、流淌、鼓泡、露胎、皱折等缺陷。

(5) 塑料防水板防水层应铺设牢固、平整，搭接焊缝严密，不得有下垂、绷紧破损现象。

(6) 金属板防水层焊缝不得有裂纹、未熔合、夹渣、焊瘤、咬边、烧穿、弧坑、针状气孔等缺陷。

(7) 变形缝、施工缝、后浇带、穿墙管、埋设件、预留通道接头、桩头、孔口、坑、池等防水构造应符合设计要求。

(8) 锚喷支护、地下连续墙、盾构隧道、沉井、逆筑结构等防水构造应符合设计要求。

(9) 排水系统不淤积、不堵塞，确保排水畅通。

(10) 结构裂缝的注浆效果应符合设计要求。

地下工程出现渗漏水时，应及时进行治理，符合设计的防水等级标准要求后方可进行验收。地下防水工程验收后，应填写子分部工程质量验收记录，随同工程验收资料分别由建设单位和施工单位存档。

思考与训练

一、单选题

1. 砂石地基用汽车运输黄砂到现场的，以(　　)为一个验收批。

A. 200m^{3}或300t　B. 300m^{3}或450t　C. 400m^{3}或600t

2. 人工挖孔桩应逐孔进行终孔验收，终孔验收的重点是(　　)。

A. 挖孔的深度　B. 孔底的形状　C. 持力层的岩土特征

3. 对由地基基础设计为甲级或地质条件复杂，成桩质量可靠性低的灌注桩应采用

（　　）进行承载力检测。

A. 静承荷试验方法　　B. 高应变动力测试方法

C. 低应变动力测试方法　　D. 自平衡测试方法

4. 对灰土地基，强夯地基，其竣工后的地基强度或承载力检验数量，每单位工程不应少于（　　）点，每一独立基础下至少应有（　　）点。

A. 1　　B. 2　　C. 3　　D. 4

5. 水泥土搅拌桩复合地基承载力检验数量为总数的0.5%～1%，但不应少于（　　）处。

A. 1　　B. 2　　C. 3

6. 砂及砂石地基的主控项目有（　　）。

A. 地基承载力　　B. 石料粒径　　C. 含水量　　D. 分层厚度

7. 水泥土搅拌桩作承重工程桩用时，应取（　　）天后的试件进行强度检验。

A. 90　　B. 28　　C. 30　　D. 60

8. 地基基础分项工程检验批验收时，一般项目应有（　　）合格。

A. 100%　　B. 90%及以上　　C. 85%及以上　　D. 80%及以上

9. 钻孔灌注桩的桩径允许偏差为（　　）mm，垂直度允许偏差（　　）。

A. ±20，<1%　　B. ±50，<1%

C. ±50，<0.5%　　D. ±20，<0.5%

10. 对于地基基础设计等级为甲级或地质条件复杂的灌注桩，成桩质量可靠性低的灌注桩应采用静载荷试验测承载力，检验桩数不应少于总数的（　　），且不应少于（　　）根，总数少于50根时，不少于2根。

A. 1%　　B. 2%　　C. 3　　D. 2

11. 采用硫黄胶泥接桩，应每（　　）kg做一组试件。

A. 50　　B. 100　　C. 200

12. 沉管桩采用复打法施工时，复打施工必须在第一次灌注的混凝土（　　）之前完成。

A. 1h　　B. 终凝　　C. 初凝

13. 灌注桩沉渣厚度应要求（　　）符合要求。

A. 放钢筋笼前所测沉渣厚度

B. 放钢筋笼后、混凝土灌注前所测沉渣厚度

C. A或B

14. 填土工程质量检验时标高和（　　）是主控项目。

A. 分层压实系数　　B. 表面平整度

C. 分层厚度

15. 基坑土方工程验收必须以确保（　　）为前提。

A. 支护结构安全　　B. 周围环境安全

C. A和B

16. 土方开挖的（　　）必须与设计工况相一致。

A. 顺序　　B. 方法　　C. A和B

17. 混凝土灌注桩孔深的允许偏差为（　　）mm。

A. ±100　　B. ＋300　　C. ±300

18. 混凝土灌注桩的一般项目的抽查比例为（　　）。

A. 10%　　B. 50%　　C. 80%　　D. 全部

19. 预应力桩的混凝土强度等级不得低于（　　）。

A. C15　　B. C20　　C. C30　　D. C40

20. 对桩基进行检测时小应变方法可检测桩的（　　）。

A. 承载力　　B. 桩身质量　　C. 承载力和桩身质量

21. 桩基工程应由（　　）组织验收。

A. 总监理工程师或建设单位项目负责人

B. 施工单位项目负责人

C. 质监站人员

22. 地基基础分部（子分部）、分项工程的质量验收均应在（　　）基础上进行。

A. 施工单位自检合格　　B. 监理验收合格

C. 建设单位验收合格

23. 水泥砂浆防水层各层之间必须结合牢固，无（　　）现象。

A. 渗漏　　B. 积水　　C. 空鼓

24. 地下防水工程验收后，应填写（　　）工程质量验收记录。

A. 子分部　　B. 分部　　C. 分项

25. 防水混凝土抗渗性能，应采用（　　）条件下养护混凝土抗渗试件的试验结果评定。

A. 同　　B. 规定　　C. 标准

二、判断题（正确在括号中打“√”，错误在括号中打“×”）

1. 基础工程中持力层为砾石层或卵石层，厚度符合设计要求时，可不进行轻型静力触探。（　　）

2. 采用细砂作为垫层的填料时，应注意地下水的影响，且不宜使用平振法、插振法，可用水撼法。（　　）

3. 粉煤灰是电厂的工业废料，粉煤灰地基中选用的粉煤灰颗粒宜粗，烧失量宜低。（　　）

4. 水泥土搅拌法适用于处理淤泥，淤泥质土、粉土和含水量较高且地基承载力标准值不大于120kPa的黏土地基。（　　）

5. 选用龄期为3个月时间的强度作为水泥土的标准强度。（　　）

6. 地下防水工程经建设（监理）单位检查后，可进行下道工序施工。（　　）

7. 对有密度要求的填方，在夯实或压实之后，要对每层回填土的质量进行检验。（　　）

8. 地下防水工程中，防水等级为Ⅰ级的工程，其结构内壁并不是没有地下渗水现象。（　　）

9. 地下室渗水的检测方法有两种：①用手触摸可感觉到水分浸润，手上会沾有水分；

②用吸墨纸或报纸贴附，纸会浸润变颜色。（ ）

10. 地下防水工程细部构造一旦出现渗漏难以修补，不能以检查的面分布来确定地下防水工程的整体质量，因此施工质量检验时应全数检查。（ ）

11. 地下防水工程中当发现水泥砂浆防水层空鼓时应返工重做，可局部返工。（ ）

12. 地基基础工程施工中采用的工程设计文件，承包合同文件对施工质量验收的要求不得低于建筑地基基础工程施工质量验收规范的要求。（ ）

13. 当开挖基槽发现土质、土层结构与勘察资料不符时应进行专门的施工勘察。（ ）

14. 水泥土搅拌桩复合地基的主控项目和一般项目应分别抽查100%和20%。（ ）

15. 水泥土搅拌桩应在成桩后7d内用轻便触探器对桩体进行检测，数量不少于成桩数的2%。（ ）

16. 混凝土钻孔灌注桩钢筋笼吊装完毕，沉渣厚度符合要求后，即可浇注水下混凝土。（ ）

17. 灌注桩的沉渣厚度以放钢筋笼前所测沉渣为最终值。（ ）

18.《地下防水工程质量验收规范》(GB 50208—2011）适用于地下建筑工程、市政隧道、防护工程、地下铁道等防水工程质量的验收。（ ）

19. 地下防水工程所采用的工程技术文件以及承包合同文件，对施工质量验收的要求可低于规范的规定。（ ）

20. 地下防水工程应按工程设计的防水等级标准进行验收。（ ）

三、思考题

1. 土方工程施工过程中需要检查哪些内容？
2. 建筑物地基基础施工前应具备哪些资料？
3. 桩基工程的桩位验收有哪些要求？
4. 如何对工程桩进行承载力检验和桩身的质量检验？
5. 静力压桩在施工前、施工过程中、施工结束后分别需要进行哪些检查？
6. 混凝土灌注桩如何进行质量检验？
7. 水泥土桩墙支护结构有哪些质量检验标准？
8. 什么是地下防水工程？地下防水工程包括哪些内容？
9. 防水混凝土的质量检验项目有哪些？
10. 变形缝、施工缝、后浇带的防水施工如何进行质量检验？

四、案例分析题

某城市建筑公司准备建造某住宅工程，该工程8层，共计22栋，总建筑面积达20212.34m²。设计为框架结构，混凝土灌注桩，现着手准备土方工程。

根据以上内容，回答下列问题：

1. 土方工程施工前的质量控制措施有哪些？
2. 混凝土灌注桩工程质量检验标准与检验方法的主要内容是什么？

第三章

主体结构工程质量验收与评定

建筑工程的主体结构包括混凝土结构和砌体结构两个子分部工程，混凝土结构子分部工程可划分为模板、钢筋、预应力、混凝土、现浇结构和装配式结构等分项工程。砌体结构子分部工程则分砖砌体和混凝土小型空心砌块两个分项。各分项工程可根据与施工方式相一致且便于控制施工质量的原则，按工作班、楼层、结构缝或施工段划分为若干检验批分别验收，总体评定。

第一节 模板工程质量验收

一、模板安装工程质量验收

（一）模板安装工程施工质量控制

1. 模板安装的一般要求

（1）模板的接缝不应漏浆；在浇筑混凝土前，木模板应浇水湿润，但模板内不应有积水。

（2）模板与混凝土的接触面应清理干净并涂刷隔离剂，但不得采用影响结构性能或妨碍装饰工程施工的隔离剂。

（3）竖向模板和支架的支撑部分必须坐落在坚实的基础上，且要求接触面平整。

（4）安装过程中应多检查，注意垂直度、标高、中心线及各部分的尺寸，确保结构部分的几何尺寸和相邻位置的正确。

（5）浇筑混凝土前，模板内的杂物应清理干净。

（6）模板安装应按编制的模板设计文件和施工技术方案施工。在浇筑混凝土前，应对模板工程进行验收。

2. 模板安装偏差的控制

（1）模板轴线放线时，应考虑建筑装饰装修工程的厚度尺寸，留出装饰厚度。

（2）模板安装的顶部及根部应设标高标记，并设限位措施，确保标高尺寸准确。支模时应拉水平通线，设竖向垂直度控制线，确保横平竖直，位置正确。

（3）基础的杯芯模板应刨光直拼，并钻有排气孔，减少浮力；杯口模板中心线应准确，模板钉牢，以免浇筑混凝土时芯模上浮；模板厚度应一致，格栅面应平整，格栅木料要有足够强度和刚度。墙模板的穿墙螺栓直径、间距和垫块规格应符合设计要求。

（4）柱子支模前必须先校正钢筋位置。成排柱支模时应先立两端柱模板，在底部弹出通线，定出位置并兜方找中，校正与复核位置无误后，顶部拉通线，再立中间柱模板。柱箍间距按柱截面大小及高度决定，一般控制在500～1000mm，根据柱距选用剪刀撑、水平撑及四面斜撑撑牢，保证柱模板位置准确。

（5）梁模板上口应设临时撑头，侧模板下口应贴紧底模板或墙面，斜撑与上口钉牢，上口保持呈直线；深梁应根据梁的高度及核算的荷载及侧压力适当加横档。

（6）梁柱节点连接处一般下料尺寸略缩短，采用边模板包底模板，拼缝应严密，支撑牢靠，及时错位并采取有效、可靠措施予以纠正。

3. 模板支架安装的要求

（1）支放模板的地坪、胎模等应保持平整光洁，不得产生下沉、裂缝、起鼓或起砂等现象。

（2）支架的立柱底部应铺设合适的垫板；支撑在疏松土质上时基土必须经过夯实，并应通过计算，确定其有效支撑面积，并应有可靠的排水措施。

（3）立柱与立柱之间的带锥销横杆，应用锤子敲紧，避免立柱失稳，支撑完毕应设专人检查。

（4）安装现浇结构的上层模板及其支架时，下层楼板应具有承受上层荷载的承载能力或加设支架支撑，保证有足够的刚度和稳定性；多层楼板支架系统的立柱应安装在同一垂直线上。

4. 模板变形的控制

（1）超过 3m 高度的大型模板的侧模应留门子板；模板应留清扫口。

（2）控制模板起拱高度，消除在施工中因结构自重、施工荷载作用引起的挠度。对跨度不小于 4m 的现浇钢筋混凝土梁、板，其模板应按设计要求起拱；当设计没有具体要求时，起拱高度宜为跨度的 1‰～3‰。

（3）浇筑混凝土高度应控制在允许范围内，浇筑时应均匀、对称下料，以免局部侧压力过大导致胀模。

（二）模板安装工程质量验收

1. 主控项目

（1）安装现浇结构的上层模板及其支架时，下层楼板应具有承受上层荷载的承载能力，或加设支架；上、下层支架的立柱应对准，并铺设垫板。

检查数量：全数检查。

检验方法：对照模板设计文件和施工技术方案观察。

（2）在涂刷模板隔离剂时，不得沾污钢筋和混凝土接槎处。

检查数量：全数检查。

检验方法：观察。

2. 一般项目

（1）模板安装应满足下列要求：

1）模板的接缝不应漏浆；在浇筑混凝土前，木模板应浇水湿润，但模板内不应有积水。

2）模板与混凝土的接触面应清理干净并涂刷隔离剂，但不得采用影响结构性能或妨碍装饰工程施工的隔离剂。

3）浇筑混凝土前，模板内的杂物应清理干净。

4）对清水混凝土工程及装饰混凝土工程，应使用能达到设计效果的模板。

检查数量：全数检查。

检验方法：观察。

（2）用作模板的地坪、胎模等应平整光洁，不得产生影响构件质量的下沉、裂缝、起砂或起鼓。

检查数量：全数检查。

检验方法：观察。

（3）对跨度不小于4m的现浇钢筋混凝土梁、板，其模板应按设计要求起拱；当设计无具体要求时，起拱高度宜为跨度的1/1000～3/1000。

检查数量：在同一检验批内，对梁，应抽查构件数量的10%，且不少于3件；对板，应按有代表性的自然间抽查10%，且不少于3间；对大空间结构，板可按纵、横轴线划分检查面，抽查10%，且不少于3面。

检验方法：用水准仪或拉线、钢尺检查。

（4）固定在模板上的预埋件、预留孔和预留洞均不得遗漏，且应安装牢固，其允许偏差应符合表3-1的规定。

表3-1　预埋件、预留孔和预留洞的允许偏差　单位：mm

项　目		允许偏差	项　目		允许偏差
预埋钢板中心线位置		3	预埋螺栓	中心线位置	2
预埋管、预留孔中心线位置		3		外露长度	+10，0
插筋	中心线位置	5	预留洞	中心线位置	10
	外露长度	+10，0		尺寸	+10，0

注　检查中心线位置时，应沿纵、横两个方向量测，并取其中的较大值。

检查数量：在同一检验批内，对梁、柱和独立基础，应抽查构件数量的10%，且不少于3件；对墙和板，应按有代表性的自然间抽查10%，且不少于3间；对大空间结构，墙可按相邻轴线间高度5m左右划分检查面，板可按纵、横轴线划分检查面，抽查10%，且均不少于3面。

检验方法：用钢尺检查。

（5）现浇结构模板安装的允许偏差应符合表3-2的规定。

表3-2　现浇结构模板安装的允许偏差及检验方法

项　目		允许偏差/mm	检验方法
轴线位置		5	用钢尺检查
底模上表面标高		±5	用水准仪或拉线、钢尺检查
截面内部尺寸	基础	±10	用钢尺检查
	柱、墙、梁	+4，-5	用钢尺检查
层高垂直度	≤5m	6	用经纬仪或吊线、钢尺检查
	>5m	8	用经纬仪或吊线、钢尺检查
相邻两板表面高低差		2	用钢尺检查
表面平整度		5	用2m靠尺和塞尺检查

注　检查轴线位置时，应沿纵、横两个方向量测，并取其中的较大值。

检查数量：在同一检验批内，对梁、柱和独立基础，应抽查构件数量的10%，且不少于3件；对墙和板，应按有代表性的自然间抽查10%，且不少于3间；对大空间结构，墙可按相邻轴线间高度5m左右划分检查面，板可按纵、横轴线划分检查面，抽查10%，且均不少于3面。

检验方法：用钢尺检查。

（6）预制构件模板安装的允许偏差应符合表3-3的规定。

表3-3　　预制构件模板安装的允许偏差及检验方法　　单位：mm

项目		允许偏差	检验方法
长度	板、梁	±5	用钢尺量两角边，取其中较大值
	薄腹板、桁架	±10	
	柱	0，−10	
	墙板	0，−5	
宽度	板、墙板	0，−5	用钢尺量一端及中部，取其中较大值
	梁、薄腹梁、桁架、柱	+2，−5	
高（厚）度	板	+2，−3	用钢尺量一端及中部，取其中较大值
	墙板	0，−5	
	梁、薄腹梁、桁架、柱	+2，−3	
侧向弯曲	梁、板、柱	l/1000且≤15	用拉线、钢尺量最大弯曲处
	墙板、薄腹梁、桁架	l/1500且≤15	
板的表面平整度		3	用2m靠尺和塞尺检查
相邻两板表面高低差		1	用钢尺检查
对角线差	板	7	用钢尺量两个对角线
	墙板	5	
翘曲	板、墙板	l/1500	用调平尺在两端测量
设计起拱	薄腹梁、桁架、梁	±3	用拉线、钢尺量跨中

注　l为构件长度。

检查数量：首次使用及大修后的模板应全数检查；使用中的模板应定期检查，并根据使用情况不定期抽查。

二、模板拆除工程质量控制与验收

（一）模板拆除工程质量控制

（1）模板及其支架的拆除时间和顺序应事先在施工技术方案中确定，拆模必须按顺序进行，一般是先支的后拆，后支的先拆；先拆非承重部分，后拆承重部分。重大复杂的模板拆除，须按专项制订的拆模方案执行。

（2）现浇楼板采用早拆模施工时，经理论计算复核后将大跨度楼板改成支模形式为小跨度楼板（≤2m）；当浇筑的楼板混凝土实际强度达到50%的设计强度标准值时，可拆除模板，保留支架，严禁调换支架。

（3）多层建筑施工，当上层楼板正在浇筑混凝土时，下一层楼板的模板支架不得拆除，再下一层楼板的支架，只可拆除一部分；跨度在4m及4m以上的梁下均应保留支架，其间距不得大于3m。

(4) 高层建筑的梁、板模板，完成一层结构，其底模及其支架的拆除时间控制，应对所用混凝土的强度发展情况，分层进行核算，保证下层梁及楼板混凝土能承受上层全部荷载。

(5) 拆除时应先清理脚手架上的垃圾杂物，再拆除连接杆件，经检查安全可靠后方可按顺序拆除。拆除时要统一指挥、专人监护，设置警戒区，避免交叉作业，拆下物品及时清运、整修、保养。

(6) 后张法预应力结构构件，侧模宜在预应力张拉前拆除；底模及支架的拆除应按施工技术方案执行，当没有具体要求时，应在结构构件建立预应力之后拆除。

(7) 后浇带模板的拆除和支顶方法应按施工技术方案执行。

(二) 模板拆除工程质量验收

1. 主控项目

(1) 底模及其支架拆除时的混凝土强度应符合设计要求；当设计无具体要求时，混凝土强度应符合表3-4的规定。

表3-4　　底模拆除时混凝土的强度要求

构件类型	构件跨度/m	达到设计的混凝土立方体抗压强度标准值的百分率/%
板	≤2	≥50
	>2，≤8	≥75
	>8	≥100
梁、拱、壳	≤8	≥75
	>8	≥100
悬臂构件		≥100

检查数量：全数检查。

检验方法：检查同条件养护试件强度试验报告。

(2) 对后张法预应力混凝土结构构件，侧模宜在预应力张拉前拆除；底模支架的拆除应按施工技术方案执行，当无具体要求时，不应在结构构件建立预应力前拆除。

检查数量：全数检查。

检验方法：观察检查。

(3) 后浇带模板的拆除和支顶应按施工技术方案执行。

检查数量：全数检查。

检验方法：观察检查。

2. 一般项目

(1) 侧模拆除时的混凝土强度应能保证其表面及棱角不受损伤。

检查数量：全数检查。

检验方法：观察检查。

（2）模板拆除时，不应对楼层形成冲击荷载。拆除的模板和支架宜分散堆放并及时清运。

检查数量：全数检查。

检验方法：观察检查。

第二节　钢筋工程质量控制与验收

一、钢筋工程质量控制

1. 钢筋加工质量控制

（1）仔细查看结构施工图，了解不同结构件的配筋数量、规格、间距、尺寸等（注意处理好接头位置和接头百分率问题）。

（2）钢筋的表面应洁净。油渍、漆污和用锤敲击时能剥落的浮皮、铁锈等应在使用前清除干净，在焊接前，焊点处的水锈应清除干净。

（3）在切断过程中，如果发现钢筋劈裂、缩头或严重弯头，必须切除。若发现钢筋的硬度与该钢筋有较大出入，应向有关人员报告，查明情况。钢筋的端口，不得为马蹄形或出现起弯现象。

（4）钢筋切断时，将同规格钢筋根据不同长度搭配，统筹排料；一般先断长料，后断短料，减少短头，减少损耗。断料时，应避免用短尺量长料，防止在量料中产生累计误差。

（5）钢筋调直宜采用机械方法，也可采用冷拉方法。当采用冷拉方法调直钢筋时，HPB300级钢筋的冷拉率不宜大于4%，HRB335级、HRB400级和RRB400级钢筋的冷拉率不宜大于1%。

（6）钢筋加工过程中，检查钢筋冷拉的方法和控制参数；检查钢筋翻样图及配料单中钢筋的尺寸、形状是否符合设计要求，加工尺寸偏差是否符合规定；检查受力钢筋加工时的弯钩和弯折形状及弯曲半径；检查箍筋末端的弯钩形式。

（7）钢筋加工过程中，若发现钢筋脆断、焊接性能不良或力学性能显着不正常时，应立即停止使用，并对该批钢筋进行化学成分检验或其他专项检验，按检验结果进行技术处理。如果发现力学性能或化学成分不符合要求，必须做退货处理。

2. 钢筋连接工程质量控制

（1）钢筋连接操作前应进行安全技术交底，并履行相关手续。

（2）机械连接、焊接（应注意闪光对焊、电渣压力焊的适用范围）、绑扎搭接是钢筋连接的主要方式，纵向受力钢筋的连接方式应符合设计要求。在施工现场应按国家现行标准的规定，对钢筋的机械接头、焊接接头外观质量和力学性能抽取试件进行检验，其质量必须符合要求。绑扎接头应重点查验搭接长度，特别注意钢筋接头百分率对搭接长度的修正；闪光对焊焊接质量的判别对于缺乏此项经验的人员来说比较困难。因此，具体操作时，在焊接人员、设备、焊接工艺和焊接参数等的选择与质量验收时应予以特别重视。

（3）钢筋机械连接和焊接的操作人员必须持证上岗。焊接操作工只能在其上岗证规定的施焊范围内实施操作。

（4）钢筋连接所用的焊（条）剂、套筒等材料必须符合技术检验认定的技术要求，并具有相应的出厂合格证。

（5）钢筋机械连接和焊接连接操作前应首先抽取试件，以确定钢筋连接的工艺参数。

（6）在同一构件中钢筋机械连接接头或焊接接头的设置宜相互错开，接头位置、接头百分率应符合规范要求。同一构件相邻纵向受力钢筋的绑扎搭接接头宜相互错开，纵向受拉钢筋搭接接头面积百分率应符合设计要求；绑扎搭接接头中钢筋的横向净距不应小于钢筋直径，且不应小于25mm。同时，钢筋接头宜设置在受力较小处，同一纵向受力钢筋不宜设置两个或两个以上接头。接头末端至弯起点的距离不应小于钢筋直径的10倍。

（7）帮条焊适用于焊接直径为10～40mm的热轧光圆及带肋钢筋、直径为10～25mm的余热处理钢筋。搭接焊适用焊接的钢筋与帮条焊相同。电弧焊接接头外观质量检查应注意以下几点：

1）焊缝表面应平整，不得有凹陷或焊瘤。

2）焊接接头区域不得有肉眼可见的裂纹。

3）咬边深度、气孔、夹渣等缺陷允许值应符合相关规定。

4）坡口焊、熔槽帮条焊和窄间隙焊接头的焊缝余高不得大于3mm。

（8）电渣压力焊适用于焊接直径为14～40mm的HPB300级、HRB335级钢筋。焊机容量应根据钢筋直径选定。电渣压力焊应用于柱、墙、烟囱等现浇混凝土结构中竖向钢筋的连接，不得用于梁、板等构件中的水平钢筋连接。

（9）气压焊适用于焊接直径为14～40mm的热轧圆钢及带肋钢筋。当焊接直径不同的钢筋时，两直径之差不得大于7mm。气压焊等压法、二次加压法、三次加压法等工艺应根据钢筋直径等条件选用。

（10）进行电阻点焊、闪光对焊、电渣压力焊、埋弧压力焊时，应随时观察电源电压的波动情况。当电源电压下降大于5%、小于8%时，应采取提高焊接变压器级数的措施；当大于或等于8%时，不得进行焊接。钢筋电渣压力焊接接头外观质量检查应注意以下几点：

1）四周焊包突出钢筋表面的高度不得小于4mm。

2）钢筋与电极接触处，应无烧伤缺陷。

3）接头处的弯折角不得大于3°。

4）接头处的轴线偏移不得大于钢筋直径的0.1倍，且不得大于2mm。

（11）带肋钢筋套筒挤压连接应符合下列要求：

1）钢筋插入套筒内深度应符合设计要求。

2）钢筋端头离套筒长度中心点不宜超过10mm。

3）先挤压一端钢筋，插入连接钢筋后，再挤压另一端套筒，挤压宜从套筒中部开始，依次向两端挤压，挤压机与钢筋轴线保持垂直。

（12）钢筋锥螺纹连接的螺纹丝头的锥度、螺距必须与套筒的锥度、螺距一致。对准轴线将钢筋拧入套筒内，接头拧紧值应满足规定的力矩。

3. 钢筋安装工程质量控制

（1）钢筋安装前，应进行安全技术交底，并履行有关手续。

（2）钢筋安装前，应根据施工图核对钢筋的品种、规格、尺寸和数量，并落实钢筋安装工序。

（3）钢筋安装时检查钢筋骨架、钢筋网绑扎方法是否正确、是否牢固可靠。

（4）纵向受拉钢筋的绑扎搭接接头的搭接长度，应根据位于同一连接段区段内的钢筋搭接接头面积百分率按《混凝土结构设计规范》（GB 50010—2010）中的公式计算，且不小于300mm。

（5）在任何情况下，纵向受拉钢筋的搭接长度不应小于100mm，受压钢筋搭接长度不应小于200mm。在绑扎接头的搭接长度范围内，应采用铁丝绑扎三点。

（6）绑扎钢筋用钢丝规格是20～22号镀锌钢丝或20～22号钢丝（火烧丝）。绑扎楼板钢筋网片时，一般用单根22号钢丝；绑扎梁柱钢筋骨架时，则用双根22号钢丝。

（7）钢筋混凝土梁、柱、墙板钢筋安装时要注意的控制点如下：

1）框架结构节点核心区、剪力墙结构暗柱与连梁交接处，梁与柱的箍筋设置是否符合要求。

2）框架剪力墙结构或剪力墙结构中连梁箍筋在暗柱中的设置是否符合要求。

3）框架梁、柱箍筋加密区长度和间距是否符合要求。

4）框架梁、连梁在柱、墙、梁中的锚固方式和锚固长度是否符合设计要求（工程中往往存在部分钢筋水平段锚固不满足设计要求的现象）。

5）框架柱在基础梁、板或承台中的箍筋设置（类型、根数、间距）是否符合要求。

6）剪力墙结构跨高比小于或等于2时，检查连梁中交叉加强钢筋的设置是否符合要求。

7）剪力墙竖向钢筋搭接长度是否符合要求（注意搭接长度的修正，通常是接头百分率的修正）。

8）框架柱特别是角柱箍筋间距、剪力墙暗柱箍筋形式和间距是否符合要求。

9）钢筋接头质量、位置和百分率是否符合设计要求。

10）注意在施工时，由于施工方法等原因可能形成短柱或短梁。

11）注意控制基础梁柱交界处、阳角放射筋部位的钢筋保护层质量。

12）框架梁与连系梁钢筋的相互位置关系必须正确，特别注意悬臂梁与其支撑梁钢筋位置的相互关系。

13）当剪力墙钢筋直径较细时，注意控制钢筋的水平度与垂直度，应采取适当措施（如增加梯子筋数量等）确保钢筋位置正确。

14）当剪力墙钢筋直径较细时，剪力墙钢筋往往“跑位”，通常可在剪力墙上口采用水平梯子筋加以控制。

15）柱中钢筋根数、直径变化处及构件截面发生变化处的纵向受力钢筋的连接和锚固方式应予以关注。

（8）工程实践中为便于施工，剪力墙中的拉结筋加工往往是一端加工成135°弯钩，另一端暂时加工成90°弯钩，待拉结筋就位后再将90°弯钩弯折成形。这样，如果加工措施不当往往会出现拉结筋变形使剪力墙筋骨架减小，钢筋安装时应予以控制。

（9）注意控制预留洞口加强筋的设置是否符合设计要求。

（10）工程中常常出现由于墙柱钢筋固定措施不合格，导致下柱（墙）钢筋位置偏离设计要求的现象，隐蔽工程验收时应查验防止墙柱钢筋错位的措施是否得当。

（11）钢筋安装时，检查梁、柱箍筋弯钩处是否沿受力钢筋方向相互错开放置，绑扎扣是否按变换方向进行绑扎。

（12）钢筋安装完毕后，检查钢筋保护层垫块、马蹬等是否根据钢筋直径、间距和设计要求正确放置。

（13）钢筋安装时，检查受力钢筋放置的位置是否符合设计要求，特别是梁、板、悬挑构件的上部纵向受力钢筋。

二、钢筋工程质量验收

1．一般规定

（1）当钢筋的品种、级别或规格需作变更时，应办理设计变更文件。

（2）在浇筑混凝土之前，应进行钢筋隐蔽工程验收，其内容包括：

1）纵向受力钢筋的品种、规格、数量、位置等。

2）钢筋的连接方式、接头位置、接头数量、接头面积百分率等。

3）箍筋、横向钢筋的品种、规格、数量、间距等。

4）预埋件的规格、数量、位置等。

2．原材料

（1）主控项目。

1）钢筋进场时，应按国家现行相关标准的规定抽取试件做力学性能和质量偏差检验，检验结果必须符合有关标准的规定。

检查数量：按进场的批次和产品的抽样检验方案确定。

检验方法：检查产品合格证、出厂检验报告和进场复验报告。

2）对有抗震设防要求的结构，其纵向受力钢筋的强度应满足设计要求；当设计无具体要求时，对一级、二级、三级抗震等级设计的框架和斜撑构件（含梯级）中的纵向受力钢筋应采用HRB335E、HRB400E、HRB500E、HRBF335E、HRBF400E或HRBF500E级钢筋，其强度和最大力下总伸长率的实测值应符合下列规定：钢筋的抗拉强度实测值与屈服强度实测值的比值不应小于1.25；钢筋的屈服强度实测值与强度标准值的比值不应大于1.30；钢筋的最大力下总伸长率不应小于9%。

检查数量：按进场的批次和产品的抽样检验方案确定。

检验方法：检查进场复验报告。

3）当发现钢筋脆断、焊接性能不良或力学性能显着不正常等现象时，应对该批钢筋进行化学成分检验或其他专项检验。

检验方法：检查化学成分等专项检验报告。

（2）一般项目。钢筋应平直、无损伤，表面不得有裂纹、油污、颗粒状或片状老锈。

检查数量：进场时和使用前全数检查。

检验方法：观察检查。

3. 钢筋加工

（1）主控项目。

1）受力钢筋的弯钩和弯折应符合下列规定：HRB300级钢筋末端应作180°弯钩，其弯弧内直径不应小于钢筋直径的2.5倍，弯钩的弯后平直部分长度不应小于钢筋直径的3倍；当设计要求钢筋末端需作135°弯钩时，HRB335、HRB400级钢筋的弯弧内直径不应小于钢筋直径的4倍，弯钩的弯后平直部分长度应符合设计要求；钢筋作不大于90°弯折时，弯折处的弯弧内直径不应小于钢筋直径的5倍。

检查数量：按每工作班同一类型钢筋、同一加工设备抽查不应少于3件。

检验方法：用钢尺检查。

2）除焊接封闭环式箍筋外，箍筋的末端应作弯钩，弯钩形式应符合设计要求；当设计无具体要求时应符合下列规定：箍筋弯钩的弯弧内直径除应满足《混凝土结构工程施工质量验收规范》（GB 50204—2015）的规定外，尚应不小于受力钢筋直径。箍筋弯钩的弯折角度：对一般结构不应小于90°；对有抗震等要求的结构应为135°。箍筋弯后平直部分长度：对一般结构不宜小于箍筋直径的5倍，对有抗震等要求的结构不应小于箍筋直径的10倍。

检查数量：按每工作班同一类型钢筋、同一加工设备抽查不应少于3件。

检验方法：用钢尺检查。

3）钢筋调直后应进行力学性能和质量偏差的检验，其强度应符合有关标准的规定。

（2）一般项目。

1）钢筋宜采用无延伸功能的机械设备进行调直，也可采用冷拉方法调直。当采用冷拉方法调直时，HPB300级光圆钢筋的冷拉率不宜大于4%；HRB335、HRB400、HRB500、HRBF335、HRBF400、HRBF500及RRB400级带肋钢筋的冷拉率不宜大于1%。

检查数量：每工作班按同一类型钢筋、同一加工设备抽查不应少于3件。

检验方法：观察检查，用钢尺检查。

2）钢筋加工的形状、尺寸应符合设计要求，其允许偏差应符合表3-5的规定。

表3-5　钢筋加工的允许偏差　　单位：mm

项　目	允许偏差
受力钢筋长度方向全长的净尺寸	±10
弯起钢筋的弯折位置	±20
箍筋内净尺寸	±5

检查数量：按每工作班同一类型钢筋、同一加工设备抽查不应少于3件。

检验方法：用钢尺检查。

4. 钢筋连接

（1）主控项目。

1）纵向受力钢筋的连接方式应符合设计要求。

检查数量：全数检查。

检验方法：观察检查。

2）在施工现场应按《钢筋机械连接通用技术规程》（JGJ 107）、《钢筋焊接及验收规程》（JGJ 18—2012）的规定，抽取钢筋机械连接接头、焊接接头试件做力学性能检验，其质量应符合有关规程的规定。

检查数量：按有关规程确定。

检验方法：检查产品合格证、接头力学性能试验报告。

（2）一般项目。

1）钢筋的接头宜设置在受力较小处。同一纵向受力钢筋不宜设置两个或两个以上接头。接头末端至钢筋弯起点的距离不应小于钢筋直径的10倍。

检查数量：全数检查。

检验方法：观察检查，用钢尺检查。

2）在施工现场应按《钢筋机械连接通用技术规程》（JGJ 107）、《钢筋焊接及验收规程》（JGJ 18—2012）的规定，对钢筋机械连接接头、焊接接头的外观进行检查，其质量应符合有关规程的规定。

检查数量：全数检查。

检验方法：观察检查。

3）当受力钢筋采用机械连接接头或焊接接头时，设置在同一构件内的接头宜相互错开。

检查数量：在同一检验批内，对梁、柱和独立基础，应抽查构件数量的10%，且不少于3件；对墙和板，应按有代表性的自然间抽查10%，且不少于3间；对大空间结构，墙可按相邻轴线间高度5m左右划分检查面，板可按纵横轴线划分检查面，抽查10%，且均不少于3面。

检验方法：观察检查，用钢尺检查。

4）同一构件中相邻纵向受力钢筋的绑扎搭接接头宜相互错开。绑扎搭接接头中钢筋的横向净距不应小于钢筋直径，且不应小于25mm。

检查数量：在同一检验批内，对梁、柱和独立基础，应抽查构件数量的10%，且不少于3件；对墙和板，应按有代表性的自然间抽查10%，且不少于3间；对大空间结构，墙可按相邻轴线间高度5m左右划分检查面，板可按纵、横轴线划分检查面，抽查10%，且均不少于3面。

检验方法：观察检查，用钢尺检查。

5）在梁、柱类构件的纵向受力钢筋搭接长度范围内，应按设计要求配置箍筋。

检查数量：在同一检验批内，对梁、柱和独立基础，应抽查构件数量的10%，且不少于3件；对墙和板，应按有代表性的自然间抽查10%，且不少于3间；对大空间结构，墙可按相邻轴线间高度5m左右划分检查面，板可按纵、横轴线划分检查面，抽查10%，且均不少于3面。

检验方法：用钢尺检查。

5. 钢筋安装

（1）主控项目。钢筋安装时，受力钢筋的品种、级别、规格和数量必须符合设计要求。

检查数量：全数检查。

检验方法：观察检查，用钢尺检查。

（2）一般项目。钢筋安装位置的允许偏差应符合表 3－6 的规定。

检查数量：在同一检验批内，对梁、柱和独立基础，应抽查构件数量的 10%，且不少于 3 件；对墙和板，应按有代表性的自然间抽查 10%，且不少于 3 间；对大空间结构，墙可按相邻轴线间高度 5m 左右划分检查面，板可按纵、横轴线划分检查面，抽查 10%，且均不少于 3 面。

表 3－6　　钢筋安装位置的允许偏差和检验方法　　单位：mm

<table>
<tr><th colspan="3">项　目</th><th>允许偏差</th><th>检 验 方 法</th></tr>
<tr><td rowspan="2">绑扎钢筋网</td><td colspan="2">长、宽</td><td>±10</td><td>用钢尺检查</td></tr>
<tr><td colspan="2">网眼尺寸</td><td>±20</td><td>用钢尺量连续三档，取最大值</td></tr>
<tr><td rowspan="2">绑扎钢筋骨架</td><td colspan="2">长</td><td>±10</td><td>用钢尺检查</td></tr>
<tr><td colspan="2">宽、高</td><td>±5</td><td>用钢尺检查</td></tr>
<tr><td rowspan="5">受力钢筋</td><td colspan="2">间距</td><td>±10</td><td rowspan="2">用钢尺量两端中间各一点，取最大值</td></tr>
<tr><td colspan="2">排距</td><td>±5</td></tr>
<tr><td rowspan="3">保护层厚度</td><td>基础</td><td>±10</td><td>用钢尺检查</td></tr>
<tr><td>柱、梁</td><td>±5</td><td>用钢尺检查</td></tr>
<tr><td>板、墙、壳</td><td>±3</td><td>用钢尺检查</td></tr>
<tr><td colspan="3">绑扎箍筋、横向钢筋间距</td><td>±20</td><td>用钢尺量连续三档，取最大值</td></tr>
<tr><td colspan="3">钢筋弯起点位置</td><td>20</td><td>用钢尺检查</td></tr>
<tr><td rowspan="2">预埋件</td><td colspan="2">中心线位置</td><td>5</td><td>用钢尺检查</td></tr>
<tr><td colspan="2">水平高差</td><td>＋3，0</td><td>用钢尺和塞尺检查</td></tr>
</table>

注　1. 检查预埋件中心线位置时，应沿纵、横两个方向量测，并取其中的较大值。
　　2. 表中梁类、板类构件上部纵向受力钢筋保护层厚度的合格点率应达到 90%及以上，且不得有超过表中数值 1.5 倍的尺寸偏差。

第三节　混凝土工程质量控制与验收

混凝土分项工程是从水泥、砂、石、水、外加剂、矿物掺合料等原材料进场检验、混凝土配合比设计及称量、拌制、运输、浇筑、养护、试件制作直至混凝土达到预定强度等一系列技术工作和完成实体的总称。混凝土分项工程所含的检验批可根据施工工序和验收的需要确定。

一、混凝土工程质量控制

1. 混凝土施工前检查

（1）混凝土施工前应检查混凝土的运输设备是否良好、道路是否畅通，保证混凝土的连续浇筑和良好的和易性。运至浇筑地点时，混凝土坍落度应符合规范要求。

(2) 冬期施工混凝土宜优先使用预拌混凝土，混凝土用水泥应根据养护条件等选择水泥品种，其最小水泥用量、水灰比应符合要求，预拌混凝土企业必须制订冬期混凝土生产和质量保证措施；供货期间，施工单位、监理单位、建设单位应加强对混凝土厂家生产状况的随机抽查，并重点抽查预拌混凝土原材料质量和外加剂相容性试验报告、计量配比单、上料电子称量、坍落度出厂测试情况。

(3) 混凝土浇筑前检查模板表面是否清理干净，防止拆模时混凝土表面因黏模出现麻面。木模板应浇水湿润，防止出现由于木模板吸水粘接或脱模过早，拆模时缺棱、掉角导致露筋。

(4) 混凝土施工前应审查施工缝、后浇带处理的施工技术方案。检查施工缝、后浇带留设的位置是否符合规范和设计要求，其处理应按施工技术方案执行。混凝土施工缝不应随意留置，其位置应事先在施工技术方案中确定。

2. 混凝土现场搅拌

混凝土现场搅拌时应对原材料的计量进行检查，并经常检查坍落度，严格控制水灰比。检查混凝土搅拌的时间，并在混凝土搅拌后和浇筑地点分别抽样检测混凝土的坍落度，每班至少检查2次，评定时应以浇筑地点的测值为准。

3. 泵送混凝土

泵送混凝土时应注意以下几个方面的问题：

(1) 操作人员应持证上岗，应具有高度的责任感和职业素质，并能及时处理操作过程中出现的故障。

(2) 泵与浇筑地点联络畅通。

(3) 泵送前应先用水灰比为0.7的水泥砂浆湿润管道，同时要避免将水泥砂浆集中浇筑。

(4) 泵送过程严禁加水，需要增加混凝土的坍落度时，应加入与混凝土相同品种的水泥和水灰比相同的水泥浆。

(5) 应配专人巡视管道，发现异常及时处理。

(6) 在梁、板上铺设的水平管道泵送时振动大，应采取相应的防止损坏钢筋骨架（网片）的措施。

4. 混凝土浇筑、振捣

(1) 加强混凝土坍落度、入模温度、外加剂种类及掺量的控制，其中外加剂应符合《混凝土外加剂》(GB 8076—2008)、《混凝土外加剂应用技术规范》(GB 50119—2013)等规范规定。

(2) 应防止浇筑速度过快，避免在钢筋上面和墙与板、梁与柱交界处出现裂缝。

(3) 应防止浇筑不均匀，或接槎处处理不好，避免形成裂缝。混凝土浇筑应在混凝土初凝前完成，浇筑高度不宜超过2m，竖向结构不宜超过3m，否则应检查是否采取了相应措施。控制混凝土一次浇筑的厚度，并保证混凝土的连续浇筑。浇筑与墙、柱连成一体的梁和板时，应在墙、柱浇筑完毕1～1.5h后，再浇筑梁和板；梁和板宜同时浇筑混凝土。

（4）浇筑混凝土时，施工缝的留设位置与处理应符合有关规定。

（5）混凝土浇筑时应检查混凝土振捣的情况，保证混凝土振捣密实。防止振捣棒撞击钢筋，使钢筋移位。合理使用混凝土振捣机械，掌握正确的振捣方法，控制振捣的时间。

（6）混凝土施工过程中应对混凝土的强度进行检查，在混凝土浇筑地点随机留取标准养护试件和同条件养护试件，留取的数量应符合要求。同条件养护试件必须与其代表的构件一起养护。

5. 混凝土养护

（1）混凝土浇筑后随时检查是否按施工技术方案进行养护，并对养护的时间进行检查落实。

（2）冬期施工方案必须有针对性，方案中应明确：所采用的混凝土养护方式；避免混凝土受冻所需热源方式；混凝土覆盖所需的保温材料；各部位覆盖层数；用于测量温度的用具的数量。所有冬期施工所需要的保温材料，必须按照方案配置，并堆放在楼层中，经监理单位对保温材料的种类和数量检查验收后，符合冬期施工方案计划才可进行混凝土浇筑。

（3）混凝土的养护是在混凝土浇筑完毕后12h内进行，养护时间一般为14～28d，混凝土浇筑后应对养护的时间进行检查落实。

二、混凝土工程质量验收

1. 一般规定

（1）结构构件的混凝土强度，应按《混凝土强度检验评定标准》（GBJ 107），对采用蒸汽法养护的混凝土结构构件，其混凝土试件应先随同结构构件同条件蒸汽养护，再转入标准条件养护共28d。当混凝土中掺用矿物掺合料时，确定混凝土强度时的龄期可按《粉煤灰混凝土应用技术规范》（GBJ 146）等规定取值。

（2）检验评定混凝土强度用的混凝土试件的尺寸及强度的尺寸换算系数应按表3-7取用，其标准成型方法、标准养护条件及强度试验方法应符合普通混凝土力学性能试验方法标准的规定。

表3-7　　混凝土试件的尺寸及强度的尺寸换算系数

骨料最大粒径/mm	试件尺寸/(mm×mm×mm)	强度的尺寸换算系数
≤31.5	100×100×100	0.95
≤40	150×150×150	1.00
≤63	200×200×200	1.05

注　对强度等级为C60及以上的混凝土试件，其强度的尺寸换算系数通过试验确定。

（3）结构构件拆模、出池、出厂、吊装、张拉、放张及施工期间临时负荷时的混凝土强度，应根据同条件养护的标准尺寸试件的混凝土强度确定。

(4) 当混凝土试件强度评定不合格时，可采用非破损或局部破损的检测方法，按国家现行有关标准的规定对结构构件中的混凝土强度进行确定，并作为处理的依据。

(5) 混凝土的冬期施工应符合《建筑工程冬期施工规程》(JGJ 104) 和施工技术方案的规定。

2. 混凝土施工

(1) 主控项目。

1) 结构混凝土的强度等级必须符合设计要求。用于检查结构构件混凝土强度的试件，应在混凝土的浇筑地点随机抽取。取样与试件留置应符合下列规定：

a. 每拌制 100 盘且不超过 $100m^3$ 的同配合比的混凝土，取样不得少于一次。

b. 每工作班拌制的同一配合比的混凝土不足 100 盘时，取样不得少于一次。

c. 当一次连续浇筑超过 $1000m^3$ 时，同一配合比的混凝土每 $200m^3$ 取样不得少于一次。

d. 每一楼层、同一配合比的混凝土，取样不得少于一次。

e. 每次取样应至少留置一组标准养护试件，同条件养护试件的留置组数应根据实际需要确定。

检验方法：检查施工记录及试件强度试验报告。

2) 对有抗渗要求的混凝土结构，其混凝土试件应在浇筑地点随机取样。同一工程、同一配合比的混凝土，取样不应少于一次，留置组数可根据实际需要确定。

检验方法：检查试件抗渗试验报告。

3) 混凝土原材料每盘称量的允许偏差应符合表 3-8 的规定。

表 3-8　　原材料每盘称量的允许偏差

材料名称	允许偏差/%	材料名称	允许偏差/%
水泥、掺合料	±2	水、外加剂	±2
粗、细骨料	±3		

注　1. 各种衡器应定期校验，每次使用前应进行零点校核，保持计量准确。
2. 当遇雨天或含水率有显著变化时，应增加含水率检测次数，并及时调整水和骨料的用量。

检查数量：每工作班抽查不应少于一次。

检验方法：复称检查。

4) 混凝土运输、浇筑及间歇的全部时间不应超过混凝土的初凝时间。同一施工段的混凝土应连续浇筑，并应在底层混凝土初凝之前将上一层混凝土浇筑完毕。

当底层混凝土初凝后浇筑上一层混凝土时，应按施工技术方案中对施工缝的要求进行处理。

检查数量：全数检查。

检验方法：观察检查，检查施工记录。

(2) 一般项目。

1) 施工缝的位置应在混凝土浇筑前按设计要求和施工技术方案确定。施工缝的处理应按施工技术方案执行。

检查数量：全数检查。

检验方法：观察检查，检查施工记录。

2）后浇带的留置位置应按设计要求和施工技术方案确定。后浇带混凝土浇筑应按施工技术方案进行。

检查数量：全数检查。

检验方法：观察检查，检查施工记录。

3）混凝土浇筑完毕后，应按施工技术方案及时采取有效的养护措施，并应符合下列规定：

a. 应在浇筑完毕后的12h内对混凝土加以覆盖并保湿养护。

b. 混凝土浇水养护的时间：对采用硅酸盐水泥、普通硅酸盐水泥或矿渣硅酸盐水泥拌制的混凝土，不得少于7d；对掺用缓凝型外加剂或有抗渗要求的混凝土，不得少于14d；当采用其他品种水泥时，混凝土的养护时间应根据所采用水泥的技术性能确定。

c. 浇水次数应能保持混凝土处于湿润状态；混凝土养护用水应与拌制用水相同；当日平均气温低于5℃时，不得浇水。

d. 采用塑料布覆盖养护的混凝土，其敞露的全部表面应覆盖严密，并应保持塑料布内有凝结水。

e. 混凝土表面不便浇水或使用塑料布时，宜涂刷养护剂。

f. 对大体积混凝土的养护，应根据气候条件按施工技术方案采取温度控制措施。

g. 混凝土强度达到1.2N/mm^{2}前，不得在其上踩踏或安装模板及支架。

检查数量：全数检查。

检验方法：观察检查，检查施工记录。

第四节　现浇结构工程质量控制与验收

一、现浇结构工程质量控制

（1）现浇混凝土结构待强度达到一定程度拆模后，应及时对混凝土外观质量进行检查（严禁未经检查擅自处理混凝土缺陷），对影响到结构性能、使用功能或耐久性的严重缺陷，应由施工单位根据缺陷的具体情况提出技术处理方案，处理后，对经处理的部位应重新检查验收。

（2）现浇结构不应有影响结构性能和使用功能的尺寸偏差，混凝土设备基础不应有影响结构性能和设备安装的尺寸偏差。现浇结构的外观质量不应有严重缺陷。

（3）对于现浇混凝土结构外形尺寸偏差，检查主要轴线、中心线位置时，应沿纵横两个方向测量，并取其中的较大值。

二、现浇结构工程质量验收

1. 一般规定

（1）现浇结构的外观质量缺陷，应由监理（建设）单位、施工单位等各方根据其对结构性能和使用功能影响的严重程度，按表3-9确定。

表 3－9　　现浇结构外观质量缺陷

名称	现　象	严重缺陷	一般缺陷
露筋	构件内钢筋未被混凝土包裹而外露	纵向受力钢筋有露筋	其他钢筋有少量露筋
蜂窝	混凝土表面缺少水泥砂浆而形成石子外露	构件主要受力部位有蜂窝	其他部位有少量蜂窝
孔洞	混凝土中孔穴深度和长度均超过保护层厚度	构件主要受力部位有孔洞	其他部位有少量孔洞
夹渣	混凝土中夹有杂物且深度超过保护层厚度	构件主要受力部位有夹渣	其他部位有少量夹渣
疏松	混凝土中局部不密实	构件主要受力部位有疏松	其他部位有少量疏松
裂缝	缝隙从混凝土表面延伸至混凝土内部	构件主要受力部位有影响结构性能或使用功能的裂缝	其他部位有少量不影响结构性能或使用功能的裂缝
位缺陷	构件连接处混凝土缺陷及连接钢筋、连接件松动	连接部位有影响结构传力性能的缺陷	连接部位有基本不影响结构传力性能的缺陷
外形缺陷	缺棱掉角、棱角不直、翘曲不平、飞边凸肋等	清水混凝土构件有影响使用功能或装饰效果的外形缺陷	其他混凝土构件有不影响使用功能的外形缺陷
外表缺陷	构件表面麻面、掉皮、起砂、沾污等	具有重要装饰效果的清水混凝土构件有外表缺陷	缺陷

(2) 现浇结构拆模后，应由监理（建设）单位、施工单位对外观质量和尺寸偏差进行检查，做出记录，并应及时按施工技术方案对缺陷进行处理。

2. 外观质量

(1) 主控项目。现浇结构的外观质量不应有严重缺陷。对已经出现的严重缺陷，应由施工单位提出技术处理方案，并经监理（建设）单位认可后进行处理。对经处理的部位，应重新检查验收。

检查数量：全数检查。

检验方法：观察检查，检查技术处理方案。

(2) 一般项目。现浇结构的外观质量不宜有一般缺陷。对已经出现的一般缺陷，应由施工单位按技术处理方案进行处理，并重新检查验收。

检查数量：全数检查。

检验方法：观察检查，检查技术处理方案。

3. 尺寸偏差

(1) 主控项目。现浇结构不应有影响结构性能和使用功能的尺寸偏差。混凝土设备基础不应有影响结构性能和设备安装的尺寸偏差。对超过尺寸允许偏差且影响结构性能和安装、使用功能的部位，应由施工单位提出技术处理方案，并经监理（建设）单位认可后进行处理。对经处理的部位，应重新检查验收。

检查数量：全数检查。

检验方法：量测检查，检查技术处理方案。

（2）一般项目。现浇结构和混凝土设备基础拆模后的尺寸允许偏差应符合表3－10、表3－11的规定。

表3－10　　现浇结构尺寸允许偏差和检验方法

项　目			允许偏差/mm	检验方法
轴线位置	基础		15	用钢尺检查
	独立基础		10	
	墙、柱、梁		8	
	剪力墙		5	
垂直度	层高	≤5m	8	用经纬仪或吊线、钢尺检查
		>5m	10	
	全高 H		H/1000，且≤30	用经纬仪、钢尺检查
标高	层高		±10	用水准仪或拉线、钢尺检查
	全高		±30	
截面尺寸			+8，−5	用钢尺检查
电梯井	井筒长、宽对定位中心线		+25，0	用钢尺检查
	井筒全高 H 垂直度		H/1000，且≤30	用经纬仪、钢尺检查
表面平整度			8	用2m靠尺和塞尺检查
预埋设施中心线位置	预埋件		10	用钢尺检查
	预埋螺栓		5	
	预埋管		5	
预留洞中心线位置			15	用钢尺检查

注　检查轴线、中心线位置时，应沿纵、横两个方向量测，并取其中的较大值。

表3－11　　混凝土设备基础尺寸允许偏差和检验方法

项　目		允许偏差/mm	检验方法
坐标位置		20	用钢尺检查
不同平面的标高		0，−20	
平面外形尺寸		±20	用钢尺检查
凸台上平面外形尺寸		0，−20	用钢尺检查
凹穴尺寸		+20，0	用钢尺检查
平面水平度	每米	5	用水平尺、塞尺检查
	全长	10	用水准仪或拉线、钢尺检查
垂直度	每米	5	用经纬仪或吊线、钢尺检查
	全高	10	

续表

项　目		允许偏差/mm	检 验 方 法
预埋地脚	标高（顶部）	＋20，0	用水准仪或拉线、钢尺检查
	中心距	±2	用钢尺检查
预埋地脚螺栓	中心线位置	10	用钢尺检查
	深度	＋20，0	用钢尺检查
	孔垂直度	10	用吊线、钢尺检查
预埋活动地	标高	＋20，0	用水准仪或拉线、钢尺检查
	中心线位置	5	用钢尺检查
	带槽锚板平整度	5	用钢尺、塞尺检查
	带螺纹孔锚板平整度	2	用钢尺、塞尺检查

注　检查坐标、中心线位置时，应沿纵、横两个方向量测，并取其中的较大值。

检查数量：按楼层、结构缝或施工段划分检验批。在同一检验批内，对梁、柱和独立基础，应抽查构件数量的10%，且不少于3件；对墙和板，应按有代表性的自然间抽查10%，且不少于3间；对大空间结构，墙可按相邻轴线间高度5m左右划分检查面，板可按纵、横轴线划分检查面，抽查10%，且均不少于3面；对电梯井，应全数检查。对设备基础，应全数检查。

检查方法：量测检查。

第五节　混凝土结构子分部工程质量验收与评定

一、质量验收基本规定

（1）混凝土结构施工现场质量管理应有相应的施工技术标准、健全的质量管理体系、施工质量控制和质量检验制度。混凝土结构施工项目应有施工组织设计和施工技术方案，并经审查批准。

（2）对混凝土结构子分部工程的质量验收，应在钢筋、预应力、混凝土、现浇结构或装配式结构等相关分项工程验收合格的基础上，进行质量控制资料检查及观感质量验收，并应对涉及结构安全的材料、试件、施工工艺和结构的重要部位进行见证检测或结构实体检验。

（3）分项工程的质量验收应在所含检验批验收合格的基础上，进行质量验收记录检查。

（4）检验批的质量验收内容如下：

1）实物检查，按下列方式进行：

a. 对原材料、构配件和器具等产品的进场复验，应按进场的批次和产品的抽样检验方案执行。

b. 对混凝土强度、预制构件结构性能等，应按国家现行有关标准和《混凝土结构工程施工质量验收规范》(GB 50204—2015) 规定的抽样检验方案执行。

c. 对《混凝土结构工程施工质量验收规范》(GB 50204—2015) 中采用计数检验的项目，应按抽查总点数的合格点率进行检查。

2) 资料检查，包括原材料、构配件和器具等的产品合格证（中文质量合格证明文件、规格、型号及性能检测报告等）及进场复验报告、施工过程中重要工序的自检和交接检记录、抽样检验报告、见证检测报告、隐蔽工程验收记录等。

(5) 检验批合格质量应符合下列规定：

1) 主控项目的质量经抽样检验合格。

2) 一般项目的质量经抽样检验合格；当采用计数检验时，除有专门要求外，一般项目的合格点率应达到80%及以上，且不得有严重缺陷。

3) 具有完整的施工操作依据和质量验收记录。

对验收合格的检验批，宜做出合格标志。

(6) 检验批、分项工程、混凝土结构子分部工程的质量验收可按《混凝土结构工程施工质量验收规范》(GB 50204—2015) 的附录A记录，质量验收程序和组织应符合《建筑工程施工质量验收统一标准》(GB 50300—2013) 的规定。

二、质量验收与评定要求

1. 结构实体检验

(1) 对涉及混凝土结构安全的重要部位，应进行结构实体检验，结构实体检验应在监理工程师（建设单位项目专业技术负责人）见证下，由施工项目技术负责人组织实施，承担结构实体检验的试验室应具有相应的资质。

(2) 结构实体检验的内容应包括混凝土强度、钢筋保护层厚度及工程合同约定的项目，必要时可检验其他项目。

(3) 对混凝土强度的检验，应以在混凝土浇筑地点制备，并与结构实体同条件养护的试件强度为依据，混凝土强度检验，用同条件养护试件的留置养护和强度代表值应符合《混凝土结构工程施工质量验收规范》(GB 50204—2015) 附录C的规定。对混凝土强度的检验也可根据合同的约定，采用非破损或局部破损的检测方法，按国家现行有关标准的规定进行。

(4) 当同条件养护试件强度的检验结果符合《混凝土强度检验评定标准》(GB/T 50107—2010) 的有关规定时，混凝土强度应判为合格。

(5) 对钢筋保护层厚度的检验，抽样数量、检验方法、允许偏差和合格条件应符合《混凝土结构工程施工质量验收规范》(GB 50204—2015) 附录E的规定。

(6) 当未能取得同条件养护试件强度，同条件养护试件强度被判为不合格或钢筋保护层厚度不满足要求时，应委托具有相应资质等级的检测机构，按国家有关标准的规定进行检测。

2. 结构实体检验用同条件养护试件强度检验

(1) 同条件养护试件的留置方式和取样数量应符合下列要求：同条件养护试件所对应的结构构件或结构部位应由监理（建设）施工等各方共同选定；对混凝土结构工程中的各混凝土强度等级均应留置同条件养护试件；同一强度等级的同条件养护试件留置的数

量，应根据混凝土工程量和重要性确定，不宜多于 10 组，且不应少于 3 组；同条件养护试件拆模后，应放置在靠近相应结构构件或结构部位的适当位置，并应采取相同的养护方法。

（2）同条件养护试件应在达到等效养护龄期时，进行强度试验；等效养护龄期应根据同条件养护试件强度与在标准养护条件下 28d 龄期试件强度相等的原则确定。

（3）同条件自然养护试件的等效养护龄期及相应的试件强度代表值，宜根据当地的气温和养护条件按下列规定确定：等效养护龄期可取按日平均温度逐日累计达到 600℃・d 时所对应的龄期，0℃及以下的龄期不计入，等效养护龄期不应小于 14d，也不宜大于 60d；同条件养护试件的强度代表值，应根据强度试验结果按《混凝土强度检验评定标准》（GBJ 107）的规定确定后乘折算系数取用，折算系数宜取为 1.10，也可根据当地的试验统计结果做适当调整。

（4）冬期施工人工加热养护的结构构件，其同条件养护试件的等效养护龄期可按结构构件的实际养护条件由监理（建设）施工等各方根据验收规范的规定共同确定。

3. 结构实体钢筋保护层厚度检验

（1）钢筋保护层厚度检验的结构部位和构件数量应符合下列要求：钢筋保护层厚度检验的结构部位，应由监理（建设）施工等各方根据结构构件的重要性共同选定；对梁类、板类构件应各抽取构件数量的 2%，且不少于 5 个构件进行检验，当有悬挑构件时，抽取的构件中悬挑梁类、板类构件所占比例均不宜小于 50%。

（2）对选定的梁类构件，应对全部纵向受力钢筋的保护层厚度进行检验，对选定的板类构件应抽取不少于 6 根纵向受力钢筋的保护层厚度进行检验，对每根钢筋应在有代表性的部位测量 1 点。

（3）钢筋保护层厚度的检验，可采用非破损或局部破损的方法；也可采用非破损方法，并用局部破损方法进行校准；当采用非破损方法检验时，所使用的检测仪器应经过计量检验，检测操作应符合相应规程的规定，钢筋保护层厚度检验的检测误差不应大于 1mm。

（4）钢筋保护层厚度检验时，纵向受力钢筋保护层厚度的允许偏差对梁类构件为 +10mm、−7mm，对板类构件为 +8mm、−5mm。

（5）对梁类、板类构件纵向受力钢筋的保护层厚度，应分别进行验收，结构实体钢筋保护层厚度验收合格应符合下列规定：当全部钢筋保护层厚度检验的合格点率为 90% 及以上时，钢筋保护层厚度的检验结果应判为合格；当全部钢筋保护层厚度检验的合格点率小于 90%，但不小于 80%，可再抽取相同数量的构件进行检验；当按两次抽样总和计算的合格点率为 90% 及以上时，钢筋保护层厚度的检验结果仍应评定为合格；每次抽样检验结果中不合格点的最大偏差均不应大于规定允许偏差的 1.5 倍。

4. 质量验收时应提供的文件和记录

混凝土结构子分部工程施工质量验收时应提供下列文件和记录：

（1）设计变更文件，原材料出厂合格证和进场复验报告，钢筋接头的试验报告。

（2）混凝土工程施工记录。

（3）混凝土试件的性能试验报告。

（4）装配式结构预制构件的合格证和安装验收记录。

（5）预应力筋用锚具、连接器的合格证和进场复验报告。

（6）预应力筋安装、张拉及灌浆记录。

（7）隐蔽工程验收记录。

（8）分项工程验收记录。

（9）混凝土结构实体检验记录。

（10）工程的重大质量问题的处理方案和验收记录；其他必要的文件和记录。

5. 质量验收合格的规定

混凝土结构子分部工程施工质量验收合格应符合下列规定：

（1）有关分项工程施工质量验收合格。

（2）应有完整的质量控制资料。

（3）观感质量验收合格。

（4）结构实体检验结果满足《混凝土结构工程施工质量验收规范》（GB 50204—2015）的要求。

6. 质量不符合要求时处理规定

当混凝土结构施工质量不符合要求时，应按下列规定进行处理：

（1）经返工返修或更换构件部件的检验批，应重新进行验收。

（2）经有资质的检测单位检测鉴定，达到设计要求的检验批，应予以验收。

（3）经有资质的检测单位检测鉴定，达不到设计要求，但经原设计单位核算，并确认仍可满足结构安全和使用功能的检验批，可予以验收。

（4）经返修或加固处理，能够满足结构安全使用要求的分项工程，可根据技术处理方案和协商文件进行验收。

7. 验收文件存档备案

混凝土结构工程子分部工程施工质量验收合格后，应将所有的验收文件存档备案。

第六节　砖砌体工程质量控制与验收

砖砌体工程的块体，一般采用烧结普通砖、烧结多孔砖、混凝土多孔砖、混凝土实心砖、蒸压灰砂砖、蒸压粉煤灰砖等。

一、砖砌体工程质量控制

（1）块体质量要求：

1）砌体砌筑时，混凝土多孔砖、混凝土实心砖、蒸压灰砂砖、蒸压粉煤灰砖等块体的产品龄期不应小于28d。

2）不同品种的砖不得在同一楼层混砌。

3）砌筑烧结普通砖、烧结多孔砖、蒸压灰砂砖、蒸压粉煤灰砖砌体时，砖应提前1～2d适度湿润，严禁采用干砖或处于吸水饱和状态的砖砌筑，块体湿润程度宜符合下列规定：

a. 烧结类块体的相对含水率为60％～70％。

b. 混凝土多孔砖及混凝土实心砖不需浇水湿润，但在气候干燥炎热的情况下，宜在砌筑前对其喷水湿润。其他非烧结类块体的相对含水率为40%～50%。

（2）砌筑砂浆拌制和使用要求：

1）砂浆配合比、和易性应符合设计及施工要求。砂浆现场拌制时，各组分材料应采用质量计量。

2）拌制水泥砂浆时，应先将砂和水泥干拌均匀后，再加水搅拌均匀；拌制水泥混合砂浆时，应先将砂与水泥干拌均匀后，再添掺加料（石灰膏、黏土膏）和水搅拌均匀；拌制水泥粉煤灰砂浆时，应先将水泥、粉煤灰、砂干拌均匀后，再加水搅拌均匀；掺用外加剂拌制砂浆时，应先将外加剂按规定浓度溶于水中，在拌和水加入时投入外加剂溶液，外加剂不得直接加入拌制的砂浆中。

3）砌筑砂浆应采用机械搅拌，自投料完起算其搅拌时间，水泥砂浆和水泥混合砂浆不少于2min；水泥粉煤灰砂浆和掺用外加剂的砂浆不得少于3min；掺用有机塑化剂的砂浆应控制在3～5min。对于掺用缓凝剂的砂浆，其使用时间可根据具体情况而适当延长。

4）砌筑砂浆应随拌随用。水泥砂浆和水泥混合砂浆应分别在3h和4h内使用完毕；当施工期间最高气温超过30℃时，必须分别在拌成后2h和3h内使用完毕。超出上述时间的砂浆，不得使用，并不应再次拌和使用。

5）砂浆拌和后和使用过程中，均应盛入储灰器中。当出现泌水现象时，应在砌筑前再次拌和方可使用。

6）施工中应在砂浆拌和地点留置砂浆强度试块，各类型及强度等级的砌筑砂浆每一检验批不超过250m^3的砌体，每台搅拌机应至少制作一组试块（每组6块），其标准养护试块28d的抗压强度应满足设计要求。

（3）砌筑前检查测量放线的测量结果并进行复核。标志板、皮数杆设置位置准确牢固。

（4）施工过程中应随时检查砌体的组砌形式，保证上下皮砖至少错开1/4的砖长，避免产生通缝；240mm厚承重墙的最上一皮砖，砖砌体的台阶水平上及挑出层的外皮砖，应整砖丁砌；多孔砖的孔洞应垂直于受压面砌筑。半盲孔多孔砖的封底面应朝上砌筑。

（5）施工中应采用适当的砌筑方法。采用铺浆法砌筑砌体，铺浆长度不得超过750mm；当施工期间气温超过30℃时，铺浆长度不得超过500mm。

（6）施工过程中应随时检查墙体平整度和垂直度，并应采取“三皮一吊、五皮一靠”的检查方法，保证墙面横平竖直；随时检查砂浆的饱满度，水平灰缝饱满度应达到80%，竖向灰缝不应出现瞎缝、透明缝和假缝。

（7）施工过程中应检查转角处和交接处的砌筑及接槎的质量。检查时要注意砌体的转角处和交接处应同时砌筑，严禁无可靠措施的内外墙分砌施工。抗震设防区应按规定在转角和交接部位设置拉结钢筋（拉结筋的设置应予以特别的关注）。砖砌体施工临时间断处补砌时，必须将接槎处表面清理干净，洒水湿润，并填实砂浆，保持灰缝平直。

(8) 设计要求的洞口、管线、沟槽，应在砌筑时按设计留设或预埋。超过 300mm 的洞口上部应设过梁，不得随意在墙体上开洞、凿槽，尤其严禁开凿水平槽。

(9) 在砌体上预留的施工洞口，其洞口侧边距墙端不应小于 500mm，洞口净宽不应超过 1m，并在洞口上设过梁。

(10) 检查脚手架眼的设置是否符合要求。在下列位置不得留设脚手架眼：半砖厚墙、料石清水墙和砖柱；过梁上，与过梁成 60°的三角形范围及过梁净跨 1/2 的高度范围内；门窗洞口两侧 200mm 及转角 450mm 范围内的砖砌体；宽度小于 1m 的窗间墙；梁及梁垫下及其左右 500mm 范围内。

(11) 检查构造柱的设置、施工是否符合设计及施工规范的要求（构造柱与圈梁交接处箍筋间距不均匀是常见的质量缺陷）。

(12) 砌体的伸缩缝、沉降缝、防震缝中，不得有混凝土、砂浆块、砖块等杂物。

(13) 砌体中的预埋件应做防腐处理。

二、砖砌体工程质量验收

1. 主控项目

(1) 砖和砂浆的强度等级必须符合设计要求。

抽检数量：每一生产厂家，烧结普通砖、混凝土实心砖每 15 万块，烧结多孔砖、混凝土多孔砖、蒸压灰砂砖及蒸压粉煤灰砖每 10 万块各为一验收批，不足上述数量时按 1 批计，抽检数量为 1 组。砂浆试块的抽检数量执行《砌体结构工程施工质量验收规范》(GB 50203—2011) 的有关规定。

检验方法：检查砖和砂浆试块试验报告。

(2) 砌体灰缝砂浆应密实饱满，砖墙水平灰缝饱满度应达到 80%；砖柱水平灰缝和竖向灰缝饱满度不得低于 90%。

抽检数量：每检验批抽查不应少于 5 处。

检验方法：用百格网检测小砌块与砂浆黏结痕迹面积。每处检测 3 块砖，取其平均值。

(3) 砖砌体的转角处和交接处应同时砌筑，严禁无可靠措施的内外墙分砌施工。在抗震设防烈度为Ⅷ度及Ⅷ度以上的地区，对不能同时砌筑而又必须留置的临时间断处应砌成斜槎，普通砖砌体斜槎水平投影长度不应小于高度的 2/3。多孔砖砌体的斜槎长高比不应小于 1/2。斜槎高度不得超过一步脚手架的高度。

抽检数量：每检验批抽查不应少于 5 处。

检验方法：观察检查。

(4) 非抗震设防及抗震设防烈度为Ⅵ度、Ⅶ度地区的临时间断处，当不能留斜槎时，除转角处外，可留直槎，但直槎必须做成凸槎，且应加设拉结钢筋，拉结钢筋应符合下列规定：

1) 每 120mm 墙厚放置 1Φ6 拉结钢筋。

2) 间距沿墙高不应超过 500mm，且竖向间距偏差不应超过 100mm。

3) 埋入长度从留槎处算起每边均不应小于 500mm，对抗震设防烈度为Ⅵ度、Ⅶ度的地区，不应小于 1000mm。

4）末端应有90°弯钩。

抽检数量：每检验批抽查不应少于5处。

检验方法：观察和尺量检查。

2．一般项目

（1）砖砌体组砌方法应正确，内外搭砌，上、下错缝。清水墙、窗间墙无通缝；混水墙中不得有长度大于300mm的通缝，长度为200～300mm的通缝每间不超过3处，且不得位于同一面墙体上。砖柱不得采用包心砌法。

抽检数量：每检验批抽查不应少于5处。

检验方法：观察检查。砌体组砌方法抽检每处应为3～5m。

（2）砖砌体的灰缝应横平竖直，厚薄均匀。水平灰缝厚度及竖向灰缝宽度宜为10mm，但不应小于8mm，也不应大于12mm。

抽检数量：每检验批抽查不应少于5处。

检验方法：水平灰缝厚度用尺量10皮砖砌体高度折算。竖向灰缝宽度用尺量2m砌体长度折算。

（3）砖砌体尺寸、位置的允许偏差及检验方法应符合表3－12的规定。

表3－12　　砖砌体尺寸、位置的允许偏差及检验方法

项次	项　目			允许偏差/mm	检验方法	抽检数量
1	轴线位移			10	用经纬仪和尺或用其他测量仪器检查	承重墙、柱全数检查
2	基础、墙、柱顶面标高			±15	用水准仪和尺检查	不应少于5处
3	墙面垂直度	每层		5	用2m托线板检查	不应少于5处
		全高	≤10m	10	用经纬仪、吊线和尺或其他测量仪器检查	外墙全部阳角
			>10m	20		
4	表面平整度	清水墙、柱		5	用2m靠尺和楔形塞尺检查	不应少于5处
		混水墙、柱		8		
5	水平灰缝平直度	清水墙		7	拉5m线和尺检查	不应少于5处
		混水墙		10		
6	门窗洞口高、宽（塞口）			±10	用尺检查	不应少于5处
7	外墙下窗口偏移			20	以底层窗口为准，用经纬仪或吊线检查	不应少于5处
8	清水墙游丁走缝			20	以每层第一皮砖为准，用吊线和尺检查	不应少于5处

3．砖砌体工程检验批质量验收记录

砖砌体工程检验批质量验收按表3－13进行记录。

表 3-13　　　　**砖砌体工程检验批质量验收记录**

工程名称		分部工程名称		验收部位	
施工单位				项目经理	
施工执行标准名称及编号				专业工长	
分包单位				施工班组长	

质量验收规范的规定			施工单位检查评定记录	监理（建设）单位验收记录
主控项目	砖强度等级	设计要求 MU		
	砂浆强度等级	设计要求 M		
	斜槎留置	5.2.3 条		
	转角、交接处	5.2.3 条		
	直槎拉结钢筋及接槎处理	5.2.4 条		
	砂浆饱满度	≥80%（墙）		
		≥90%（柱）		
一般项目	轴线位移	≤10mm		
	垂直度（每层）	≤5mm		
	组砌方法	5.3.1 条		
	水平灰缝厚度	5.3.2 条		
	竖向灰缝厚度	5.3.2 条		
	基础、墙、柱顶面标高	±15mm 以内		
	表面平整度	≤5mm（清水）		
		≤8mm（混水）		
	门窗洞口高、宽（后塞口）	±10mm 以内		
	窗口偏移	≤20mm		
	水平灰缝平直度	≤7mm（清水）		
		≤10mm（混水）		
	清水墙游丁走缝	≤20mm		

施工单位检查评定结果	项目专业质量检查员： 年　月　日 项目专业质量（技术）负责人： 年　月　日
监理（建设）单位验收结论	监理工程师（建设单位项目工程师）： 年　月　日

注　1. 本表由施工项目专职质量检查员填写，监理工程师（建设单位项目技术负责人）组织项目专业质量（技术）负责人等进行验收。对表中有数值要求的项目，应填写检测数据。

2. 本表摘自《砌体结构工程施工质量验收规范》（GB 50203—2011）附录 A。

第七节　混凝土小型空心砌块砌体工程质量控制与验收

混凝土小型空心砌块（简称小砌块）包括普通混凝土小型空心砌块和轻骨料混凝土小型空心砌块两种。

一、混凝土小型空心砌块砌体工程质量控制

（1）施工前，应按房屋设计图编绘小砌块平、立面排块图，施工中应按排块图施工。

（2）施工采用的小砌块的产品龄期不应小于28d。

（3）砌筑小砌块时，应清除表面污物，剔除外观质量不合格的小砌块。

（4）砌筑小砌块砌体，宜选用专用小砌块砌筑砂浆。

（5）底层室内地面以下或防潮层以下的砌体，应采用强度等级不低于C20的混凝土灌实小砌块的孔洞。

（6）砌筑普通混凝土小型空心砌块砌体，不需对小砌块浇水湿润，如遇天气干燥炎热，宜在砌筑前对其喷水湿润；对轻骨料混凝土小砌块，应提前浇水湿润，块体的相对含水率宜为40%～50%。雨天及小砌块表面有浮水时，不得施工。

（7）承重墙体使用的小砌块应完整、无破损、无裂缝。

（8）小砌块墙体应孔对孔、肋对肋错缝搭砌。单排孔小砌块的搭接长度应为块体长度的1/2；多排孔小砌块的搭接长度可适当调整，但不宜小于小砌块长度的1/3，且不应小于90mm。墙体的个别部位不能满足上述要求时，应在灰缝中设置拉结钢筋或钢筋网片，但竖向通缝仍不得超过两皮小砌块。

（9）小砌块应将生产时的底面朝上反砌于墙上。

（10）小砌块墙体宜逐块坐（铺）浆砌筑。

（11）在散热器、厨房和卫生间等设备的卡具安装处砌筑的小砌块，宜在施工前用强度等级不低于C20的混凝土将其孔洞灌实。

（12）每步架墙（柱）砌筑完后，应随即刮平墙体灰缝。

（13）芯柱处小砌块墙体砌筑应符合下列规定：

1）每一楼层芯柱处第一皮砌块应采用开口小砌块。

2）砌筑时应随砌随清除小砌块孔内的毛边，并将灰缝中挤出的砂浆刮净。

（14）芯柱混凝土宜选用专用小砌块灌孔混凝土。浇筑芯柱混凝土应符合下列规定：

1）每次连续浇筑的高度宜为半个楼层，但不应大于1.8m。

2）浇筑芯柱混凝土时，砌筑砂浆强度应大于1MPa。

3）清除孔内掉落的砂浆等杂物，并用水冲淋孔壁。

4）浇筑芯柱混凝土前，应先注入适量与芯柱混凝土成分相同的去石砂浆。

5）每浇筑400～500mm高度捣实一次，或边浇筑边捣实。

二、混凝土小型空心砌块砌体工程质量验收

检验批划分：根据拟定的施工方案内容要求，按不同的结构层、变形缝、施工段，以及不同砌块规格、品种、组砌形式、砌筑方法或砌筑面积大小为一个检验批。

1. 主控项目

(1) 小砌块和芯柱混凝土、砌筑砂浆的强度等级必须符合设计要求。

抽检数量：每一生产厂家，每1万块小砌块为一验收批，不足1万块按一批计，抽检数量为1组；用于多层以上建筑的基础和底层的小砌块抽检数量不应少于2组。砂浆试块的抽检数量应执行《砌体结构工程施工质量验收规范》(GB 50203—2011) 的有关规定。

检验方法：检查小砌块和芯柱混凝土、砌筑砂浆试块试验报告。

(2) 砌体水平灰缝和竖向灰缝的砂浆饱满度，按净面积计算不得低于90%。

抽检数量：每检验批抽查不应少于5处。

检验方法：用专用百格网检测小砌块与砂浆黏结痕迹，每处检测3块小砌块，取其平均值。

(3) 墙体转角处和纵横交接处应同时砌筑。临时间断处应砌成斜槎，斜槎水平投影长度不应小于斜槎高度。施工洞口可预留直槎，但在洞口砌筑和补砌时，应在直槎上下搭砌的小砌块孔洞内用强度等级不低于C20的混凝土灌实。

抽检数量：每检验批抽查不应少于5处。

检验方法：观察检查。

(4) 小砌块砌体的芯柱在楼盖处应贯通，不得削弱芯柱截面尺寸；芯柱混凝土不得漏灌。

抽检数量：每检验批抽查不应少于5处。

检验方法：观察检查。

2. 一般项目

(1) 砌体的水平灰缝厚度和竖向灰缝宽度宜为10mm，但不应小于8mm，也不应大于12mm。

抽检数量：每检验批抽查不应少于5处。

检验方法：水平灰缝厚度用尺量5皮小砌块的高度折算；竖向灰缝宽度用尺量2m砌体长度折算。

(2) 小砌块砌体尺寸、位置的允许偏差应按表3-12执行。

3. 混凝土小型空心砌块砌体工程检验批质量验收记录

混凝土小型空心砌块砌体工程检验批质量验收按表3-14进行记录。

表3-14　混凝土小型空心砌块砌体工程检验批质量验收记录

<table>
<tr><td>工程名称</td><td></td><td>分部工程名称</td><td></td><td>验收部位</td><td></td></tr>
<tr><td>施工单位</td><td colspan="3"></td><td>项目经理</td><td></td></tr>
<tr><td>施工执行标准名称及编号</td><td colspan="3"></td><td>专业工长</td><td></td></tr>
<tr><td>分包单位</td><td colspan="3"></td><td>施工班组长</td><td></td></tr>
</table>

续表

质量验收规范的规定			施工单位检查评定记录	监理（建设）单位验收记录
主控项目	小砌块强度等级	设计要求 MU		
	砂浆强度等级	设计要求 M		
	混凝土强度等级	设计要求 C		
	转角、交接处	6.2.3 条		
	斜槎留置	6.2.3 条		
	施工洞口砌法	6.2.3 条		
	芯柱贯通楼盖	6.2.4 条		
	芯柱混凝土灌实	6.2.4 条		
	水平缝饱满度	≥90%		
	竖向缝饱满度	≥90%		
一般项目	轴线位移	≤10mm		
	垂直度（每层）	≤5mm		
	水平灰缝厚度	8～12mm		
	竖向灰缝宽度	8～12mm		
	顶面标高	±15mm 以内		
	表面平整度	≤5mm（清水）		
		≤8mm（混水）		
	门窗洞口	±10mm 以内		
	窗口偏移	≤20mm		
	水平灰缝平直度	≤7mm（清水）		
		≤10mm（清水）		
施工单位检查评定结果		项目专业质量（技术）负责人： 年　月　日		
监理（建设）单位验收结论		监理工程师（建设单位项目工程师）： 年　月　日		

注　1. 本表由施工项目专职质量检查员填写，监理工程师（建设单位项目技术负责人）组织项目专业质量（技术）负责人等进行验收。对表中有数值要求的项目，应填写检测数据。

2. 本表摘自《砌体结构工程施工质量验收规范》（GB 50203—2011）附录 A。

第八节 配筋砌体工程质量控制与验收

配筋砌体主要包括网状配筋砌体、组合砖砌体和配筋小砌块砌体3种。组合砖砌体分为砖砌体和钢筋混凝土面层或钢筋砂浆面层组合砌体柱（墙）、砖砌体和钢筋混凝土构造柱组合墙2种。

一、配筋砌体工程质量控制

（1）配筋砌体工程应符合《砌体结构工程施工质量验收规范》（GB 50203—2011）的要求和规定。

（2）施工配筋小砌块砌体剪力墙，应采用专用的小砌块砌筑砂浆砌筑，专用小砌块灌孔混凝土浇筑芯柱。

（3）设置在灰缝内的钢筋，应居中置于灰缝内，水平灰缝厚度应大于钢筋直径4mm以上。

（4）砌体水平灰缝中钢筋的锚固长度不宜小于$50d$，且其水平或垂直弯折段长度不宜小于$20d$和150mm；钢筋的搭接长度不应小于$55d$（d为钢筋直径）。

（5）配筋砌块砌体剪力墙的灌孔混凝土中竖向受拉钢筋，钢筋搭接长度不应小于$35d$且不小于300mm。

（6）砌体与构造柱、芯柱的连接处应设2ф6拉结筋或ф4钢筋网片，间距沿墙高不应超过500mm（小砌块为600mm）；埋入墙内长度每边不宜小于600mm；对抗震设防地区不宜小于1m；钢筋末端应有90°弯钩。

（7）钢筋网可采用连弯网或方格网。钢筋直径宜采用3～4mm；当采用连弯网时，钢筋的直径不应大于8mm。

（8）钢筋网中钢筋的间距不应大于120mm，并不应小于30mm。

（9）构造柱浇灌混凝土前，必须将砌体留槎部位和模板浇水湿润，将模板内的落地灰、砖渣和其他杂物清理干净，并在接合面处注入适量与构造柱混凝土相同的去石水泥砂浆。振捣时，应避免触碰墙体，严禁通过墙体传震。

（10）配筋砌块芯柱在楼盖处应贯通，并不得削弱芯柱截面尺寸。

（11）构造柱纵筋应穿过圈梁，保证纵筋上下贯通；构造柱箍筋在楼层上下各500mm范围内应进行加密，间距宜为100mm。

（12）墙体与构造柱连接处应砌成马牙槎，从每层柱脚起，先退后进，马牙槎的高度不应大于300mm，并应先砌墙后浇混凝土构造柱。

（13）小砌块墙中设置构造柱时，与构造柱相邻的砌块孔洞，当设计无具体要求时，抗震设防烈度为Ⅵ度、Ⅶ度时宜灌实，Ⅷ度时应灌实并插筋。

二、配筋砌体工程质量验收

检验批划分：根据拟定的施工方案内容要求，按不同的结构层、变形缝、施工段，以及不同砌块规格、品种、组砌形式、砌筑方法或砌筑面积大小为一个检验批。

1. 主控项目

（1）钢筋的品种、规格、数量和设置部位应符合设计要求。

检验方法：检查钢筋的合格证书、钢筋性能复试试验报告、隐蔽工程记录。

(2) 构造柱、芯柱、组合砌体构件、配筋砌体剪力墙构件的混凝土及砂浆的强度等级应符合设计要求。

抽检数量：每检验批砌体，试块不应少于1组，验收批砌体试块不得少于3组。

检验方法：检查混凝土和砂浆试块试验报告。

(3) 构造柱与墙体的连接应符合下列规定：

1) 墙体应砌成马牙槎，马牙槎凹凸尺寸不宜小于60mm，高度不应超过300mm，马牙槎应先退后进，对称砌筑；马牙槎尺寸偏差每一构造柱不应超过2处。

2) 预留拉结钢筋的规格、尺寸、数量及位置应正确，拉结钢筋应沿墙高每隔500mm设2Φ6，伸入墙内不宜小于600mm，钢筋的竖向移位不应超过100mm，且竖向移位每一构造柱不得超过2处。

3) 施工中不得任意弯折拉结钢筋。

抽检数量：每检验批抽查不应少于5处。

检验方法：观察检查和尺量检查。

(4) 配筋砌体中受力钢筋的连接方式及锚固长度、搭接长度应符合设计要求。

检查数量：每检验批抽查不应少于5处。

检验方法：观察检查。

2. 一般项目

(1) 构造柱一般尺寸允许偏差及检验方法应符合表3-15的规定。

表3-15　构造柱一般尺寸允许偏差及检验方法

<table>
<tr><th>项次</th><th colspan="3">项 目</th><th>允许偏差/mm</th><th>检 验 方 法</th></tr>
<tr><td>1</td><td colspan="3">中心线位置</td><td>10</td><td>用经纬仪和尺检查或用其他测量仪器检查</td></tr>
<tr><td>2</td><td colspan="3">层间错位</td><td>8</td><td>用经纬仪和尺检查或用其他测量仪器检查</td></tr>
<tr><td rowspan="3">3</td><td rowspan="3">垂直度</td><td colspan="2">每层</td><td>10</td><td>用2m托线板检查</td></tr>
<tr><td rowspan="2">全高</td><td>≤10m</td><td>15</td><td rowspan="2">用经纬仪、吊线和尺检查或用其他测量仪器检查</td></tr>
<tr><td>>10m</td><td>20</td></tr>
</table>

抽检数量：每检验批抽查不应少于5处。

(2) 设置在砌体灰缝中钢筋的防腐保护应符合《砌体结构工程施工质量验收规范》(GB 50203—2011) 的规定，且钢筋防护层完好，不应有肉眼可见裂纹、剥落和擦痕等缺陷。

抽检数量：每检验批抽查不应少于5处。

检验方法：观察检查。

(3) 网状配筋砖砌体中，钢筋网规格及放置间距应符合设计规定。每一构件钢筋网沿砌体高度位置超过设计规定一皮砖厚不得多于一处。

抽检数量：每检验批抽查不应少于5处。

检验方法：通过钢筋网成品检查钢筋规格，钢筋网放置位置。采用局部剔缝观察，或用探针刺入灰缝内检查，或用钢筋位置测定仪测定。

（4）钢筋安装位置的允许偏差及检验方法应符合表 3－16 的规定。

表 3－16　　钢筋安装位置的允许偏差及检验方法

项　目		允许偏差/mm	检 验 方 法
受力钢筋保护层厚度	网状配筋砌体	±10	检查钢筋网成品，钢筋网放置位置采用局部剔缝观察，或用探针刺入灰缝内检查，或用钢筋位置测定仪测定
	组合砖砌体	±5	支模前观察与尺量检查
	配筋小砌块砌体	±10	浇筑灌孔混凝土前观察与尺量检查
配筋小砌块砌体墙凹槽中水平钢筋间距		±10	钢尺量连续三档，取最大值

抽检数量：每检验批抽查不应少于 5 处。

3. 配筋砌体工程检验批质量验收记录

配筋砌体工程检验批质量验收按表 3－17 进行记录。

表 3－17　　配筋砌体工程检验批质量验收记录

工程名称		分部工程名称		验收部位	
施工单位				项目经理	
施工执行标准名称及编号				专业工长	
分包单位				施工班组长	
质量验收规范的规定			施工单位检查评定记录		监理（建设）单位验收记录
主控项目	钢筋品种、规格、数量和设置部位	8.2.1 条			
	混凝土强度等级	设计要求 C			
	马牙槎尺寸	8.2.3 条			
	马牙槎拉结筋	8.2.3 条			
	钢筋连接	8.2.4 条			
	钢筋锚固长度	8.2.4 条			
	钢筋搭接长度	8.2.4 条			
一般项目	构造柱中心线位置	≤10mm			
	构造柱层间错位	≤8mm			
	构造柱垂直度（每层）	≤10mm			
	灰缝钢筋防腐	8.3.2 条			
	网状配筋规格	8.3.3 条			
	网状配筋位置	8.3.3 条			
	钢筋保护层厚度	8.3.4 条			
	凹槽中水平钢筋间距	8.3.4 条			

续表

施工单位检查评定结果	项目专业质量检查员： 年　月　日	项目专业质量（技术）负责人： 年　月　日
监理（建设）单位验收结论	监理工程师（建设单位项目工程师）： 年　月　日	

注　1. 本表由施工项目专职质量检查员填写，监理工程师（建设单位项目技术负责人）组织项目专业质量（技术）负责人等进行验收。对表中有数值要求的项目，应填写检测数据。

2. 本表摘自《砌体结构工程施工质量验收规范》（GB 50203—2011）的附录 A。

第九节　填充墙砌体工程质量控制与验收

填充墙砌体广泛采用的块材主要有烧结空心砖、蒸压加气混凝土砌块、轻骨料混凝土小型空心砌块 3 种。

一、填充墙砌体工程质量控制

（1）填充墙砌体砌筑，应待承重主体结构检验批验收合格后进行。

（2）砌筑填充墙时，轻骨料混凝土小型空心砌块和蒸压加气混凝土砌块的产品龄期不应小于 28d，蒸压加气混凝土砌块的含水率宜小于 30％。

（3）烧结空心砖、蒸压加气混凝土砌块以及轻骨料混凝土小型空心砌块等的运输和装卸过程中，严禁抛掷和倾倒；进场后应按品种、规格堆放整齐，堆置高度不宜超过 2m。蒸压加气混凝土砌块在运输及堆放中应防止雨淋。

（4）吸水率较小的轻骨料混凝土小型空心砌块及采用薄灰砌筑法施工的蒸压加气混凝土砌块，砌筑前不应对其浇（喷）水湿润；在气候干燥炎热的情况下，对吸水率较小的轻骨料混凝土小型空心砌块宜在砌筑前喷水湿润。

（5）采用普通砌筑砂浆砌筑填充墙时，烧结空心砖、吸水率较大的骨料混凝土小型空心砌块应提前 1～2d 浇（喷）水湿润。蒸压加气混凝土砌块采用蒸压加气混凝土砌块砌筑砂浆砌筑时，应在砌筑当天对砌块砌筑面喷水湿润。块体湿润程度宜符合下列规定：

1）烧结空心砖的相对含水率为 60％～70％。

2）吸水率较大的轻骨料混凝土小型空心砌块、蒸压加气混凝土砌块的相对含水率为 40％～50％。

（6）在厨房、卫生间、浴室等处采用轻骨料混凝土小型空心砌块、蒸压加气混凝土砌块砌筑墙体时，墙底部宜现浇混凝土坎台，其高度宜为 150mm。

（7）轻骨料小砌块、加气砌块和薄壁空心砖（如三孔砖）砌筑时，墙底部应砌筑烧结普通砖、多孔砖、普通小砖块（采用混凝土灌孔更好）或浇筑混凝土，其高度不宜小于 200mm。

（8）空心砖填充墙底部须根据已弹出的门窗洞口位置墨线，核对门窗间墙的长度尺寸是否符合排砖模数，若不符合模数，则要考虑好砍砖及排放计划（空心砖则应考虑局部砌红砖），用于错缝和转角处的七分头砖应用切砖机切，不允许砍砖，所切的砖或丁砖应排在窗口中间或其他不明显的部位。空心砖不允许切割。

（9）填充墙砌筑时应错缝搭砌。单排孔小砌块应对孔错缝砌筑，当不能对孔时，搭接长度不小于90mm，加气混凝土砌块搭接长度不小于砌块长度的1/3；当不能满足要求时，应在水平灰缝中设置钢筋加强。

（10）砌块的垂直灰缝厚度以15mm为宜，不得大于20mm，水平灰缝厚度可根据墙体与砌块高度确定，但不得大于15mm，也不应小于10mm，灰缝要求横平竖直，砂浆饱满。

（11）填充墙的水平灰缝砂浆饱满度均应不小于80%；小砌块、加气砌块砌体的竖向灰缝也不应小于80%，其他砖砌体的竖向灰缝应填满砂浆，并不得有透明缝、瞎缝、假缝。

（12）填充墙拉结筋处的下皮小砌块宜采用半盲孔小砌块或用混凝土灌实孔洞的小砌块；薄灰砌筑法施工的蒸压加气混凝土砌块砌体，拉结筋应放置在砌块上表面设置的沟槽内。

（13）加气混凝土砌块墙上不得留脚手眼。

（14）钢筋混凝土结构中砌筑填充墙时，应沿框架柱（剪力墙）全高每隔500mm（砌块模数不能满足时可为600mm）配2ф6拉结筋，拉结筋伸入墙内的长度应符合设计要求；当设计无具体要求时，非抗震设防及抗震设防烈度为Ⅵ度、Ⅶ度时，不应小于墙长的1/5，且不小于700mm，Ⅷ度、Ⅸ度时宜沿墙全长贯通。

（15）填充墙与承重主体结构间的空（缝）隙部位施工，应在填充墙砌筑14d后进行。

（16）蒸压加气混凝土砌块、轻骨料混凝土小型空心砌块不应与其他块体混砌，不同强度等级的同类块体也不得混砌。但是，窗台处和因安装门窗需要，在门窗洞口处两侧填充墙上、中、下部可采用其他块体局部嵌砌；对与框架柱、梁不脱开的填充墙，填塞填充墙顶部与梁之间缝隙可采用其他块体。

二、填充墙砌体工程质量验收

检验批划分：依据拟定的施工方案内容要求，按不同的结构层、变形缝、施工段，以及不同砌块规格、品种、组砌形式、砌筑方法或砌筑面积大小为一个检验批。

1. 主控项目

（1）烧结空心砖、小砌块和砌筑砂浆的强度等级应符合设计要求。

抽检数量：烧结空心砖每10万块为一验收批，小砌块每1万块为一验收批，不足上述数量时按一批计，抽检数量为1组。砂浆试块的抽检数量执行《砌体结构工程施工质量验收规范》（GB 50203—2011）的有关规定。

检验方法：检查砖、小砌块进场复验报告和砂浆试块试验报告。

（2）填充墙砌体应与主体结构可靠连接，其连接构造应符合设计要求，未经设计同意，不得随意改变连接构造方法。每一填充墙与柱的拉结筋的位置超过一皮块体高度的数量不得多于一处。

抽检数量：每检验批抽查不应少于5处。

检验方法：观察检查。

（3）填充墙与承重墙、柱、梁的连接钢筋，当采用化学植筋的连接方式时，应进行实体检测。锚固钢筋拉拔试验的轴向受拉非破坏承载力检验值应为6.0kN。抽检钢筋在检验值作用下应基材无裂缝、钢筋无滑移宏观裂损现象；持荷2min期间荷载值降低不大于5%。检验批验收可按《砌体结构工程施工质量验收规范》（GB 50203—2011）的表B.0.1通过正常检验一次、二次抽样判定。填充墙砌体植筋锚固力检测记录可按《砌体结构工程施工质量验收规范》(GB 50203—2011) 的表 C.0.1 填写。

抽检数量：按《砌体结构工程施工质量验收规范》(GB 50203—2011) 的表 9.2.3 确定。

检验方法：原位试验检查。

2. 一般项目

(1) 填充墙砌体尺寸、位置的允许偏差及检验方法应符合表 3-18 的规定。

表 3-18　　填充墙砌体尺寸、位置的允许偏差及检验方法

序号	项目		允许偏差/mm	检验方法
1	轴线位移		10	用尺检查
2	垂直度（每层）	≤3m	5	用 2m 托线板或吊线、尺检查
		>3m	10	
3	表面平整度		8	用 2m 靠尺和楔形尺检查
4	门窗洞口高、宽（后塞口）		±10	用尺检查
5	外墙上、下窗口偏移		20	用经纬仪或吊线检查

抽检数量：每检验批抽查不应少于 5 处。

(2) 填充墙砌体的砂浆饱满度及检验方法应符合表 3-19 的规定。

表 3-19　　填充墙砌体的砂浆饱满度及检验方法

砌体分类	灰缝	饱满度及要求	检验方法
空心砖砌体	水平	≥80%	采用百格网检查块体底面或侧面砂浆的黏结痕迹面积
	垂直	填满砂浆、不得有透明缝、瞎缝、假缝	
蒸压加气混凝土砌块、轻骨料	水平	≥80%	
混凝土小型空心砌块砌体	垂直	≥80%	

抽检数量：每检验批抽查不应少于 5 处。

(3) 填充墙留置的拉结钢筋或网片的位置应与块体皮数相符合。拉结钢筋或网片应置于灰缝中，埋置长度应符合设计要求，竖向位置偏差不应超过一皮砖高度。

抽检数量：每检验批抽查不应少于 5 处。

检验方法：观察和用尺量检查。

(4) 砌筑填充墙时应错缝搭砌，蒸压加气混凝土砌块搭砌长度不应小于砌块长度的 1/3；轻骨料混凝土小型空心砌块搭砌长度不应小于 90mm；竖向通缝不应多于 2 皮。

抽检数量：每检验批抽查不应少于 5 处。

检验方法：观察检查。

(5) 填充墙的水平灰缝厚度和竖向灰缝宽度应正确，烧结空心砖、轻骨料混凝土小型空心砌块砌体的灰缝应为 8～12mm；蒸压加气混凝土砌块砌体当采用水泥砂浆、水泥混合砂浆或蒸压加气混凝土砌块砌筑砂浆时，水平灰缝厚度和竖向灰缝宽度不应超过 15mm；当蒸压加气混凝土砌块砌体采用蒸压加气混凝土砌块黏结砂浆时，水平灰缝厚度和竖向灰缝宽度宜为 3～4mm。

抽检数量：每检验批抽查不应少于 5 处。

检验方法：水平灰缝厚度用尺量 5 皮小砌块的高度折算；竖向灰缝宽度用尺量 2m 砌体长度折算。

3. 填充墙砌体工程检验批质量验收记录

填充墙砌体工程检验批质量验收按表 3 - 20 进行记录。

表 3 - 20　　填充墙砌体工程检验批质量验收记录

<table>
<tr><td colspan="3">工程名称</td><td colspan="2">分部工程名称</td><td>验收部位</td><td></td></tr>
<tr><td colspan="3">施工单位</td><td colspan="2"></td><td>项目经理</td><td></td></tr>
<tr><td colspan="3">施工执行标准名称及编号</td><td colspan="2"></td><td>专业工长</td><td></td></tr>
<tr><td colspan="3">分包单位</td><td colspan="2"></td><td>施工班组长</td><td></td></tr>
<tr><td colspan="4">质量验收规范的规定</td><td>施工单位检查评定记录</td><td colspan="2">监理（建设）单位验收记录</td></tr>
<tr><td rowspan="4">主控项目</td><td colspan="2">块体强度等级</td><td>设计要求 MU</td><td></td><td colspan="2"></td></tr>
<tr><td colspan="2">砂浆强度等级</td><td>设计要求 M</td><td></td><td colspan="2"></td></tr>
<tr><td colspan="2">与主体结构连接</td><td>9.2.2 条</td><td></td><td colspan="2"></td></tr>
<tr><td colspan="2">植筋实体检测</td><td>9.2.3 条</td><td>见填充墙砌体植筋锚固力检测记录</td><td colspan="2"></td></tr>
<tr><td rowspan="14">一般项目</td><td colspan="2">轴线位移</td><td>≤10mm</td><td></td><td colspan="2"></td></tr>
<tr><td rowspan="2">墙面垂直度（每层）</td><td>≤3m</td><td>≤5mm</td><td></td><td colspan="2"></td></tr>
<tr><td>>3m</td><td>≤10mm</td><td></td><td colspan="2"></td></tr>
<tr><td colspan="2">表面平整</td><td>≤8mm</td><td></td><td colspan="2"></td></tr>
<tr><td colspan="2">门窗洞口</td><td>±10mm</td><td></td><td colspan="2"></td></tr>
<tr><td colspan="2">窗口偏移</td><td>≤20mm</td><td></td><td colspan="2"></td></tr>
<tr><td colspan="2">水平缝砂浆饱满度</td><td>9.3.2 条</td><td></td><td colspan="2"></td></tr>
<tr><td colspan="2">竖缝砂浆饱满度</td><td>9.3.2 条</td><td></td><td colspan="2"></td></tr>
<tr><td colspan="2">拉结筋、网片位置</td><td>9.3.3 条</td><td></td><td colspan="2"></td></tr>
<tr><td colspan="2">拉结筋、网片埋置长度</td><td>9.3.3 条</td><td></td><td colspan="2"></td></tr>
<tr><td colspan="2">搭砌长度</td><td>9.3.4 条</td><td></td><td colspan="2"></td></tr>
<tr><td colspan="2">灰缝厚度</td><td>9.3.5 条</td><td></td><td colspan="2"></td></tr>
<tr><td colspan="2">灰缝宽度</td><td>9.3.5 条</td><td></td><td colspan="2"></td></tr>
<tr><td colspan="3">施工单位检查评定结果</td><td colspan="4">项目专业质量检查员：　年　月　日　　项目专业质量（技术）负责人：　年　月　日</td></tr>
<tr><td colspan="3">监理（建设）单位验收结论</td><td colspan="4">监理工程师（建设单位项目工程师）：
年　月　日</td></tr>
</table>

注　1. 本表由施工项目专职质量检查员填写，监理工程师（建设单位项目技术负责人）组织项目专业质量（技术）负责人等进行验收。对表中有数值要求的项目，应填写检测数据。

2. 本表摘自《砌体结构工程施工质量验收规范》（GB 50203—2011）的附录 A。

第十节　砌体结构子分部工程质量验收与评定

一、质量验收评定基本规定

(1) 砌体结构工程所用的材料应有产品合格证书、产品性能型式检验报告，质量应符合国家现行有关标准的要求。块体、水泥、钢筋、外加剂还应有材料主要性能的进场复验报告，并应符合设计要求。严禁使用国家已明令淘汰的材料。

(2) 砌体结构工程施工前，应编制砌体结构工程施工方案。

(3) 砌筑基础前，应校核放线尺寸，允许偏差应符合表3-21的规定。

表3-21　　放线尺寸的允许偏差

长度 L、宽度 B/m	允许偏差/mm	长度 L、宽度 B/m	允许偏差/mm
L（或 B）≤30	±5	60<L（或 B）≤90	±15
30<L（或 B）≤60	±10	L（或 B）>90	±20

(4) 在墙上留置临时施工洞口，其侧边离交接处墙面不应小于500mm，洞口净宽度不应超过1m。抗震设防烈度为Ⅸ度地区建筑物的临时施工洞口位置，应会同设计单位确定。临时施工洞口应做好补砌。

(5) 设计要求的洞口、沟槽、管道应于砌筑时正确留出或预埋，未经设计同意，不得打凿墙体和在墙体上开凿水平沟槽。宽度超过300mm的洞口上部，应设置钢筋混凝土过梁。不应在截面长边小于500mm的承重墙体、独立柱内埋设管线。

(6) 砌筑完基础或每一楼层后，应校核砌体的轴线和标高。在允许偏差范围内，轴线偏差可在基础顶面或楼面上校正，标高偏差宜通过调整上部砌体灰缝厚度校正。

(7) 砌体施工质量控制评定等级分为三级，并应按表3-22划分。

表3-22　　砌体施工质量控制评定等级

项　目	施工质量控制评定等级		
	A	B	C
现场质量管理	监督检查制度健全，并严格执行；施工方有在岗专业技术管理人员，人员齐全，并持证上岗	监督检查制度基本健全，并能执行；施工方有在岗专业技术管理人员，人员齐全，并持证上岗	有监督检查制度；施工方有在岗专业技术管理人员
砂浆、混凝土强度	试块按规定制作，强度满足验收规定，离散性小	试块按规定制作，强度满足验收规定，离散性较小	试块按规定制作，强度满足验收规定，离散性大
砂浆拌和	机械拌和；配合比计量控制严格	机械拌和；配合比计量控制一般	机械或人工拌和；配合比计量控制较差
砌筑工人	中级工以上，其中，高级工不少于30%	高级工、中级工不少于70%	初级工以上

(8) 砌体结构中钢筋（包括夹心复合墙内外叶墙间的拉结件或钢筋）的防腐，应符合设计规定。

(9) 雨天不宜在露天砌筑墙体，对下雨当日砌筑的墙体应进行遮盖。继续施工时，应复核墙体的垂直度，如果垂直度超过允许偏差，应拆除重新砌筑。

(10) 正常施工条件下，砖砌体、小砌块砌体每日砌筑高度宜控制在 1.5m 或一步脚手架高度内；石砌体不宜超过 1.2m。

(11) 砌体结构工程检验批的划分应同时符合下列规定：

1) 所用材料类型及同类型材料的强度等级相同。

2) 不超过 $250m^2$ 砌体。

3) 主体结构砌体一个楼层（基础砌体可按一个楼层计）；填充墙砌体量少时可多个楼层合并。

(12) 砌体结构工程检验批验收时，其主控项目应全部符合《砌体结构工程施工质量验收规范》(GB 50203—2011) 的规定；一般项目应有 80%及以上的抽检处符合《砌体结构工程施工质量验收规范》(GB 50203—2011) 的规定；有允许偏差的项目，最大超差值为允许偏差值的 1.5 倍。

(13) 砌体结构分项工程中检验批抽检时，各抽检项目的样本最小容量除有特殊要求外，按不应小于 5 确定。

(14) 在墙体砌筑过程中，当砌筑砂浆初凝后，块体被撞动或需移动时，应将砂浆清除后再铺浆砌筑。

二、质量验收评定具体要求

(1) 砌体工程验收前，应提供下列文件和记录：

1) 设计变更文件。

2) 施工执行的技术标准。

3) 原材料出厂合格证书、产品性能检测报告和进场复验报告。

4) 混凝土及砂浆配合比通知单。

5) 混凝土及砂浆试件抗压强度试验报告单。

6) 砌体工程施工记录。

7) 隐蔽工程验收记录。

8) 分项工程检验批的主控项目、一般项目验收记录。

9) 填充墙砌体植筋锚固力检测记录。

10) 重大技术问题的处理方案和验收记录。

11) 其他必要的文件和记录。

(2) 砌体子分部工程验收时，应对砌体工程的观感质量做出总体评价。

(3) 当砌体工程质量不符合要求时，应按《建筑工程施工质量验收统一标准》(GB 50300—2013) 的有关规定执行。

(4) 有裂缝的砌体应按下列情况进行验收：

1) 对不影响结构安全性的砌体裂缝，可予以验收，对明显影响使用功能和观感质量的裂缝，应进行处理。

2）对有可能影响结构安全性的砌体裂缝，应由有资质的检测单位检测鉴定，需返修或加固处理的，待返修或加固处理满足使用要求后进行二次验收。

思考与训练

一、单选题

1. 模板工程质量验收时，在同一检验批内，应抽查梁构件数量的（　　），且不少于3件。

A. 5%　　B. 7%　　C. 9%　　D. 10%

2. 模板工程中，固定在模板上的预埋件、预留孔和预留洞均不得遗漏，且应安装牢固，其检验方法正确的是（　　）。

A. 观察检查　　B. 用2m靠尺和塞尺检查

C. 用钢尺检查　　D. 用经纬仪或吊线检查

3. 底模及其支架拆除时的混凝土强度应符合设计要求，当设计无具体要求时，混凝土强度应符合规定，其检验方法正确的是（　　）。

A. 观察检查　　B. 钢尺量两角边，取其中较大值

C. 用钢尺检查　　D. 检查同条件养护试件强度实验报告

4. 下列选项中，关于电渣压力焊接头外观检查结果，说法错误的是（　　）。

A. 四周焊包凸出钢筋表面的高度不得小于4mm

B. 钢筋与电极接触处应无烧伤缺陷

C. 接头处的轴线偏移不得大于钢筋直径的0.1倍，且不得大于5mm

D. 接头处的弯折角不得大于3°

5. 钢筋质量验收时，当设计要求钢筋末端需作（　　）弯钩时，HRB335级、HRB400级钢筋的弯弧内直径不应小于钢筋直径的4倍，弯钩的弯后平直部分长度应符合设计要求。

A. 45°　　B. 90°　　C. 135°　　D. 180°

6. 钢筋安装质量验收时，钢筋弯起点位置的允许误差为（　　），其检验方法是(　　)。

A. 10mm，观察检查　　B. 20mm，用钢尺检查

C. 10mm，用钢尺检查　　D. 20mm，观察检查

7. 检查混凝土在搅拌地及浇筑地的坍落度，每一工作班最少（　　）次。

A. 1　　B. 2　　C. 3　　D. 4

8. 现浇结构模板安装相邻两板表面高低差允许偏差为（　　）。

A. 1mm　　B. 2mm　　C. 3mm　　D. 4mm

9. 现浇混凝土结构层高标高允许偏差为（　　）。

A. ±5mm　　B. ±8mm　　C. ±10mm　　D. ±15mm

10. 结构实体钢筋保护层厚度验收中，当全部钢筋保护层厚度检验的合格点率为90%及以上时，钢筋保护层厚度的检验结果应判为（　　）。

A. 合格　　B. 优良　　C. 不合格　　D. 好

11. 每一检验批且不超过 $250m^3$ 砌体的各种类型及强度等级的砌筑砂浆，每台搅拌机应至少抽检（　　）次。

A. 1　　B. 2　　C. 3　　D. 4

12. 砖砌体水平灰缝的砂浆饱满度不得（　　）。

A. 小于 90%　　B. 小于 85%　　C. 小于 80%　　D. 小于 75%

13. 砖砌体中，用（　　）检查砖底面与砂浆的黏结痕迹面积。

A. 直角尺　　B. 百格网　　C. 钢尺　　D. 经纬仪

14. 当检查砌体砂浆饱满度时，每处检测（　　）砖，取其平均值。

A. 2 块　　B. 3 块　　C. 4 块　　D. 5 块

15. 砖砌体一般项目合格标准中，混水墙中长度为（　　）的通缝每间不超过 3 处，且不得位于同一面墙体。

A. 100～200mm　　B. 200～300mm　　C. 300～400mm　　D. 400～500mm

16. 配筋砌体工程质量验收时，一般项目中的组合砖砌体构件，竖向受力钢筋保护层厚度允许偏差为（　　）。

A. ±2mm　　B. ±3mm　　C. ±4mm　　D. ±5mm

17. 填充墙砌体工程质量验收时，空心砖、轻骨料混凝土小型空心砌块的砌体灰缝应为（　　）。

A. 4～8mm　　B. 6～10mm　　C. 8～12mm　　D. 10～14mm

18. 填充墙砌体工程中，（　　）砌体的水平灰缝厚度及竖向灰缝宽度不应超过 15mm。

A. 烧结空心砖　　B. 加气混凝土砌块

C. 轻骨料混凝土小型空心砌块　　D. 蒸压加气混凝土砌块

二、多选题

1. 在模板安装时，对跨度不小于 4m 的现浇钢筋混凝土梁、板，其模板应按设计要求起拱；当设计无具体要求时，起拱高度宜为跨度的 1/1000～3/1000，其检验方法正确的是（　　）。

A. 观察检查　　B. 用钢尺检查

C. 用水准仪或拉尺检查　　D. 对照模板设计文件和施工方案检查

E. 用靠尺和塞尺检查

2. 接头处的轴线偏移不得大于钢筋直径的 0.1 倍，且不得大于 2mm 是指验收检查（　　）接头质量必须达到的标准。

A. 帮条焊　　B. 搭接焊　　C. 电渣压力焊　　D. 闪光对焊

3. 属于钢筋配料加工质量检查验收主控项目的有（　　）。

A. 钢筋加工的形状、尺寸　　B. 力学性能和化学成分检验

C. 抗震用钢筋强度检查　　D. 受力钢筋的弯钩和弯折

4. 进场钢筋检查验收的内容有（　　）。

A. 产品合格证、出厂检验报告齐全，且检验报告的有关收据符合国家标准

B. 进场钢筋标牌齐全

C. 逐批检查表面不得有裂纹、折叠、结疤和夹杂

D. 带肋钢筋表面凸块必须大于横肋钢筋

5. 钢筋工程质量验收内容包括（　　）。

A. 原材料　　B. 钢筋加工　　C. 钢筋安装

D. 钢筋拆除　　E. 钢筋连接

6. 混凝土工程中施工缝的位置应在混凝土浇筑前按设计要求和施工技术方案确定，质量验收时，其检验方法正确的是（　　）。

A. 观察检查　　B. 检查施工记录

C. 复称　　D. 用钢尺检查

E. 用靠尺检查

7. 下列属于混凝土主控项目检验的是（　　）。

A. 混凝土强度等级、试件的取样和留置

B. 混凝土抗渗、试件取样和留置

C. 混凝土初凝时间控制

D. 施工缝的位置及处理

8. 当混凝土试件强度评定不合格时，可根据国家现行有关标准采用回弹法、（　　）、后装拔出法等推定结构的混凝土强度。

A. 锤击测定法　　B. 超声回弹综合法

C. 钻孔检测法　　D. 钻芯法

9. 混凝土工程质量检查与验收的主控项目有（　　）

A. 施工缝的位置及处理

B. 混凝土强度等级、试件的取样和留置

C. 混凝土初凝时间控制

D. 原材料每盘称量的允许偏差

10. 配筋砌体工程中，构造柱与墙体的连接处应砌成马牙槎，马牙槎应先退后进，预留的拉结钢筋应位置正确，施工中不得任意弯折。质量验收时，其合格标准为（　　）。

A. 钢筋竖向移位不应超过 100mm

B. 钢筋竖向移位不应超过 150mm

C. 每一马牙槎沿高度方向尺寸不应超过 300mm

D. 每一马牙槎沿高度方向尺寸不应超过 350mm

E. 钢筋竖向位移和马牙槎尺寸偏差每一构造柱不应超过 2 处

11. 填充墙砌体垂直度的检查工具有（　　）。

A. 2m 托线板　　B. 吊线　　C. 尺　　D. 经纬仪

12. 属于小砌块的主控项目的是（　　）。

A. 砌体灰缝砂浆饱满度　　B. 砌筑留槎

C. 轴线与垂直度控制　　D. 墙体灰缝尺寸

13. 关于填充墙砌体的尺寸允许偏差正确的是（　　）。

A. 轴线位移±10mm　　B. 垂直度允许偏差 10mm

C. 表面平整度 8mm　　D. 门窗洞口两侧±10mm

三、案例分析题

1. 2015 年 6 月某天凌晨 3 时左右，某市一所重点高中的教学楼顶面带挂板大挑檐根部突然发生断裂。该工程是一幢 5 层砖混结构，长 49.05m、宽 10.28m、高 7.50m、建筑面积为 2652.6m^2，设计单位为该市建筑设计研究院，施工单位为某建筑公司，监理单位为该市某工程监理公司。事故发生后，进行事故调查和原因分析后，发现造成该质量事故的主要原因是施工队伍素质差，竟然将悬挑构件的受力钢筋反向放置，且构件厚度控制不严。

根据以上内容，回答下列问题：

(1) 钢筋工程中，钢筋加工时，主要检查哪些方面的内容？检查方法有哪些？

(2) 钢筋工程安装质量检验标准和检查方法具体内容有哪些？

2. 某建筑工程建筑面积为 52000m^2，框架结构，筏板式基础，地下 2 层，基础埋深约为 14.2m。该工程由某建筑公司组织施工，于 2014 年 6 月开工建设，混凝土强度等级为 C35，墙体采用小型空心砌块。

根据以上内容，回答下列问题：

(1) 该混凝土小型砌体工程的材料质量要求是什么？

(2) 该项目质量验收的主要内容及方法是什么？

第四章

地面工程质量验收与评定

地面是建筑工程的施工基础，地面工程质量对建筑工程质量具有决定性的作用，建筑地面工程的施工质量优劣直接关系到整个建筑的美观度、使用功能和使用寿命。如果地面工程施工过程中存在质量问题，建筑工程总体性能就会随之降低，进而就会损害工程的经济价值及实用价值。因此，做好建筑地面工程的质量验收与评定，显得尤为重要。

第一节　地面工程质量控制的基本要求

（1）建筑地面工程子分部工程、分项工程的划分，按表 4－1 执行。

表 4－1　　建筑地面工程子分部工程、分项工程划分表

<table>
<tr><th>分部工程</th><th colspan="2">子分部工程</th><th>分　项　工　程</th></tr>
<tr><td rowspan="6">建筑装饰装修工程</td><td rowspan="6">地面</td><td rowspan="2">整体面层</td><td>基层：基土、灰土垫层、砂垫层和砂石垫层、碎石垫层和碎砖垫层、三合土垫层、炉渣垫层、水泥混凝土垫层、找平层、隔离层、填充层</td></tr>
<tr><td>面层：水泥混凝土面层、水泥砂浆面层、水磨石面层、水泥钢（铁）屑面层、防油渗面层、不发火（防爆的）面层</td></tr>
<tr><td rowspan="2">板块面层</td><td>基层：基土、灰土垫层、砂垫层和砂石垫层、碎石垫层和碎砖垫层、三合土垫层、炉渣垫层、水泥混凝土垫层、找平层、隔离层、填充层</td></tr>
<tr><td>面层：砖面层（陶瓷锦砖、缸砖、陶瓷地砖和水泥花砖面层）、大理石面层和花岗石面层、预制板块面层（水泥混凝土板块、水磨石板块面层）、料石面层（条石、块石面层）、塑料板面层、活动地板面层、地毯面层</td></tr>
<tr><td rowspan="2">木、竹面层</td><td>基层：基土、灰土垫层、砂垫层和砂石垫层、碎石垫层和碎砖垫层、三合土垫层、炉渣垫层、水泥混凝土垫层、找平层、隔离层、填充层</td></tr>
<tr><td>面层：实木地板面层（条材、块材面层）、实木复合地板面层（条材、块材面层）、中密度（强化）复合地板面层（条材面层）、竹地板面层</td></tr>
</table>

（2）建筑施工企业在建筑地面工程施工时，应有质量管理体系和相应的施工工艺技术标准。

（3）建筑地面工程采用的材料应按设计要求和相应规范的规定选用，并应符合国家标准的规定；进场材料应有中文质量合格证明文件、规格、型号及性能检测报告，对重要材料应有复验报告。

（4）建筑地面采用的大理石、花岗石等天然石材必须符合国家现行行业标准《天然石材产品放射防护分类控制标准》（JC 518）中有关材料有害物质的限量规定。进场应具有检测报告。

（5）胶粘剂、沥青胶结料和涂料等材料应按设计要求选用，并应符合现行国家标准《民用建筑工程室内环境污染控制规范》（GB 50325）的规定。

（6）厕浴间和有防滑要求的建筑地面的板块材料应符合设计要求。

（7）建筑地面下的沟槽、暗管等工程完工后，经检验合格并做隐蔽记录，方可进行建筑地面工程的施工。

（8）建筑地面工程基层（各构造层）和面层的铺设，均应待其下一层检验合格后方可施工上一层。建筑楼地面工程各层铺设前与相关专业的分部（子分部）工程、分项工程以及设备管道安装工程之间，应进行交接检验。

（9）建筑地面工程施工时，各层环境温度的控制应符合下列规定：

1）采用掺有水泥、石灰的拌和料铺设以及用石油沥青胶结料铺贴时，不应低于5℃。

2）采用有机胶粘剂粘贴时，不应低于10℃。

3）采用砂、石材料铺设时，不应低于0℃。

（10）铺设有坡度的地面应采用基土高差达到设计要求的坡度；铺设有坡度的楼面（或架空地面）应采用在钢筋混凝土板上变更填充层（或找平层）铺设的厚度或以结构起坡达到设计要求的坡度。

（11）室外散水、明沟、踏步、台阶和坡度等附属工程，其面层和基层（各构造层）均应符合设计要求。施工时应按《建筑地面工程施工质量验收规范》（GB 50209—2010）基层铺设中基土和相应垫层以及面层的规定执行。

（12）水泥混凝土散水、明沟，应设置伸缩缝，其延米间距不得大于10m；房屋转角处应做45°缝。水泥混凝土散水、明沟和台阶等与建筑物连接处应设缝处理。上述缝宽度为15～20mm，缝内填嵌柔性密封材料。

（13）建筑地面的变形缝应按设计要求设置，并应符合下列规定：

1）建筑地面的沉降缝、伸缩缝和防震缝，应与结构相应缝的位置一致，且应贯通建筑地面的各构造层。

2）沉降缝和防震缝的宽度应符合设计要求，缝内清理干净，以柔性密封材料填嵌后用板封盖，并应与面层齐平。

（14）建筑地面镶边，当设计无要求时，应符合下列规定：

1）有强烈机械作用下的水泥类整体面层与其他类型的面层邻接处，应设置金属镶边构件。

2）采用水磨石整体面层时，应用同类材料以分格条设置镶边。

3）条石面层和砖面层与其他面层邻接处，应用顶铺的同类材料镶边。

4）采用木、竹面层和塑料板面层时，应用同类材料镶边。

5）地面面层与管沟、孔洞、检查井等邻接处，均应设置镶边。

6）管沟、变形缝等处的建筑地面面层的镶边构件，应在面层铺设前装设。

（15）厕浴间、厨房和有排水（或其他液体）要求的建筑地面面层与相连接各类面层的标高差应符合设计要求。

(16) 检验水泥混凝土和水泥砂浆强度试块的组数，按每一层（或检验批）建筑地面工程不应小于1组。当每一层（或检验批）建筑地面工程面积大于$1000m^2$时，每增加$1000m^2$应增做1组试块；小于$1000m^2$按$1000m^2$计算。当改变配合比时，亦应相应地制作试块组数。

(17) 各类面层的铺设宜在室内装饰工程基本完工后进行。木、竹面层以及活动地板、塑料板、地毯面层的铺设，应待抹灰工程或管道试压等施工完工后进行。

(18) 建筑地面工程施工质量的检验，应符合下列规定：

1) 基层（各构造层）和各类面层的分项工程的施工质量验收应按每一层次或每层施工段（或变形缝）作为检验批，高层建筑的标准层可按每3层（不足3层按3层计）作为检验批。

2) 每检验批应以各子分部工程的基层（各构造层）和各类面层所划分的分项工程按自然间（或标准间）检验，抽查数量应随机检验不应少于3间；不足3间，应全数检查；其中走廊（过道）应以10延米为1间，工业厂房（按单跨计）、礼堂、门厅应以两个轴线为1间计算。

3) 有防水要求的建筑地面子分部工程的分项工程施工质量每检验批抽查数量应按其房间总数随机检验不应少于4间，不足4间，应全数检查。

(19) 建筑地面工程的分项施工质量检验的主控项目，必须达到《建筑地面工程施工质量验收规范》(GB 50209—2010) 规定的质量标准，认定为合格；一般项目80%以上的检查点（处）符合《建筑地面工程施工质量验收规范》(GB 50209—2010) 规定的质量要求，其他检查点（处）不得有明显影响使用，并不得大于允许偏差值的50%为合格。凡达不到质量标准时，应按现行国家标准《建筑工程施工质量验收统一标准》(GB 50300) 的规定处理。

(20) 建筑地面工程完工后，施工质量验收应在建筑施工企业自检合格的基础上，由监理单位组织有关单位对分项工程、子分部工程进行检验。

(21) 检验方法应符合下列规定：

1) 检查允许偏差应采用钢尺、2m靠尺、楔形塞尺、坡度尺和水准仪。

2) 检查空鼓应采用敲击的方法。

3) 检查有防水要求建筑地面的基层（各构造层）和面层，应采用泼水或蓄水方法，蓄水时间不得少于24h。

4) 检查各类面层（含不需铺设部分或局部面层）表面的裂纹、脱皮、麻面和起砂等缺陷，应采用观感的方法。

(22) 建筑地面工程完工后，应对面层采取保护措施。

第二节 基 层 铺 设

基层包括基土、垫层、找平层、隔离层和填充层等基层分项工程，基层铺设是建筑地面工程施工的重点，其工程质量的好坏，直接与地面工程的面层质量密切相关。但在施工过程中，往往容易被施工人员忽视。所以，在基层施工过程中，必须加强施工管理，把施工质量管控放在首位。

一、一般规定

基层铺设的材料质量、密实度和强度等级（或配合比）等应符合设计要求；基层铺设前，其下一层表面应干净、无积水；当垫层、找平层内埋设暗管时，管道应按设计要求予以稳固；基层的标高、坡度、厚度等应符合设计要求。基层表面应平整，其允许偏差应符合表 4-2 的规定。

二、基土

对软弱土层应按设计要求进行处理；填土应分层压（夯）实，填土质量应符合现行国家标准《地基与基础工程施工质量验收规范》（GB 50202）的有关规定；填土时应为最优含水量。重要工程或大面积的地面填土前，应取土样，按击实试验确定最优含水量与相应的最大干密度。

1. 主控项目

（1）基土严禁用淤泥、腐殖土、冻土、耕植土、膨胀土和含有有机物质大于 8%的土作为填土。

检验方法：观察检查和检查土质记录。

（2）基土应均匀密实，压实系数应符合设计要求，设计无要求时，不应小于 0.90。

检验方法：观察检查和检查试验记录。

2. 一般项目

基土表面的允许偏差应符合表 4-2 的规定。

检验方法：应按表 4-2 中的检验方法检验。

三、灰土垫层

灰土垫层应采用熟化石灰与黏土（或粉质黏土、粉土）的拌和料铺设，其厚度不应小于 100mm。熟化石灰可采用磨细生石灰，亦可用粉煤灰或电石渣代替。灰土垫层应铺设在不受地下水浸泡的基土上。施工后应有防止水浸泡的措施。灰土垫层应分层夯实，经湿润养护、晾干后方可进行下一道工序施工。

1. 主控项目

灰土体积比应符合设计要求。

检验方法：观察检查和检查配合比通知单记录。

2. 一般项目

（1）熟化石灰颗粒粒径不得大于 5mm；黏土（或粉质黏土、粉土）内不得含有有机物质，颗粒粒径不得大于 15mm。

检验方法：观察检查和检查材质合格记录。

（2）灰土垫层表面的允许偏差应符合表 4-2 的规定。

检验方法：应按表 4-2 中的检验方法检验。

四、砂垫层和砂石垫层

砂垫层厚度不应小于 60mm；砂石垫层厚度不应小于 100mm；砂石应选用天然级配材料。铺设时不应有粗细颗粒分离现象，压（夯）至不松动为止。

表 4－2　　基层表面的允许偏差和检验方法　　单位：mm

项次	项目	允许偏差												检验方法
		基土	垫层			找平层					填充层		隔离层	
						毛地板								
		土	砂、砂石、碎石、碎砖	灰土、三合土、炉渣、水泥混凝土	木搁栅	拼花实木地板、拼花实木复合层地板面层	其他种类面层	用沥青玛琋脂做结合层铺设拼花木板、板块面层	用水泥砂浆做结合层铺设板块面层	用胶粘剂做结合层铺设拼花木板、塑料板、强化复合地板、竹地板面层	松散材料	板、块材料	防水、防潮、防油渗	
1	表面平整度	15	15	10	3	3	5	3	5	2	7	5	3	用 2m 靠尺和楔形塞尺检查
2	标高	0，－50	±20	±10	±5	±5	±8	±5	±8	±4	±4		±4	用水准仪检查
3	坡度	不大于房间相应尺寸的 2/1000，且不大于 30												用坡度尺检查
4	厚度	在个别地方不大于设计厚度的 1/10												用钢尺检查

1. 主控项目

（1）砂和砂石不得含有草根等有机杂质；砂应采用中砂；石子最大粒径不得大于垫层厚度的2/3。

检验方法：观察检查和检查材质合格证明文件及检测报告。

（2）砂垫层和砂石垫层的干密度（或贯入度）应符合设计要求。

检验方法：观察检查和检查试验记录。

2. 一般项目

（1）表面不应有砂窝、石堆等质量缺陷。

检验方法：观察检查。

（2）砂垫层和砂石垫层表面的允许偏差应符合表4-2的规定。

检验方法：应按表4-2中的检验方法检验。

五、碎石垫层和碎砖垫层

碎石垫层和碎垫层厚度不应小于100mm，应分层压（夯）实，达到表面坚实、平整。

1. 主控项目

（1）碎石的强度应均匀，最大粒径不应大于垫层厚度的2/3；碎砖不应采用风化、酥松、夹有有机杂质的砖料，颗粒粒径不应大于60mm。

检验方法：观察检查和检查材质合格证明文件及检测报告。

（2）碎石、碎砖垫层的密实度应符合设计要求。

检验方法：观察检查和检查试验记录。

2. 一般项目

碎石、碎砖垫层的表面允许偏差应符合表4-2的规定。

检验方法：应按表4-2中的检验方法检验。

六、三合土垫层

三合土垫层采用石灰、砂（可掺入少量黏土）与碎砖的拌和料铺设，其厚度不应小于100mm。分层夯实。

1. 主控项目

（1）熟化石灰颗粒粒径不得大于5mm；砂应用中砂，并不得含有草根等有机物质；碎砖不应采用风化、酥松和含有有机杂质的砖料，碎砖粒径不应大于60mm。

检验方法：观察检查和检查材质合格证明文件及检测报告。

（2）三合土的体积比应符合设计要求。

检验方法：观察检查和检查配合比通知单记录。

2. 一般项目

三合土垫层表面的允许偏差应符合表4-2的规定。

检验方法：应按表4-2中的检验方法检验。

七、炉渣垫层

炉渣垫层采用炉渣或水泥与炉渣或水泥、石灰与炉渣的拌和料铺设，其厚度不应小于80mm。

炉渣或水泥炉渣垫层的炉渣，使用前应浇水闷透；水泥石灰炉渣垫层的炉渣，使用前应用石灰浆或用熟化石灰浇水拌和闷透；闷透时间均不得少于5d。

在垫层铺设前，其下一层应湿润；铺设时应分层压实，铺设后应养护，待其凝结后方可进行下一道工序施工。

1. 主控项目

(1) 炉渣内不应含有有机杂质和未燃尽的煤块，颗粒粒径不应大于40mm，且颗粒粒径在5mm及其以下的颗粒，不得超过总体积的40%；熟化石灰颗粒粒径不得大于5mm。

检验方法：观察检查和检查材质合格证明文件及检测报告。

(2) 炉渣垫层的体积比应符合设计要求。

检验方法：观察检查和检查配合比通知单。

2. 一般项目

(1) 炉渣垫层与其下一层结合牢固，不得有空鼓和松散炉渣颗粒。

检验方法：观察检查和用小锤轻击检查。

(2) 炉渣垫层表面的允许偏差应符合表4-2的规定。

检验方法：应按表4-2中的检验方法检验。

八、水泥混凝土垫层

水泥混凝土垫层铺设在基土上，当气温长期处于0℃以下，设计无要求时，垫层应设置伸缩缝。

水泥混凝土垫层的厚度不应小于60mm。

垫层铺设前，其下一层表面应湿润。

室内地面的水泥混凝土垫层，应设置纵向缩缝和横向缩缝；纵向缩缝间距不得大于6m，横向缩缝不得大于12m。

垫层的纵向缩缝应做平头缝或加肋板平头缝。当垫层厚度大于150mm时，可做企口缝。横向缩缝应做假缝。平头缝的企口缝的缝间不得放置隔离材料，浇筑时应互相紧贴。企口缝的尺寸应符合设计要求，假缝宽度为5～20mm，深度为垫层厚度的1/3，缝内填水泥砂浆。

工业厂房、礼堂、门厅等大面积水泥混凝土垫层应分区段浇筑。分区段应结合变形缝位置、不同类型的建筑地面连接处和设备基础的位置进行划分，并应与设置的纵向、横向缩缝的间距相一致。

水泥混凝土施工质量检验尚应符合现行国家标准《混凝土结构工程施工质量验收规范》(GB 50204)的有关规定。

1. 主控项目

(1) 水泥混凝土垫层采用的粗骨料，其最大粒径不应大于垫层厚度的2/3；含泥量不应大于2%；砂为中粗砂，其含泥量不应大于3%。

检验方法：观察检查和检验材质合格证明文件及检测报告。

(2) 混凝土的强度等级应符合设计要求，且不应小于C10。

检验方法：观察检查和检查配合比通知单及检测报告。

2. 一般项目

水泥混凝土垫层表面的允许偏差应符合表 4－2 的规定。

检验方法：应按表 4－2 中的检验方法检验。

九、找平层

找平层应采用水泥砂浆或水泥混凝土铺设，并应符合规范有关面层的规定。

铺设找平层前，当其下一层有松散填充料时，应予铺平振实。

有防水要求的建筑地面工程，铺设前必须对立管、套管和地漏与楼板节点之间进行密封处理；排水坡度应符合设计要求。

在预制钢筋混凝土板上铺设找平层前，板缝填嵌的施工应符合下列要求：①预制钢筋混凝土板相邻缝底宽不应小于 20mm；②填嵌时，板缝内应清理干净，保持湿润；③填缝采用细石混凝土，其强度等级不得小于 C20。填缝高度应低于板面 10～20mm，且振捣密实，表面不应压光；填缝后应养护；④当板缝底宽大于 40mm 时，应按设计要求配置钢筋。

在预制钢筋混凝土板上铺设找平层时，其板端应按设计要求做防裂的构造措施。

1. 主控项目

(1) 找平层采用碎石或卵石的粒径不应大于其厚度的 2/3，含泥量不应大于 2%；砂为中粗砂，其含泥量不应大于 3%。

检验方法：观察检查和检查材质合格证明文件及检测报告。

(2) 水泥砂浆体积比或水泥混凝土强度等级应符合设计要求，且水泥砂浆体积比不应小于 1∶3（或相应的强度等级）；水泥混凝土强度等级不应小于 C15。

检验方法：观察检查和检查配合比通知单及检测报告。

(3) 有防水要求的建筑地面工程的立管、套管、地漏处严禁渗漏，坡向应正确、无积水。

检验方法：观察检查和蓄水、泼水检验及坡度尺检查。

2. 一般项目

(1) 找平层与其下一层结合牢固，不得有空鼓。

检验方法：用小锤轻击检查。

(2) 找平层表面应密实，不得有起砂、蜂窝和裂缝等缺陷。

检验方法：观察检查。

(3) 找平层的表面允许偏差应符合表 4－2 的规定。

检验方法：应按表 4－2 中的检验方法检验。

十、隔离层

(1) 隔离层的材料，其材质应经有资质的检测单位认定。

(2) 在水泥类找平层上铺设沥青类防水卷材、防水涂料或以水泥类材料作为防水隔离层时，其表面应坚固、洁净、干燥。铺设前，应涂刷基层处理剂。基层处理剂应采用与卷材性能配套的材料或采用同类涂料的底子油。

(3) 当采用掺有防水剂的水泥类找平层作为防水隔离层时，其掺量和强度等级（或配

合比）应符合设计要求。

（4）铺设防水隔离层时，管道应穿过楼板面四周，防水材料应向上铺涂，并超过套管的上口；在靠近墙面处，应高出面层200～300mm或按设计要求的高度铺涂。阴阳角和管道穿过楼板面的根部应增加铺涂附加防水隔离层。

（5）防水材料铺设后，必须蓄水检验。蓄水深度应为20～30mm，24h内无渗漏为合格，并做记录。

（6）隔离层施工质量检验应符合现行国家标准《屋面工程质量验收规范》（GB 50207）的有关规定。

1. 主控项目

（1）隔离层材质必须符合设计要求和国家产品标准的规定。

检验方法：观察检查和检查材质合格证明文件、检测报告。

（2）厕浴间和有防水要求的建筑地面必须设置防水隔离层。楼层结构必须采用现浇混凝土或整块预制混凝土板，混凝土强度等级不应小于C20；楼板四周除门洞上，应做混凝土翻边，其高度不应小于120mm。施工时结构层标高和预留孔洞位置应准确，严禁乱凿洞。

检验方法：观察和钢尺检查。

（3）水泥类防水隔离层的防水性能和强度等级必须符合设计要求。

检验方法：观察检查和检查检测报告。

（4）防水隔离层严禁渗漏，坡向应正确、排水通畅。

检验方法：观察检查和蓄水、泼水检验或坡度尺检查及检查检验记录。

2. 一般项目

（1）隔离层厚度应符合设计要求。

检验方法：观察检查和用钢尺检查。

（2）隔离层与其下一层粘接牢固，不得有空鼓；防水涂层应平整、均匀，无脱皮、起壳、裂缝、鼓泡等缺陷。

检验方法：用小锤轻击检查和观察检查。

（3）隔离层表面的允许偏差应符合表4-2的规定。

检验方法：应按表4-2中的检验方法检验。

十一、填充层

（1）填充层应按设计要求选用材料，其密度和导热系数应符合国家有关产品标准的规定。

（2）填充层的下一层表面应平整。当为水泥类时，尚应洁净、干燥，并不得有空鼓、裂缝和起砂等缺陷。

（3）采用松散材料铺设填充层时，应分层铺平拍实；采用板、块状材料铺设填充层时，应分层错缝铺贴。

（4）填充层施工质量检验尚应符合现行国家标准《屋面工程质量验收规范》（GB 50207）的有关规定。

1. 主控项目

(1) 填充层的材料质量必须符合设计要求和国家产品标准的规定。

检验方法：观察检查和检查材质合格证明文件、检测报告。

(2) 填充层的配合比必须符合设计要求。

检验方法：观察检查和检查配合比通知单。

2. 一般项目

(1) 松散材料填充层铺设应密实；板块状材料填充层应压实、无翘曲。

检验方法：观察检查。

(2) 填充层表面的允许偏差应符合表 4-2 的规定。

检验方法：应按表 4-2 中的检验方法检验。

第三节 整体面层铺设

整体面层包括水泥混凝土（含细石混凝土）面层、水泥砂浆面层、水磨石面层、水泥钢（铁）屑面层、防油渗混凝土和不发火（防爆的）面层等面层分项工程。在建筑地面施工中，面层作为地面工程中最后一道工序和施工环节，其施工质量不仅有承载力方面的要求同时还有整体平整度、裂缝控制以及整体美观等方面的要求，因此要求在整体地面施工时进行全方位、全过程的质量控制，严格按照施工要求进行施工管理才能最终得到良好的施工效果。

一、一般规定

(1) 铺设整体面层时，其水泥类基层的抗压强度不得小于 1.2MPa；表面应粗糙、洁净、湿润并不得有积水。铺设前宜涂刷界面处理剂。

(2) 整体面层施工后，养护时间不应少于 7d；抗压强度应达到 5MPa 后，方准上人行走；抗压强度应达到设计要求后，方可正常使用。

(3) 当采用掺有水泥拌和料做踢脚线时，不得用石灰砂浆打底。

(4) 整体面层的抹平工作应在水泥初凝前完成，压光工作应在水泥终凝前完成。

(5) 整体面层的允许偏差应符合表 4-3 的规定。

表 4-3　整体面层的允许偏差和检验方法　单位：mm

<table>
<tr><th rowspan="2">项次</th><th rowspan="2">项　目</th><th colspan="6">允许偏差</th><th rowspan="2">检验方法</th></tr>
<tr><th>水泥混凝土面层</th><th>水泥砂浆面层</th><th>普通水磨石面层</th><th>高级水磨石面层</th><th>水泥钢（铁）屑面层</th><th>防油渗混凝土和不发火（防爆的）面层</th></tr>
<tr><td>1</td><td>表面平整度</td><td>5</td><td>4</td><td>3</td><td>2</td><td>4</td><td>5</td><td>用 2m 靠尺和楔形塞尺检查</td></tr>
<tr><td>2</td><td>踢脚线上口平直</td><td>4</td><td>4</td><td>3</td><td>3</td><td>4</td><td>4</td><td rowspan="2">拉 5m 线和用钢尺检查</td></tr>
<tr><td>3</td><td>缝格平直</td><td>3</td><td>3</td><td>3</td><td>2</td><td>3</td><td>3</td></tr>
</table>

二、水泥混凝土面层

水泥混凝土面层厚度应符合设计要求，面层铺设不得留施工缝。当施工间隙超过允许时间规定时，应对接槎处进行处理。

1. 主控项目

(1) 水泥混凝土采用的粗骨料，其最大粒径不应大于面层厚度的2/3，细石混凝土面层采用的石子粒径不应大于15mm。

检验方法：观察检查和检查材质合格证明文件及检测报告。

(2) 面层的强度等级应符合设计要求，且水泥混凝土面层强度等级不应小于C20；水泥混凝土垫层兼面层强度等级不应小于C15。

检验方法：检查配合比通知单及检测报告。

(3) 面层与下一层应结合牢固，无空鼓、裂纹。

检验方法：用小锤轻击检查。

注：空鼓面积不应大于400cm^2，且每自然间（标准间）不多于2处可不计。

2. 一般项目

(1) 面层表面不应有裂纹、脱皮、麻面、起砂等缺陷。

检验方法：观察检验。

(2) 面层表面的坡度应符合设计要求，不得有倒泛水和积水现象。

检验方法：观察和采用泼水或用坡度尺检查。

注：局部空鼓长度不应大于300mm，且每自然间（标准间）不多于2处可不计。

(3) 楼梯踏步的宽度、高度应符合设计要求。楼层梯段相邻踏步高度差不应大于10mm，每踏步两端宽度差不应大于10mm；旋转楼梯梯段的每踏步两端宽度的允许偏差为5mm。楼梯踏步的齿角应整齐，防滑条应顺直。

检查方法：观察和钢尺检查。

(4) 水泥混凝土面层的允许偏差应符合表4-3的规定。

检验方法：应按表4-3中的检验方法检验。

三、水泥砂浆面层

水泥砂浆面层的厚度应符合设计要求，且不应小于20mm。

1. 主控项目

(1) 水泥采用硅酸盐水泥、普通硅酸盐水泥，其强度等级不应小于32.5，不同品种、不同强度等级的水泥严禁混用；砂应为中粗砂，当采用石屑时，其粒径应为1～5mm，且含泥量不应大于3%。

检验方法：观察检查和检查材质合格证明文件及检测报告。

(2) 水泥砂浆面层的体积比（强度等级）必须符合设计要求；且体积比应为1∶2，强度等级不应小于M15。

检验方法：检查配合比通知单和检测报告。

(3) 面层与下一层应结合牢固，无空鼓、裂纹。

检验方法：用小锤轻击检查。

注：空鼓面积不应大于400cm²，且每自然间（标准间）不多于2处可不计。

2. 一般项目

（1）面层表面的坡度应符合设计要求，不得有倒泛水和积水现象。

检验方法：观察和采用泼水或坡度尺检查。

（2）面层表面应洁净，无裂纹、脱皮、麻面、起砂等缺陷。

检验方法：观察检查。

（3）踢脚线与墙面应紧密结合，高度一致，出墙厚度均匀。

检验方法：用小锤轻击、钢尺和观察检查。

注：局部空鼓长度不应大于300mm，且每自然间（标准间）不多于2处可不计。

（4）楼梯踏步的宽度、高度应符合设计要求。楼层梯段相邻踏步高度差不应大于10mm，每踏步两端宽度差不应大于10mm；旋转楼梯梯段的每踏步两端宽度的允许偏差为5mm。楼梯踏步的齿角应整齐，防滑条应顺直。

检验方法：观察和钢尺检查。

（5）水泥砂浆面层的允许偏差应符合表4-3的规定。

检验方法：应按表4-3中的检验方法检验。

四、水磨石面层

（1）水磨石面层应采用水泥与石粒的拌和料铺设。面层厚度除有特殊要求外，宜为12～18mm，且按石粒粒径确定。水磨石面层的颜色和图案应符合设计要求。

（2）白色或浅色的水磨石面层，应采用白水泥；深色的水磨石面层，宜采用硅酸盐水泥、普通硅酸盐水泥或矿渣硅酸盐水泥；同颜色的面层应使用同一批水泥。同一彩色面层应使用同厂、同批的颜料；其掺入量宜为水泥重量的3%～6%或由试验确定。

（3）水磨石面层的结合层的水泥砂浆体积比宜为1∶3，相应的强度等级不应小于M10，水泥砂浆稠度（以标准圆锥体沉入度计）宜为30～35mm。

（4）普通水磨石面层磨光遍数不应少于3遍。高级水磨石面层的厚度和磨光遍数由设计确定。

（5）在水磨石面层磨光后，涂草酸和上蜡前，其表面不得污染。

1. 主控项目

（1）水磨石面层的石粒，应采用坚硬可磨白云石、大理石等岩石加工而成，石粒应洁净无杂物，其粒径除有特殊要求外应为6～15mm；水泥强度等级不应小于32.5；颜料应采用耐光、耐碱的矿物原料，不得使用酸性颜料。

检验方法：观察检查和检查材质合格证明文件。

（2）水磨石面层拌和料的体积比应符合设计要求，且为1∶1.5～1∶2.5（水泥∶石粒）。

检验方法：检查配合比通知单和检测报告。

（3）面层与下一层结合应牢固，无空鼓、裂纹。

检验方法：用小锤轻击检查。

注：空鼓面积不应大于400cm²，且每自然间（标准间）不多于2处可不计。

2. 一般项目

(1) 面层表面应光滑；无明显裂纹、砂眼和磨纹；石粒密实，显露均匀；颜色图案一致，不混色；分格条牢固、顺直和清晰。

检验方法：观察检查。

(2) 踢脚线与墙面应紧密结合，高度一致，出墙厚度均匀。

检验方法：用小锤轻击、钢尺和观察检查。

注：局部空鼓长度不大于300mm，且每自然间（标准间）不多于2处可不计。

(3) 楼梯踏步的宽度、高度应符合设计要求。楼层梯段相邻踏步高度差不应大于10mm，每踏步两端宽度差不应大于10mm，旋转楼梯梯段的每踏步两端宽度的允许偏差为5mm。楼梯踏步的齿角应整齐，防滑条应顺直。

检验方法：观察和钢尺检查。

(4) 水磨石面层的允许偏差应符合表4-3的规定。

检验方法：应按表4-3中的检验方法检验。

五、水泥钢（铁）屑面层

(1) 水泥钢（铁）屑面层应采用水泥与钢（铁）屑的拌和料铺设。

(2) 水泥钢（铁）屑面层配合比应通过试验确定。当采用振动法使水泥钢（铁）屑拌和料密实时，其密度不应小于2000kg/m^3，其稠度不应大于10mm。

(3) 水泥钢（铁）屑面层铺设时应先铺一层厚20mm的水泥砂浆结合层，面层的铺设应在结合层的水泥初凝前完成。

1. 主控项目

(1) 水泥强度等级不应小于32.5；钢（铁）屑的粒径应为1～5mm；钢（铁）屑中不应有其他杂质，使用前应去油除锈，冲洗干净并干燥。

检验方法：观察检查和检查材质合格证明文件及检测报告。

(2) 面层和结合层的强度等级必须符合设计要求，且面层抗压强度不应小于40MPa；结合层体积比为1∶2（相应的强度等级不应小于M15）。

检验方法：观察配合比通知单和检测报告。

(3) 面层与下一层结合必须牢固，无空鼓。

检验方法：用小锤轻击检查。

2. 一般项目

(1) 面层表面坡度应符合设计要求。

检验方法：用坡度尺检查。

(2) 面层表面不应有裂纹、脱皮、麻面等缺陷。

检验方法：观察检查。

(3) 踢脚线与墙面应结合牢固，高度一致，出墙厚度均匀。

检验方法：用小锤轻击、钢尺和观察检查。

(4) 水泥钢（铁）屑面层的允许偏差应符合表4-3的规定。

检验方法：应按表4-3中的检验方法检验。

六、防油渗面层

（1）防油渗面层应采用防油渗混凝土铺设或采用防油渗涂料涂刷。

（2）防油渗面层设置防油渗隔离层（包括与墙、柱连接处的构造）时，应符合设计要求。

（3）防油渗混凝土面层厚度应符合设计要求，防油渗混凝土的配合比应按设计要求的强度等级和抗渗性能通过试验确定。

（4）防油渗混凝土面层应按厂房柱网分区段浇筑，区段划分及分区段缝应符合设计要求。

（5）防油渗混凝土面层内不得敷设管线。凡露出面层的电线管、接线盒、预埋套管和地脚螺栓等的处理，以及与墙、柱、变形缝、孔洞等连接处泛水均应符合设计要求。

（6）防油渗面层采用防油渗涂料时，材料应按设计要求选用，涂层厚度宜为5～7mm。

1. 主控项目

（1）防油渗混凝土所用的水泥应采用普通硅酸盐水泥，其强度等级应不小于32.5；碎石应采用花岗石或石英石，严禁使用松散多孔和吸水率大的石子，粒径为5～15mm，其最大粒径不应大于20mm，含泥量不应大于1%；砂应为中砂，洁净无杂物，其细度模数应为2.3～2.6；掺入的外加剂和防油渗剂应符合产品质量标准。防油渗涂料应具有耐油、耐磨、耐火和粘结性能。

检验方法：观察检查和检查材质合格证明文件及检测报告。

（2）防油渗混凝土的强度等级和抗渗性能必须符合设计要求，且强度等级不应小于C30；防油渗涂料抗拉粘结强度不应小于0.3MPa。

检验方法：检查配合比通知单和检测报告。

（3）防油渗混凝土面层与下一层应结合牢固、无空鼓。

检验方法：用小锤轻击检查。

（4）防油渗涂料面层与基层应粘接牢固，严禁有起皮、开裂、漏涂等缺陷。

检验方法：观察检查。

2. 一般项目

（1）防油渗面层表面坡度应符合设计要求，不得有倒泛水和积水现象。

检验方法：观察和泼水或用坡度尺检查。

（2）防油渗混凝土面层表面不应有裂纹、脱皮、麻面和起砂现象。

检验方法：观察检查。

（3）踢脚线与墙面应紧密结合、高度一致，出墙厚度均匀。

检验方法：用小锤轻击、钢尺和观察检查。

（4）防油渗面层的允许偏差应符合表4-3的规定。

检验方法：应按表4-3中的检验方法检验。

七、不发火（防爆的）面层

（1）不发火（防爆的）面层应采用水泥类的拌和料铺设，其厚度应符合设计要求。

（2）不发火（防爆的）各类面层的铺设，应符合本章相应面层的规定。

(3) 发火（防爆的）面层采用石料和硬化后的试件，应在金刚砂轮上做摩擦试验。试验时应符合《建筑地面工程施工质量验收规范》(GB 50209—2010) 附录 A 的规定。

1. 主控项目

(1) 不发火（防爆的）面层采用的碎石应选用大理石、白云石或其他石料加工而成，并以金属或石料撞击时不发生火花为合格；砂应质地坚硬、表面粗糙，其粒径宜为 0.15～5mm，含泥量不应大于 3%，有机物含量不应大于 0.5%；水泥应采用普通硅酸盐水泥，其强度等级不应小于 32.5；面层分格的嵌条应采用不发生火花的材料配制。配制时应随时检查，不得混入金属或其他易发生火花的杂质。

检验方法：观察检查和检查材质合格证明文件及检测报告。

(2) 不发火（防爆的）面层的强度等级应符合设计要求。

检验方法：观察配合比通知单和检测报告。

(3) 面层与下一层应结合牢固，无空鼓、无裂纹。

检验方法：用小锤轻击检查。

注：空鼓面积不应大于 400cm^2，且每自然间（标准间）不多于 2 处可不计。

(4) 不发火（防爆的）面层的试件，必须检验合格。

检验方法：检查检测报告。

2. 一般项目

(1) 面层表面应密实，无裂缝、蜂窝、麻面等缺陷。

检验方法：观察检查。

(2) 踢脚线与墙面应紧密结合、高度一致、出墙厚度均匀。

检验方法：用小锤轻击、钢尺和观察检查。

(3) 不发火（防爆的）面层的允许偏差应符合表 4-3 的规定。

检验方法：应按表 4-3 中的检验方法检验。

第四节　板块面层铺设

板块面层包括砖面层、大理石面层和花岗石面层、预制板块面层、料石面层、塑料板面层、活动地板面层和地毯面层等面层分项工程。板块面层质量的好坏，直接影响到整体建筑工程的质量，最终也就会影响到整个工程的经济效益。因此，在板块面层铺设施工过程中，加强质量管理显得尤为重要。

一、一般规定

(1) 铺设板块面层时，其水泥类基层的抗压强度不得小于 1.2MPa。

(2) 铺设板块面层的结合层和板块间的填缝采用水泥砂浆，应符合下列规定：

1) 配制水泥砂浆应采用硅酸盐水泥、普通硅酸盐水泥或矿渣硅酸盐水泥；其水泥强度等级不宜小于 32.5。

2) 配制水泥砂浆的砂应符合国家现行行业标准《普通混凝土用砂质量标准及检验方法》(JGJ 52) 的规定。

3) 配制水泥砂浆的体积比（或强度等级）应符合设计要求。

（3）结合层和板块面层填缝的沥青胶结材料应符合国家现行有关产品标准和设计要求。

（4）板块的铺砌应符合设计要求，当设计无要求时，宜避免出现板块小于1/4边长的边角料。

（5）铺设水泥混凝土板块、水磨石板块、水泥花砖、陶瓷锦砖、陶瓷地砖、缸砖、料石、大理石和花岗石面层等的结合层和填缝的水泥砂浆，在面层铺设后，表面应覆盖、湿润，其养护时间不应少于7d。

当板块面层的水泥砂浆结合层的抗压强度达到设计要求后，方可正常使用。

（6）板块类踢脚线施工时，不得采用石灰砂浆打底。

（7）板、块面层的允许偏差应符合表4-4的规定。

表4-4　板、块面层的允许偏差和检验方法　单位：mm

项次	项目	允许偏差											检验方法
		陶瓷锦砖面层、高级水磨石板、陶瓷地砖面层	缸砖面层	水泥花砖面层	水磨石板块面层	大理石面层和花岗石面层	塑料板面层	水泥混凝土板块面层	碎拼大理石、碎拼花岗石面层	活动地板面层	条石面层	块石面层	
1	表面平整度	2.0	4.0	3.0	3.0	1.0	2.0	4.0	3.0	2.0	10.0	10.0	用2m靠尺和楔形塞尺检查
2	缝格平直	3.0	3.0	3.0	3.0	2.0	3.0	3.0	—	2.5	8.0	8.0	拉5m线和用钢尺检查
3	接缝高低差	0.5	1.5	0.5	1.0	0.5	0.5	1.5	—	0.4	2.0	—	用钢尺和楔形塞尺检查
4	踢脚线上口平直	3.0	4.0	—	4.0	1.0	2.0	4.0	1.0	—	—	—	拉5m线和用钢尺检查
5	板块间隙宽度	2.0	2.0	2.0	2.0	1.0	—	6.0	—	0.3	5.0	—	用钢尺检查

二、砖面层

（1）砖面层采用陶瓷锦砖、缸砖、陶瓷地砖和水泥花砖，应在结合层上铺设。

（2）有防腐蚀要求的砖面层采用的耐酸瓷砖、浸渍沥青砖、缸砖的材质、铺设以及施工质量验收应符合现行国家标准《建筑防腐蚀工程施工及验收规范》（GB 50212）的规定。

（3）在水泥砂浆结合层上铺贴缸砖、陶瓷地砖和水泥花砖面层时，应符合下列规定：

1）在铺贴前，应对砖的规格尺寸、外观质量、色泽等进行预选，浸水湿润晾干待用。

2）勾缝和压缝应采用同品种、同强度等级、同颜色的水泥，并做养护和保护。

（4）在水泥砂浆结合层上铺贴陶瓷锦砖面层时，砖底面应洁净，每联陶瓷锦砖之间、与结合层之间以及在墙角、镶边和靠墙处，应紧密贴合。在靠墙处不得采用砂浆填补。

(5) 在沥青胶结料结合层上铺贴缸砖面层时，缸砖应干净，铺贴时应在摊铺热沥青胶结料上进行，并应在胶结料凝结前完成。

(6) 采用胶粘剂在结合层上粘贴砖面层时，胶粘剂选用应符合现行国家标准《民用建筑工程室内环境污染控制规范》(GB 50325) 的规定。

1. 主控项目

(1) 面层所用的板块的品种、质量必须符合设计要求。

检验方法：观察检查和检查材质合格证明文件及检测报告。

(2) 面层与下一层的结合（粘接）应牢固，无空鼓。

检验方法：用小锤轻击检查。

注：凡单块砖边角有局部空鼓，且每自然间（标准间）不超过总数的5%可不计。

2. 一般项目

(1) 砖面层的表面应洁净、图案清晰，色泽一致，接缝平整，深浅一致，周边顺直。板块无裂纹、掉角和缺楞等缺陷。

检验方法：观察检查。

(2) 面层邻接处的镶边用料及尺寸应符合设计要求，边角整齐、光滑。

检验方法：观察和用钢尺检查。

(3) 踢脚线表面应洁净、高度一致、结合牢固、出墙厚度一致。

检验方法：观察和用小锤轻击及钢尺检查。

(4) 楼梯踏步和台阶板块的缝隙宽度应一致、齿角整齐；楼层梯段相邻踏步高度差不应大于10mm；防滑条顺直。

检查方法：观察和用钢尺检查。

(5) 面层表面的坡度应符合设计要求，不倒泛水、无积水；与地漏、管道结合处应严密牢固，无渗漏。

检验方法：观察、泼水或坡度尺及蓄水检查。

(6) 砖面层的允许偏差应符合表4-4的规定。

检验方法：应按表4-4中的检验方法检验。

三、大理石面层和花岗石面层

(1) 大理石、花岗石面层采用天然大理石、花岗石（或碎拼大理石、碎拼花岗石）板材应在结合层上铺设。

(2) 天然大理石、花岗石的技术等级、光泽度、外观等质量要求应符合国家现行行业标准《天然大理石建筑板材》(JC 79)、《天然花岗石建筑板材》(JC 205) 的规定。

(3) 板材有裂缝、掉角、翘曲和表面有缺陷时应予剔除，品种不同的板材不得混杂使用；在铺设前，应根据石材的颜色、花纹、图案、纹理等按设计要求，试拼编号。

(4) 铺设大理石、花岗石面层前，板材应浸湿、晾干；结合层与板材应分段同时铺设。

1. 主控项目

(1) 大理石、花岗石面层所用板块的品种、质量应符合设计要求。

检验方法：观察检查和检查材质合格记录。

（2）面层与下一层应结合牢固，无空鼓。

检验方法：用小锤轻击检查。

注：凡单块板块边角有局部空鼓，且每自然间（标准间）不超过总数的5%可不计。

2. 一般项目

（1）大理石、花岗石面层的表面应洁净、平整、无磨痕，且应图案清晰、色泽一致、接缝均匀、周边顺直、镶嵌正确、板块无裂纹、掉角、缺楞等缺陷。

检验方法：观察检查。

（2）踢脚线表面应洁净，高度一致、结合牢固、出墙厚度一致。

检验方法：观察和用小锤轻击及钢尺检查。

（3）楼梯踏步和台阶板块的缝隙宽度应一致、齿角整齐，楼层梯段相邻踏步高度差不应大于10mm，防滑条应顺直、牢固。

检验方法：观察和用钢尺检查。

（4）面层表面的坡度应符合设计要求，不倒泛水、无积水；与地漏、管道结合处应严密牢固，无渗漏。

检验方法：观察、泼水或坡度尺及蓄水检查。

（5）大理石和花岗石面层（或碎拼大理石、碎拼花岗石）的允许偏差应符合表4-4的规定。

检验方法：应按表4-4中的检验方法检验。

四、预制板块面层

预制板块面层采用水泥混凝土板块、水磨石板块应在结合层上铺设。

水泥混凝土板块面层的缝隙，应采用水泥浆（或砂浆）填缝；彩色混凝土板块和水磨石板块应用同色水泥浆（或砂浆）擦缝。

1. 主控项目

（1）预制板块的强度等级、规格、质量应符合设计要求；水磨石板块尚应符合国家现行行业标准《建筑水磨石制品》（JC 507）的规定。

检验方法：观察检查和检查材质合格证明文件及检测报告。

（2）面层与下一层应结合牢固、无空鼓。

检验方法：用小锤轻击检查。

注：凡单块板块料边角有局部空鼓，且每自然间（标准间）不超过总数的5%可不计。

2. 一般项目

（1）预制板块表面应无裂缝、掉角、翘曲等明显缺陷。

检验方法：观察检查。

（2）预制板块面层应平整洁净，图案清晰，色泽一致，接缝均匀，周边顺直，镶嵌正确。

检验方法：观察检查。

（3）面层邻接处的镶边用料尺寸应符合设计要求，边角整齐、光滑。

检验方法：观察和钢尺检查。

(4) 踢脚线表面应洁净、高度一致、结合牢固、出墙厚度一致。

检验方法：观察和用小锤轻击及钢尺检查。

(5) 楼梯踏步和台阶板块的缝隙宽度一致、齿角整齐，楼层梯段相邻踏步高度差不应大于10mm，防滑条顺直。

检验方法：观察和钢尺检查。

(6) 水泥混凝土板块和水磨石板块面层的允许偏差应符合表4-4的规定。

检验方法：应按表4-4中的检验方法检验。

五、料石面层

(1) 料石面层采用的天然条石和块石应在结合层上铺设。

(2) 条石和块石面层所用的石材的规格、技术等级和厚度应符合设计要求。条石的质量应均匀，形状为矩形六面体，厚度为80～120mm；块石形状为直棱柱体，顶面粗琢平整，底面面积不宜小于顶面面积的60%，厚度为100～150mm。

(3) 不导电的料石面层的石料应采用辉绿岩石加工制成。填缝材料亦采用辉绿岩石加工的砂嵌实。耐高温的料石面层的石料，应按设计要求选用。

(4) 块石面层结合层铺设厚度：砂垫层不应小于60mm；基土层应为均匀密实的基土或夯实的基土。

1. 主控项目

(1) 面层材质应符合设计要求；条石的强度等级应大于MU60，块石的强度等级应大于MU30。

检验方法：观察检查和检查材质合格证明文件及检测报告。

(2) 面层与下一层应结合牢固、无松动。

检验方法：观察检查和用锤击检查。

2. 一般项目

(1) 条石面层应组砌合理，无十字缝，铺砌方向和坡度应符合设计要求；块石面层石料缝隙应相互错开，通缝不超过两块石料。

检验方法：观察和用坡度尺检查。

(2) 条石面层和块石面层的允许偏差应符合表4-4的规定。

检验方法：应按表4-4中的检验方法检验。

六、塑料板面层

(1) 塑料板面层应采用塑料板块材、塑料板焊接、塑料卷材以胶粘剂在水泥类基层上铺设。

(2) 水泥类基层表面应平整、坚硬、干燥、密实、洁净、无油脂及其他杂质，不得有麻面、起砂、裂缝等缺陷。

(3) 胶粘剂选用应符合现行国家标准《民用建筑工程室内环境污染控制规范》(GB 50325) 的规定。其产品应按基层材料和面层材料使用的兼容性要求，通过试验确定。

1. 主控项目

(1) 塑料板面层所用的塑料板块和卷材的品种、规格、颜色、等级应符合设计要求和现行国家标准的规定。

检验方法：观察检查和检查材质合格证明文件及检测报告。

（2）面层与下一层的粘接应牢固，不翘边、不脱胶、无溢胶。

检验方法：观察检查和用敲击及钢尺检查。

注：卷材局部脱胶处面积不应大于 $20cm^2$，且相隔间距大于或等于 50cm 可不计；凡单块板块料边角局部脱胶处且每自然间（标准间）不超过总数的 5%者可不计。

2. 一般项目

（1）塑料板面层应表面洁净，图案清晰，色泽一致，接缝严密、美观。拼缝处的图案、花纹吻合，无胶痕；与墙边交接严密，阴阳角收边方正。

检验方法：观察检查。

（2）板块的焊接，焊缝应平整、光洁，无焦化变色、斑点、焊瘤和起鳞等缺陷，其凹凸允许偏差为±0.6mm。焊缝的抗拉强度不得小于塑料板强度的 75%。

检验方法：观察检查和检查检测报告。

（3）镶边用料应尺寸准确、边角整齐、拼缝严密、接缝顺直。

检验方法：用钢尺和观察检查。

（4）塑料板面层的允许偏差应符合表 4－4 的规定。

检验方法：应按表 4－4 中的检验方法检验。

七、活动地板面层

（1）活动地板面层用于防尘和防静电要求的专业用房的建筑地面工程。采用特制的平压刨花板为基材，表面饰以装饰板和底层用镀锌板经粘接胶合组成的活动地板块，配以横梁、橡胶垫条和可供调节高度的金属支架组装成架空板铺设在水泥类面层（或基层）上。

（2）活动地板所有的支座柱和横梁应构成框架一体，并与基层连接牢固；支架抄平后高度应符合设计要求。

（3）活动地板面层包括标准地板、异形地板和地板附件（即支架和横梁组件）。采用的活动地板块应平整、坚实，面层承载力不得小于 7.5MPa，其系统电阻：A 级板为 $1.0\times10^5\sim1.0\times10^8\Omega$；B 级板为 $1.0\times10^5\sim1.0\times10^{10}\Omega$。

（4）活动地板面层的金属支架应支承在现浇水泥混凝土基层（或面层）上，基层表面应平整、光洁、不起灰。

（5）活动板块与横梁接触搁置处应达到四角平整、严密。

（6）当活动地板不符合模数时，其不足部分在现场根据实际尺寸将板块切割后镶补，并配装相应的可调支撑和横梁。切割边不经处理不得镶补安装，并不得有局部膨胀变形情况。

（7）活动地板在门口处或预留洞口处应符合设置构造要求，四周侧边应用耐磨硬质板材封闭或用镀锌钢板包裹，胶条封边应符合耐磨要求。

1. 主控项目

（1）面层材质必须符合设计要求，且应具有耐磨、防潮、阻燃、耐污染、耐老化和导静电等特点。

检验方法：观察检查和检查材质合格证明文件及检测报告。

(2) 活动地板面层应无裂纹、掉角和缺楞等缺陷。行走无声响、无摆动。

检验方法：观察和脚踩检查。

2. 一般项目

(1) 活动地板面层应排列整齐、表面洁净、色泽一致、接缝均匀、周边顺直。

检验方法：观察检查。

(2) 活动地板面层的允许偏差应符合表 4-4 的规定。

检验方法：应按表 4-4 中的检验方法检验。

八、地毯面层

(1) 地毯面层采用方块、卷材地毯在水泥类面层（或基层）上铺设。

(2) 水泥类面层（或基层）表面应坚硬、平整、光洁、干燥，无凹坑、麻面、裂缝，并应清除油污、钉头和其他突出物。

(3) 海绵衬垫应满铺平整，地毯拼缝处不露底衬。

(4) 固定式地毯铺设应符合下列规定：

1) 固定地毯用的金属卡条（倒刺板）、金属压条、专用双面胶带等必须符合设计要求。

2) 铺设的地毯张拉应适宜，四周卡条固定牢。

3) 门口处应用金属压条等固定。

4) 地毯周边应塞入卡条和踢脚线之间的缝中。

5) 粘贴地毯应用胶粘剂与基层粘接牢固。

(5) 活动式地毯铺设应符合下列规定：

1) 地毯拼成整块后直接铺在洁净的地上，地毯周边应塞入踢脚线上。

2) 与不同类型的建筑地面连接处，应按设计要求收口。

3) 小方块地毯铺设，块与块之间应挤紧服帖。

(6) 楼梯地毯铺设，每梯段顶级地毯应用压条固定于平台上，每级阴角处应用卡条固定牢。

1. 主控项目

(1) 地毯的品种、规格、颜色、花色、胶料和辅料及其材质必须符合设计要求和国家现行地毯产品标准的规定。

检验方法：观察检查和检查材质合格记录。

(2) 地毯表面应平服、拼缝处粘接牢固、严密平整、图案吻合。

检验方法：观察检查。

2. 一般项目

(1) 地毯表面不应起鼓、起皱、翘边、卷边、显拼缝、露线和地毛边，绒面毛顺光一致，毯面干净，无污染和损伤。

检验方法：观察检查。

(2) 地毯同其他面层连接处、收口处和墙边、柱子周围应顺直、压紧。

检验方法：观察检查。

第五节　木（竹）面层铺设

近年来，木（竹）地板这一比较昂贵的装饰材料已经开始进入一般居民家庭，并呈逐步普及之势。这主要取决于木（竹）地板的自然、美观、保温、脚感舒适和隔音效果好，具有防腐、防潮和防静电等性能。但是，木（竹）面层铺设常因木板自身质量、规格、施工程序、气候、设计者水平等因素影响，较容易出现地板缝不严、地板拱起等问题，因此施工中应加强质量监控，防范质量缺陷。

木（竹）面层包括实木地板面层、实木复合地板面层、中密度（强化）复合地板面层、竹地板面层等（包括免刨免漆类）分项工程。

一、一般规定

（1）木（竹）地板面层下的木搁栅、垫木、毛地板等采用木材的树种、选材标准和铺设时木材含水率以及防腐、防蛀处理等，均应符合现行国家标准《木结构工程施工质量验收规范》（GB 50206）的有关规定。所选用的材料，进场时应对其断面尺寸、含水率等主要技术指标进行抽检，抽检数量应符合产品标准的规定。

（2）与厕浴间、厨房等潮湿场所相邻木（竹）面层连接处应做防水（防潮）处理。

（3）木（竹）面层铺设在水泥类基层上，其基层表面应坚硬、平整、洁净、干燥、不起砂。

（4）建筑地面工程的木（竹）面层搁栅下架空结构层（或构造层）的质量检验，应符合相应国家现行标准的规定。

（5）木（竹）面层的通风构造层包括室内通风沟、室外通风窗等，均应符合设计要求。

（6）木（竹）面层的允许偏差应符合表4-5的规定。

表4-5　木（竹）面层的允许偏差和检验方法　单位：mm

<table>
<tr><th rowspan="3">项次</th><th rowspan="3">项　目</th><th colspan="4">允许偏差</th><th rowspan="3">检验方法</th></tr>
<tr><th colspan="3">实木地板面层</th><th rowspan="2">实木复合地板、中密度（强化）复合地板面层、竹地板面层</th></tr>
<tr><th>松木地板</th><th>硬木地板</th><th>拼花地板</th></tr>
<tr><td>1</td><td>板面缝隙宽度</td><td>1.0</td><td>0.5</td><td>0.2</td><td>0.5</td><td>用钢尺检查</td></tr>
<tr><td>2</td><td>表面平整度</td><td>3.0</td><td>2.0</td><td>2.0</td><td>2.0</td><td>用2m靠尺和楔形塞尺检查</td></tr>
<tr><td>3</td><td>踢脚线上口平齐</td><td>3.0</td><td>3.0</td><td>3.0</td><td>3.0</td><td rowspan="2">拉5m通线，不足5m拉通线和用钢尺检查</td></tr>
<tr><td>4</td><td>板面拼缝平直</td><td>3.0</td><td>3.0</td><td>3.0</td><td>3.0</td></tr>
<tr><td>5</td><td>相邻板材高差</td><td>0.5</td><td>0.5</td><td>0.5</td><td>0.5</td><td>用钢尺和楔形塞尺检查</td></tr>
<tr><td>6</td><td>踢脚线与面层的接缝</td><td colspan="4">1.0</td><td>楔形塞尺检查</td></tr>
</table>

二、实木地板面层

实木地板面层采用条材和块材实木地板或采用拼花实木地板，以空铺或实铺方式在基层上铺设。

（1）实木地板面层可采用双层面层和单层面层铺设，其厚度应符合设计要求。实木地板面层的条材和块材应采用具有商品检验合格证的产品，其产品类别、型号、适用树种、检验规则以及技术条件等均应符合现行国家标准《实木地板块》（GB/T 15036.1～6）的规定。

（2）铺设实木地板面层时，其木搁栅的截面尺寸、间距和稳固方法等均应符合设计要求。木搁栅固定时，不得损坏基层和预埋管线。木搁栅应垫实钉牢，与墙之间应留出30mm的缝隙，表面应平直。

（3）毛地板铺设时，木材髓心应向上，其板间缝隙不应大于3mm，与墙之间应留8～12mm空隙，表面应刨平。

（4）实木地板面层铺设时，面板与墙之间应留8～12mm缝隙。

（5）采用实木制作的踢脚线，背面应抽槽并做防腐处理。

1. 主控项目

（1）实木地板面层所采用的材质和铺设时的木材含水率必须符合设计要求。木搁栅、垫木和毛地板等必须做防腐、防蛀处理。

检验方法：观察检查和检查材质合格证明文件及检测报告。

（2）木搁栅安装应牢固、平直。

检验方法：观察、脚踩检查。

（3）面层铺设应牢固；粘接无空鼓。

检验方法：观察、脚踩或用小锤轻击检查。

2. 一般项目

（1）实木地板面层应刨平、磨光，无明显刨痕和毛刺等现象；图案清晰、颜色均匀一致。

检验方法：观察、手摸和脚踩检查。

（2）面层缝隙应严密；接头位置应错开、表面洁净。

检验方法：观察检查。

（3）拼花地板接缝应对齐，粘、钉严密；缝隙宽度均匀一致；表面洁净，胶粘无溢胶。

检查方法：观察检查。

（4）踢脚线表面应光滑，接缝严密，高度一致。

检验方法：观察和钢尺检查。

（5）实木地板面层的允许偏差应符合表4-5的规定。

检验方法：应按表4-5中的检验方法检验。

三、实木复合地板面层

实木复合地板面层采用条材和块材实木复合地板或采用拼花实木复合地板，以空铺或实铺方式在基层上铺设。

（1）实木复合地板面层的条材和块材应采用具有商品检验合格证的产品，其技术等级及质量要求均应符合国家现行标准的规定。

（2）铺设实木复合地板面层时，其木搁栅的截面尺寸、间距和稳固方法等均应符合设计要求。木搁栅固定时，不得损坏基层和预埋管线。木搁栅应垫实钉牢，与墙之间应留出30mm缝隙，表面应平直。

（3）实木复合地板面层可采用整贴和点贴法施工。粘贴材料应采用具有耐老化、防水和防菌、无毒等性能的材料，或按设计要求选用。

（4）实木复合地板面层下衬垫的材质和厚度应符合设计要求。

（5）实木复合地板面层铺设时，相邻板材接头位置应错开不小于300mm距离；与墙之间应留不小于10mm空隙。

（6）大面积铺设实木复合地板面层时，应分段铺设，分层缝的处理应符合设计要求。

1. 主控项目

（1）实木复合地板面层所采用的条材和块材，其技术等级及质量要求应符合设计要求。木搁栅、垫木和毛地板等必须做防腐、防蛀处理。

检验方法：观察检查和检查材质合格证明文件及检测报告。

（2）木搁栅安装应牢固、平直。

检验方法：观察、脚踩检查。

（3）面层铺设应牢固；粘贴无空鼓。

检验方法：观察、脚踩或用小锤轻击检查。

2. 一般项目

（1）实木复合地板面层图案和颜色应符合设计要求，图案清晰，颜色一致，板面无翘曲。

检验方法：观察、用2m靠尺和楔形塞尺检查。

（2）面层的接头应错开、缝隙严密、表面洁净。

检验方法：观察检查。

（3）踢脚线表面光滑，接缝严密，高度一致。

检验方法：观察和钢尺检查。

（4）实木复合地板面层的允许偏差应符合表4－5的规定。

检验方法：应按表4－5中的检验方法检验。

四、中密度（强化）复合地板面层

中密度（强化）复合地板面层的材料以及面层下的板或衬垫等材质应符合设计要求，并采用具有商品检验合格证的产品，其技术等级及质量要求均应符合国家现行标准的规定。

中密度（强化）复合地板面层铺设时，相邻条板端头应错开不小于300mm距离；衬垫层及面层与墙之间应留不小于10mm空隙。

1. 主控项目

（1）中密度（强化）复合地板面层所采用的材料，其技术等级及质量要求应符合设计要求。木搁栅、垫木和毛地板等应做防腐、防蛀处理。

检验方法：观察检查和检查材质合格证明文件及检测报告。

（2）木搁栅安装应牢固、平直。

检验方法：观察、脚踩检查。

（3）面层铺设应牢固。

检验方法：观察、脚踩检查。

2. 一般项目

(1) 中密度（强化）复合地板面层图案和颜色应符合设计要求，图案清晰，颜色一致，板面无翘曲。

检验方法：观察、用 2m 靠尺和楔形塞尺检查。

(2) 面层的接头应错开、缝隙严密、表面洁净。

检验方法：观察检查。

(3) 踢脚线表面应光滑，接缝严密，高度一致。

检验方法：观察和钢尺检查。

(4) 中密度（强化）复合木地板面层的允许偏差应符合表 4-5 的规定。

检验方法：应按表 4-5 中的检验方法检验。

五、竹地板面层

竹子具有纤维硬、密度大、水分少、不易变形等优点。竹地板应经严格选材、硫化、防腐、防蛀处理，并采用具有商品检验合格证的产品，其技术等级及质量要求均应符合国家现行行业标准《竹地板》(LY/T 1573) 的规定。

1. 主控项目

(1) 竹地板面层所采用的材料，其技术等级和质量要求应符合设计要求。木搁栅、毛地板和垫木等应做防腐、防蛀处理。

检验方法：观察检查和检查材质合格证明文件及检测报告。

(2) 木搁栅安装应牢固、平直。

检验方法：观察、脚踩检查。

(3) 面层铺设应牢固；粘贴无空鼓。

检验方法：观察、脚踩或用小锤轻击检查。

2. 一般项目

(1) 竹地板面层品种与规格应符合设计要求，板面无翘曲。

检验方法：观察、用 2m 靠尺和楔形塞尺检查。

(2) 面层缝隙应均匀、接头位置错开，表面洁净。

检验方法：观察检查。

(3) 踢脚线表面应光滑，接缝均匀，高度一致。

检验方法：观察和用钢尺检查。

(4) 竹地板面层的允许偏差应符合表 4-5 的规定。

检验方法：应按表 4-5 中的检验方法检验。

第六节　质量控制要点与工程验收要求

一、工程质量控制要点

1. 基层质量控制要点

(1) 检查基土土质，测定土质最佳干密度；施工要控制在最佳含水率下施工，要控制虚铺厚度，要确保分层压实，严禁大于50mm粒径的土块及冻土做回填，加强巡视抽查和分层隐检。

（2）灰土基层要注意生石灰的消解、过筛，摊铺前应严格按比例拌和灰土，在最佳含水率下摊铺，虚铺厚度应控制为150～250mm，且应分层压实。

（3）素混凝土基层（垫层，找平层），施工前应控制配合比，施工时应留置试块，铺筑后要做好养护（至少3d）。

2. 整体面层质量控制要点

（1）水泥砂浆面层应采用不低于325号硅酸盐水泥或普通硅酸水泥，严禁使用土水泥、过期水泥或混用不同品种、标号的水泥；砂子应用中砂或精砂，含泥量不大于3%，水泥砂浆稠度不大于3.5cm；混凝土用石子粒径不应大于15mm和面层厚度的2/3。

（2）施工前，要清理好底层、浇水湿润；铺设面层前应刷素水泥浆，且应随刷随铺，以防止空鼓。

（3）按工艺要求压光。一般要求三遍成活。第二次压光应在终凝前进行。水泥地面压光后（一般为12h后），进行洒水养护，连续养护的时间不应少于7昼夜，以防止起砂、不耐磨。

3. 板块面层质量控制要点

（1）面层所用板块（预制水磨石、大理石、花岗石釉面砖等）的品种、花色、质量均应符合设计要求和国家有关验收规范。对大理石和花岗岩板材的技术等级、光泽度和外观进行验收。地板块质量也应符合现行国家产品标准。

（2）在铺设前，按设计要求，根据板块的颜色、花纹、图案纹理试拼，并编号；剔除有裂缝、掉角、翘曲、拱背或表面上有缺陷的板块。品种不同板块不应混杂使用。

（3）为防止空鼓，基层应清理干净，充分湿润，在表面稍晾干后再进行铺设；铺设应用干硬性砂浆，水泥与砂子配比为1∶2（体积比）；相应的砂浆强度为2MPa，砂浆稠度为25～35mm。铺设前应在基层刷一层素灰（严禁一次铺砌成活）。

（4）在图纸会审时，应审查和调整各层标高，以防止接缝不平，特别是在门口与楼道相接处出现接缝不平。

4. 木（竹）面层质量控制要点

（1）硬木地板面层所用材料的含水率必须符合设计要求，木搁栅、垫木、毛地板等必须做防腐、防蛀处理。

（2）木搁栅应垫实钉牢，与墙之间应留30mm缝隙，表面要平直，固定应采用在混凝土内预埋膨胀螺栓固定，或采用在混凝土内钉木楔铁钉固定，不宜用铁丝固定。

（3）面层铺设牢固，粘接无空鼓，木（竹）面层铺设时，必须注意其心材朝上，木（竹）地板靠近髓心处颜色较深的部分，即为心材，心材具有含水量较少，木质坚硬，不易产生翘曲变形。

（4）木（竹）地板面层应分刨平、磨光、刨光三次进行，要注意必须顺着木纹方向进行，刨去厚度不宜超过1.5mm，以刨平刨光为度，无明显刨痕和毛刺现象，之后用砂纸磨光，要求图案清晰、颜色均匀。

（5）面层缝隙严密，接头位置符合设计要求，表面洁净，木（竹）地板四周离墙应保证有 10～20mm 的缝隙。

二、工程验收要求

(1) 建筑地面工程施工质量中各类面层子分部工程的面层铺设与其相应的基层铺设的分层工程施工质量检验应全部合格。

(2) 建筑地面工程子分部工程质量验收应检查下列工程质量文件和记录：

1) 建筑地面工程设计图纸和变更文件等。

2) 原材料的出厂检验报告和质量合格保证文件、材料进场检（试）验报告（含抽样报告）。

3) 各层的强度等级、密实度等试验报告和测定记录。

4) 各类建筑地面工程施工质量控制文件。

5) 各构造层的隐蔽验收及其他有关验收文件。

(3) 建筑地面工程子分部工程质量验收应检查下列安全和功能项目：

1) 有防水要求的建筑地面子分部工程的分项工程施工质量的蓄水检验记录，并抽查复验认定。

2) 建筑地面板块面层铺设子分部工程和木、竹面层铺设子分部工程采用的天然石材、胶粘剂、沥青胶结料和涂料等材料证明资料。

(4) 建筑地面工程子分部工程观感质量综合评价应检查下列项目：

1) 变形缝的位置和宽度以及填缝质量应符合规定。

2) 室内建筑地面工程按各子分部工程经抽查分别作出评价。

3) 楼梯、踏步等工程项目经抽查分别作出评价。

思考与训练

一、判断题（正确在括号中打“√”，错误在括号中打“×”）

1. 填土应分层压（夯）实，填土质量应符合《建筑地基基础工程施工质量验收规范》(GB 50202—2002) 的有关规定。(　　)

2. 重要工程或大面积的地面填土前，应取土样，按击实试验确定最优含水量与相应的最小干密度。(　　)

3. 基层铺设，灰土垫层应采用熟化石灰与黏土（或粉质黏土、粉土）的拌和料铺设，其厚度不应小于 150mm。(　　)

4. 基层铺设中砂垫层厚度不应小于 60mm，砂石垫层厚度不应小于 100mm。(　　)

5. 基层铺设时，砂石垫层中砂石应选用天然级配材料，铺设时不应有粗细颗粒分离现象，压（夯）至不松动为止。(　　)

6. 基层铺设中，碎石垫层和碎砖垫层厚度不应小于 50mm。(　　)

7. 三合土垫层采用石灰、砂（可掺入少量黏土）与碎砖的拌和料铺设，其厚度不应小于 50mm。(　　)

8. 水泥混凝土施工质量检验还应符合《混凝土结构工程施工质量验收规范》(GB

50204—2015）的有关规定。（　　）

9. 水泥混凝土面层铺设不得留施工缝。当施工间隙超过允许时间规定时，应对接槎处进行处理。（　　）

10. 水泥砂浆面层的厚度应符合设计要求，且不应小于15mm。（　　）

11. 水磨石面层应采用水泥与石粒拌和料铺设。面层厚度除有特殊要求外，宜为12～15mm，且按石粒粒径确定。（　　）

12. 水泥钢（铁）屑面层应采用水泥与钢（铁）屑的拌和料铺设。水泥钢（铁）屑面层是我国应用较晚的普通型耐磨地面。（　　）

13. 防油渗混凝土面层厚度应符合设计要求，防油渗混凝土的配合比应按设计要求的强度等级和抗渗性能通过试验确定。（　　）

14. 防油渗混凝土的强度等级和抗渗性能必须符合设计要求，且强度等级不应小于C30；防油渗涂料抗拉粘结强度不应小于0.2MPa。（　　）

15. 不发火（防爆的）面层采用石料和硬化后的试件，应在金刚砂轮上做摩擦试验。（　　）

16. 常见的整体地面有水泥砂浆地面、水泥石屑地面、水磨石地面等。（　　）

17. 板块面层铺设包括砖面层、大理石面层和花岗石面层、预制板块面层、料石面层、塑料板面层、活动地板面层和水磨石面层等面层铺设。（　　）

18. 在板块面层铺设中，有防腐蚀要求的砖面层采用的耐酸瓷砖、浸渍沥青砖、缸砖的材质、铺设以及施工质量验收应符合《建筑防腐蚀工程施工质量验收规范》（GB 50224—2010）的规定。（　　）

19. 天然大理石、花岗石的技术等级、光泽度、外观等质量要求应符合《天然大理石建筑板材》（GB/T 19766—2005）、《天然花岗石建筑板材》（GB/T 18601—2009）的规定。（　　）

20. 预制板块面层采用水泥混凝土板块、水磨石板块应在结合层上铺设。（　　）

21. 常用块材类地面有陶瓷地砖、陶瓷锦砖、彩色水泥砖、大理石板、花岗石板等。（　　）

22. 实木地板面层所采用的材质和铺设时的木材含水率必须符合设计要求。木搁栅、垫木和毛地板等可以不必做防腐、防蛀处理。（　　）

23. 大面积铺设实木复合地板面层时，应分段铺设，分段缝的处理应符合设计要求。（　　）

24. 中密度（强化）复合地板面层的材料以及面层下的板或衬垫等材质应符合设计要求，并采用具有商品检验合格证的产品，其技术等级及质量要求均应符合国家现行标准的规定。（　　）

25. 竹地板面层的铺设应按竹面层铺设特殊的规定执行。（　　）

26. 建筑工程的厕浴间、厨房及有防水、防潮要求的建筑地面与木、竹地面应有建筑标高差，其标高差必须符合设计要求。（　　）

27. 木、竹面层的面层构造层、架空构造层、通风等设计与施工是组成建筑木、竹地面的三大要素，其设计与施工质量结果直接影响建筑木、竹地面的正常使用功能、耐久程

度及环境保护效果。( )

28. 木地板因其不起灰、不返潮、易清洁、弹性和保温性好的特点，常用于高级住宅、宾馆、体育馆、健身房、剧院舞台等建筑中。( )

29. 木搁栅和木板背面满涂氟化钠防腐剂；木板与四周墙体留 5～10mm 间隙。( )

30. 粘贴式木地面是用粘接剂或 XY401 胶粘剂直接将木地板粘贴在找平层上。如果为底层地面，则应在找平层上做防潮层，或直接用沥青砂浆找平。( )

二、单选题

1. 基土表面的厚度偏差允许在个别地方不大于设计厚度的 1/10，其检验方法是（ ）。

A. 观察检查　　B. 用水准仪检查

C. 用坡度尺检查　　D. 用钢尺检查

2. 基土眼严禁用含有有机物大于（ ）的土作为填土。

A. 5%　　B. 6%　　C. 7%　　D. 8%

3. 基层填充层中松散材料表面平整度的允许偏差为（ ）。

A. 2　　B. 3　　C. 5　　D. 6

4. 基层隔离层中防水、防潮、防油渗透的标高允许偏差为（ ）。

A. ±4　　B. ±5　　C. ±8　　D. ±10

5. 质量验收时，砂垫层和砂石垫层表面不应有砂窝、石堆等质量缺陷，其检验方法是（ ）。

A. 击实试验　　B. 环刀取样试验

C. 观察试验　　D. 检查实验记录

6. 质量验收时，熟化石灰颗粒粒径不得大于 5mm，黏土（或粉质黏土、粉土）内不得含有有机物质，颗粒粒径不得大于 15mm，其检验方法是（ ）。

A. 检查实验记录　　B. 检查材质合格记录

C. 检查配合比通知单记录　　D. 用坡度尺检查

7. 砂和砂石不得含有草根等有机杂质；砂应采用中砂；石子最大粒径不得大于垫层厚度的 2/3，其检验方法错误的是（ ）。

A. 观察检查　　B. 检查材质合格证明文件

C. 检查实验记录　　D. 检查材质检测报告

8. 三合土垫层中，三合土体积比应符合设计要求，其检验方法是（ ）。

A. 观察检查和检查配合比通知单记录

B. 检查材质合格证明文件

C. 检查试验记录

D. 用水准仪检查

9. 炉渣垫层采用（ ）的拌和料铺设，其厚度不应小于 80mm。

A. 石灰、砂（可掺入少量黏土）与碎砖

B. 炉渣或水泥与炉渣或水泥、石灰与炉渣

C. 熟化石灰与黏土（或粉质黏土、粉土）

D. 水泥砂浆与水泥混凝土

10. 下列选项中，关于炉渣垫层，说法错误的是（　　）。

A. 炉渣或水泥渣垫层的炉渣，使用前应浇水闷透

B. 水泥石灰炉渣垫层的炉渣，使用前应用石灰浆或用熟化石灰浇水拌和闷透

C. A、B 选项的闷透时间均不得少于 4d

D. 在垫层铺设前，其下一层应湿润，铺设时应分层压实，铺设后应养护，待其凝结后方可进行下一道工序施工

11. 炉渣内不应含有有机杂质和未燃尽的煤块，颗粒粒径不应大于 40mm，且颗粒粒径在 5mm 及其以下的颗粒，不得超过总体积的 40%，熟化石灰颗粒粒径不得大于 5mm，其检验方法不正确的是（　　）。

A. 观察检查　　　　B. 用小锤轻击检查

C. 检查材质合格证明文件　　　　D. 检查材质检测报告

12. 在预制钢筋混凝土板上铺设找平层前，板缝填嵌的施工应符合相关要求，下列说法中，错误的是（　　）。

A. 预制钢筋混凝土板相邻缝底宽不应小于 15mm

B. 填嵌时，板缝内应清理干净，保持湿润

C. 填缝采用细石混凝土，其强度等级不得小于 C20。填缝高度应低于板面 10～20mm，且振捣密实，表面不应压光；填缝后应养护

D. 当板缝底宽大于 40mm 时，应按设计要求配置钢筋

13. 找平层与其下一层结合牢固，不得有空鼓，其检验方法正确的是（　　）。

A. 观察检查　　　　B. 用水准仪检查

C. 用小锤轻击检查　　　　D. 用坡度尺检查

14. 找平层表面应密实，不得有起砂、蜂窝和裂缝等缺陷，其检验方法正确的是（　　）。

A. 观察检查　　　　B. 蓄水、泼水检验

C. 检查配合比通知单　　　　D. 检查检测报告

15. 隔离层的材料，其材质应经有资质的检测单位认定，下列选项中，说法错误的是（　　）。

A. 在水泥类找平层上铺设沥青类防水卷材、防水涂料或以水泥类材料作为防水隔离层时，其表面应坚固、洁净、干燥。铺设前，应涂刷基层处理剂

B. 基层处理剂应采用与卷材性能配套的材料或采用同类涂料的底子油

C. 当采用掺有防水剂的水泥类找平层作为防水隔离层时，其掺量和强度等级（或配合比）应符合设计要求

D. 隔离层施工质量检验应符合《屋面工程质量验收规范》(GB 50207—2012) 的有关规定

16. 隔离层的防水材料铺设后，必须作蓄水检验。蓄水深度应为（　　），（　　）内无渗漏为合格。

A. 20～30mm，12h　　　　B. 20～30mm，24h

C. 30～40mm，12h　　　　D. 30～40mm，24h

17. 下列选项中，不属于楼板层组成部分的是（　　）。

A. 面层　　B. 基层　　C. 结构层　　D. 顶棚

18. 下列选项中，不属于水泥混凝土面层主控项目的是（　　）。

A. 水泥混凝土采用的粗骨料，其最大粒径不应大于面层厚度的 2/3，细石混凝土面采用的石子粒径不应大于 15mm

B. 水泥砂浆踢脚线与墙面应紧密结合，高度一致，出墙厚度均匀

C. 面层的强度等级应符合设计要求，且水泥混凝土面层强度等级不应小于 C20；水泥混凝土垫层兼面层强度等级不应小于 C15

D. 面层与下一层应结合牢固，无空鼓、裂纹

19. 水泥混凝土面层表面的坡度应符合设计要求，不得有倒泛水和积水现象，其检验方法正确的是（　　）。

A. 用小锤轻击检查　　B. 观察和采用泼水

C. 用钢尺检查　　D. 用坡度尺检查

20. 质量验收时，水泥砂浆面层的主控项目不包括（　　）。

A. 水泥采用硅酸盐水泥、普通硅酸盐水泥，其强度等级不应小于 32.5，不同品种、不同强度等级的水泥严禁混用

B. 水泥砂浆面层的体积比（强度等级）必须符合设计要求，且体积比应为 1∶2，强度等级不应小于 15m

C. 面层表面的坡度应符合设计要求，不得有倒泛水和积水现象

D. 面层与下一层应结合牢固，无空鼓、裂纹

21. 水泥砂浆面层中的踢脚线与墙面应紧密结合，高度一致，出墙厚度均匀，其检验方法不正确的是（　　）。

A. 用小锤轻击　　B. 用钢尺检查

C. 观察和采用泼水　　D. 观察检查

22. 下列选项中，关于水泥砂浆面层质量验收的一般项目，说法错误的是（　　）。

A. 面层表面的坡度应符合设计要求，不得有倒泛水和积水现象

B. 面层表面应洁净，无裂纹、脱皮、麻面、起砂等缺陷

C. 踢脚线与墙面应紧密结合，高度一致，出墙厚度均匀

D. 楼梯踏步的宽度、高度应符合设计要求。楼层梯段相邻踏步高度差不应大于 10mm；每踏步两端宽度差不应大于 10mm；旋转楼梯梯段的每踏步两端宽度的允许偏差为 2mm。楼梯踏步的齿角应整齐，防滑条应顺直

23. 下列选项中，关于水磨石面层，说法错误的是（　　）。

A. 白色或浅色的水磨石面层，应采用白水泥

B. 水磨石面层的结合层的水泥砂浆体积比宜为 1∶3，相应的强度等级不应小于 10m，水泥砂浆稠度（以标准圆锥体沉入度计）宜为 30～40mm

C. 普通水磨石面层磨光遍数不应少于 3 遍，高级水磨石面层的厚度和磨光遍数由设计确定

D. 在水磨石面层磨光后，涂草酸和上蜡前，其表面不得污染

24. 下列选项中，不属于水磨石面层主控项目的是（　　）。

A. 水磨石面层的石粒，应采用坚硬可磨白云石、大理石等岩石加工而成，石粒应洁净无杂物

B. 水磨石面层拌和料的体积比应符合设计要求，且为（1∶1.5）～（1∶2.5）（水泥∶石粒）

C. 楼梯踏步的宽度、高度应符合设计要求，楼层梯段相邻踏步高度差不应大于10mm，每踏步两端宽度差不应大于10mm，旋转楼梯梯段的每踏步两端宽度的允许偏差为5mm

D. 面层与下一层结合应牢固，无空鼓、裂纹

25. 下列选项中，关于水泥混凝土面层楼梯踏步的高度和宽度，说法错误的是（　　）。

A. 楼层梯段相邻踏步高度差不应大于10mm

B. 每踏步两端宽度差不应大于10mm

C. 旋转梯梯段的每踏步两端宽度的允许偏差为10mm

D. 楼梯踏步的齿角应整齐，防滑条应顺直

26. 水泥砂浆面层中的踢脚线与墙面应紧密结合，高度一致，出墙厚度均匀，其检验方法错误的是（　　）。

A. 用小锤轻击检查　　B. 用钢尺检查

C. 观察检查　　D. 检查检测报告

27. 下列选项中，关于水泥钢屑面层的一般项目，说法错误的是（　　）。

A. 面层表面坡度应符合设计要求

B. 面层表面可以有裂纹，但不应有脱皮、麻面等缺陷

C. 踢脚线与墙面应结合牢固，高度一致，出墙厚度均匀

D. 水泥钢（铁）屑面层的允许偏差应符合一定规定

28. 下列选项中，不属于防油渗面层主控项目的是（　　）。

A. 防油渗混凝土所用的水泥应采用普通硅酸盐水泥，其强度等级应不小于32.5级

B. 碎石应采用花岗石或石英石，严禁使用松散多孔和吸水率大的石子，粒径为5～15mm，其最大粒径不应大于20mm，含泥量不应大于1%

C. 防油渗混凝土的强度等级和抗渗性能必须符合设计要求，且强度等级不应小于C30；防油渗涂料抗拉粘结强度不应小于0.3MPa

D. 防油渗面层表面坡度应符合设计要求，不得有倒泛水和积水现象

29. 在防油渗面层中，踢脚线与墙应紧密结合、高度一致，出墙厚度均匀，其检验方法错误的是（　　）。

A. 用小锤轻击检查　　B. 用水准仪检查

C. 用钢尺检查　　D. 观察检查

30. 在防油渗面层中，防油渗涂料面层与基层应粘接牢固，严禁有起皮、开裂、漏涂等缺陷，其检验方法是（　　）。

A. 检查配合比通知单　　B. 观察检查

C. 检查检验报告　　D. 用坡度尺检查

31. 下列选项中，关于不发火面层主控项目，说法错误的是（　　）。

A. 不发火（防爆的）面层采用的碎石应选用大理石、白云石或其他石料加工而成，并以金属或石料撞击时产生火花为合格

B. 不发火（防爆的）面层的强度等级应符合设计要求

C. 面层与下一层应结合牢固，无空鼓、无裂纹

D. 不发火（防爆的）面层的试件，必须检验合格

32. 在水磨石面层中，面层与下一层结合应牢固，无空鼓、裂缝，空鼓面积不应（　　），且每自然间（标准间）不多于两处可不计。

A. 大于 $400cm^2$　　B. 小于 $400cm^2$

C. 大于 $500cm^2$　　D. 小于 $500cm^2$

33. 下列选项中，关于不发火面层中粗骨料的试验，说法错误的是（　　）。

A. 从不少于 50 个试件中选出做不发生火花试验的试件 10 个

B. 被选出的试件，应是不同表面、不同颜色、不同结晶体、不同硬度的

C. 每个试件重 50～200g，准确度达到 1g

D. 试验时也应在完全黑暗的房间内进行

34. 下列选项中，关于水磨石地面构造，说法错误的是（　　）。

A. 水磨石地面是将天然石料（大理石、方解石）的石碴做成水泥石屑面层，经磨光打蜡制成

B. 水磨石地面质地美观，表面光洁，具有很好的耐磨、耐久、耐碱、耐油、防水、防火性能

C. 水磨石地面构造简单，坚固、耐磨、防水，但易起灰

D. 通常用于公共建筑门厅、走道的地面和墙裙

35. 下列选项中，不属于整体面层铺设的是（　　）。

A. 水泥混凝土面层　　B. 水泥砂浆面层

C. 不发火面层　　D. 塑料板面层

36. 下列选项中，关于大理石面层和花岗石面层一般项目，说法错误的是（　　）。

A. 面层表面的坡度应符合设计要求，不倒泛水，无积水，与地漏、管道结合处应严密牢固，无渗漏

B. 大理石和花岗石面层（或碎拼大理石、碎拼花岗石）的允许偏差应符合一定范围规定

C. 踢脚线表面应洁净，高度一致，结合牢固，出墙厚度一致

D. 楼梯踏步和台阶板块的缝隙宽度应一致，齿角整齐，楼层梯段相邻踏步高度差不应大于 15mm，防滑条应顺直、牢固

37. 大理石、花岗石面层的表面应洁净、平整、无磨痕，且应图案清晰，色泽一致、接缝均匀，周边顺直，镶嵌正确，板块无裂纹、掉角、缺棱等缺陷，其检验方法是（　　）。

A. 观察检查　　B. 用小锤轻击检查

C. 用钢尺检查　　D. 蓄水检查

38. 预制板块面层的水泥混凝土板块面层缝隙中，应采用（　　）填缝。

A. 水泥花砖　　B. 水泥浆（或砂浆）

C. 硅酸盐水泥　　D. 普通硅酸盐水泥

39. 预制板块面层的预制板块表面应无裂缝、掉角、翘曲等明显缺陷，其检验方法是（　　）。

A. 蓄水检查　　B. 泼水检查　　C. 观察检查　　D. 用钢尺检查

40. 实木复合地板的面层接头应错开、缝隙严密、表面洁净，其检验方法是（　　）。

A. 用小锤轻击检查　　B. 手摸检查

C. 观察检查　　D. 用钢尺检查

第五章

装饰装修工程质量验收与评定

第一节　建筑装饰装修工程的基本概念

随着人们对生活与居住环境要求的提高，建筑工程装修质量普遍受到重视。在建筑装修工程施工中，以工程质量控制为核心，对工程的质量通病进行防治，提高装修工程的工程施工质量，是建筑装修施工永恒的主题。根据《建筑工程施工质量验收统一标准》（GB 50300—2013），建筑装饰装修工程作为一个分部工程，其又划分为地面、抹灰、门窗、吊顶、轻质隔墙、饰面板（砖）、幕墙、涂饰、裱糊与软包、细部等子分部工程。

一、关于建筑装饰装修材料的规定

《建筑装饰装修工程质量验收规范》（GB 50210—2001）明确指出为保护建筑物的主体结构、完善建筑物的使用功能和美化建筑物常采用装饰装修材料或饰物对建筑物的内外表面及空间进行各种处理。该分部工程在投入与转换的过程中，工序一旦失控，就容易发生质量缺陷或质量事故。

建筑装饰装修工程所用材料的品种、规格和质量应符合设计要求和国家现行标准的规定，当设计无要求时应符合国家现行标准的规定，严禁使用国家明令淘汰的材料。建筑装饰装修工程所用材料的燃烧性能应符合现行国家标准《建筑内部装修设计防火规范》（GB 50222）、《建筑设计防火规范》（GB 50016）和《高层民用建筑设计防火规范》（GB 50045）的规定。

进场后需要进行复验的材料种类及项目应符合《建筑装饰装修工程质量验收规范》（GB 50210—2001）各章的规定。同一厂家生产的同一品种、同一类型的进场材料应至少抽取一组样品进行复验，当合同另有约定时应按合同执行。建筑装饰装修工程所使用的材料应按设计要求进行防火、防腐和防虫处理。

二、施工的规定

承担建筑装饰装修工程施工的单位应具备相应的资质，并应建立质量管理体系。施工单位应编制施工组织设计并应经过审查批准。施工单位在建筑装饰装修工程施工中，严禁违反设计文件擅自改动建筑主体、承重结构或主要使用功能；严禁未经设计确认和有关部门批准擅自拆改水、暖、电、燃气、通信等配套设施。施工单位应遵守有关环境保护的法律法规，并应采取有效措施控制施工现场的各种粉尘、废气、废弃物、噪声、振动等对周围环境造成的污染和危害。施工单位应按有关的施工工艺标准或经审定的施工技术方案施工，并应对施工全过程实行质量控制。

建筑装饰装修工程应在基体或基层的质量验收合格后施工。对既有建筑进行装饰装修前，应对基层进行处理并达到规范的要求。管道、设备等的安装及调试应在建筑装饰装修工程前完成，当必须同步进行时，应在饰面层施工前完成。装饰装修工程不得影响管道、设备等的使用和维修。涉及燃气管道的建筑装饰装修工程必须符合有关安全管理的规定。

建筑装饰装修工程的电器安装应符合设计要求和国家现行标准的规定。严禁不经穿管直接埋设电线。室内外装饰装修工程施工的环境条件应满足施工工艺的要求。施工环境温度不应低于5℃。当必须在低于5℃气温下施工时，应采取保证工程质量的有效措施。建筑装饰装修工程施工过程中应做好半成品、成品的保护，防止污染和损坏。建筑装饰装修工程验收前应将施工现场清理干净。使用的材料应按设计要求进行防火、防腐和防虫处理。

三、建筑装饰装修工程子分部工程及其分项工程划分

建筑装饰装修工程子分部工程及其分项工程划分见表5-1。

表5-1　　建筑装饰装修工程子分部工程及其分项工程划分表

项次	子分部工程	分　项　工　程
1	抹灰工程	一般抹灰，装饰抹灰，清水砌体勾缝
2	门窗工程	木门窗制作与安装，金属门窗安装，塑料门窗安装，特种门安装，门窗玻璃安装
3	吊顶工程	暗龙骨吊顶，明龙骨吊顶
4	轻质隔墙工程	板材隔墙，骨架隔墙，活动隔墙，玻璃隔墙
5	饰面板（砖）工程	饰面板安装，饰面砖粘贴
6	幕墙工程	玻璃幕墙，金属幕墙，石材幕墙
7	涂饰工程	水性涂料涂饰，溶剂型涂料涂饰，美术涂饰
8	裱糊与软包工程	裱糊，软包
9	细部工程	橱柜制作与安装，窗帘盒、窗台板和散热器罩制作与安装，门窗套制作与安装，护栏和扶手制作与安装，花饰制作与安装
10	建筑地面工程	基层，整体面层，板块面层，竹木面层

第二节　抹灰工程质量验收与评定

一、一般规定

抹灰工程量大面广，单价低且费劳力，施工质量通病时有发生。常见的施工质量缺陷有：墙体与门窗框交接处抹灰层空鼓，墙面抹灰层空鼓、裂缝，墙面起泡、开花或有抹纹，墙面抹灰层析白及抹灰面不平等。这些缺陷给人们使用带来了极大影响。所以，加强施工管理，严把质量关，杜绝一切质量通病，是提高抹灰工程质量的重要前提。

抹灰工程是一个子分部工程，包括一般抹灰、装饰抹灰和清水砌体勾缝等分项工程的质量验收。抹灰工程验收时应检查下列文件和记录：①抹灰工程的施工图、设计说明及其他设计文件；②材料的产品合格证书、性能检测报告、进场验收记录和复验报告；③隐蔽工程验收记录；④施工记录。

各分项工程的检验批应按下列规定划分：①相同材料、工艺和施工条件的室外抹灰工程每500～1000m^2应划分为一个检验批，不足500m^2也应划分为一个检验批；②相同材料、工艺和施工条件的室内抹灰工程每50个自然间（大面积房间和走廊按抹灰面积30m^2为一间）应划分为一个检验批，不足50间也应划分为一个检验批。

外墙抹灰工程施工前应先安装钢木门窗框、护栏等，并应将墙上的施工孔洞堵塞密实。抹灰用的石灰膏的熟化期不应少于15d；罩面用的磨细石灰粉的熟化期不应少于3d。室内墙面、柱面和门洞口的阳角做法应符合设计要求。设计无要求时，应采用1∶2水泥砂浆做暗护角，其高度不应低于2m，每侧宽度不应小于50mm。当要求抹灰层具有防水、防潮功能时，应采用防水砂浆。各种砂浆抹灰层，在凝结前应防止快干、水冲、撞击、振动和受冻，在凝结后应采取措施防止玷污和损坏。水泥砂浆抹灰层应在湿润条件下养护。外墙和顶棚的抹灰层与基层之间及各抹灰层之间必须粘接牢固。

二、一般抹灰分项工程

一般抹灰工程适用于石灰砂浆、水泥砂浆、水泥混合砂浆、聚合物水泥砂浆和麻刀石灰、纸筋石灰、石膏灰等一般抹灰工程的质量验收。一般抹灰工程分为普通抹灰和高级抹灰，当设计无要求时，按普通抹灰验收。

1. 主控项目

（1）抹灰前基层表面的尘土、污垢、油渍等应清除干净，并应洒水润湿。一般抹灰所用材料的品种和性能应符合设计要求。水泥的凝结时间和安定性复验应合格。

（2）砂浆的配合比应符合设计要求。抹灰工程应分层进行。当抹灰总厚度大于或等于35mm时，应采取加强措施。

（3）不同材料基体交接处表面的抹灰，应采取防止开裂的加强措施，当采用加强网时，加强网与各基体的搭接宽度不应小于100mm。

（4）抹灰层与基层之间及各抹灰层之间必须粘接牢固，抹灰层应无脱层、空鼓，面层应无爆灰和裂缝。

2. 一般项目

一般抹灰工程的表面质量应符合下列规定：

（1）普通抹灰表面应光滑、洁净、接槎平整，分格缝应清晰。

（2）高级抹灰表面应光滑、洁净、颜色均匀、无抹纹，分格缝和灰线应清晰美观。

护角、孔洞、槽、盒周围的抹灰表面应整齐、光滑；管道后面的抹灰表面应平整。抹灰层的总厚度应符合设计要求；水泥砂浆不得抹在石灰砂浆层上；罩面石膏灰不得抹在水泥砂浆层上。抹灰分格缝的设置应符合设计要求，宽度和深度应均匀，表面应光滑，棱角应整齐。有排水要求的部位应做滴水线（槽）。滴水线（槽）应整齐顺直，滴水线应内高外低，滴水槽的宽度和深度均不应小于10mm。

一般抹灰工程质量的允许偏差和检验方法应符合表5-2的规定。

表 5-2 一般抹灰工程质量的允许偏差和检验方法

项次	项 目	允许偏差/mm		检验方法
		普通抹灰	高级抹灰	
1	立面垂直度	4	3	用 2m 垂直检测尺检查
2	表面平整度	4	3	用 2m 靠尺和塞尺检查
3	阴阳角方正	4	3	用直角检测尺检查
4	分格条（缝）直线度	4	3	拉 5m 线，不足 5m 拉通线，用钢直尺检查
5	墙裙、勒脚上口直线度	4	3	用 5m 线，不足 5m 拉通线，用钢直尺检查

注 1. 普通抹灰，本表第 3 项阴角方正可不检查。
2. 顶棚抹灰，本表第 2 项表面平整度可不检查，但应平顺。

三、装饰抹灰分项工程

装饰抹灰工程适用于水刷石、斩假石、干粘石、假面砖等装饰抹灰工程的质量验收。

1. 主控项目

（1）装饰抹灰工程所用材料的品种和性能应符合设计要求。

（2）水泥的凝结时间和安定性复验应合格。砂浆的配合比应符合设计要求。抹灰工程应分层进行。

（3）当抹灰总厚度大于或等于 35mm 时，应采取加强措施。不同材料基体交接处表面的抹灰，应采取防止开裂的加强措施，当采用加强网时，加强网与各基体的搭接宽度不应小于 100mm。

（4）各抹灰层之间及抹灰层与基体之间必须粘接牢固，抹灰层应无脱层、空鼓和裂缝。

2. 一般项目

装饰抹灰工程的表面质量应符合下列规定：

（1）水刷石表面应石粒清晰、分布均匀、紧密平整、色泽一致，应无掉粒和接槎痕迹。

（2）斩假石表面剁纹应均匀顺直、深浅一致，应无漏剁处；阳角处应横剁并留出宽窄一致的不剁边条，棱角应无损坏。

（3）干粘石表面应色泽一致、不露浆、不漏粘，石粒应粘接牢固、分布均匀，阳角处应无明显黑边。

（4）假面砖表面应平整、沟纹清晰、留缝整齐、色泽一致，应无掉角、脱皮、起砂等缺陷。

装饰抹灰分格条（缝）的设置应符合设计要求，宽度和深度应均匀，表面应平整光滑，棱角应整齐。有排水要求的部位应做滴水线（槽）。滴水线（槽）应整齐顺直，滴水线应内高外低，滴水槽的宽度和深度均不应小于 10mm。

装饰抹灰工程质量的允许偏差和检验方法应符合表 5-3 的规定。

表5-3　装饰抹灰工程质量的允许偏差和检验方法

项次	项　目	允许偏差/mm				检验方法
		水刷石	斩假石	干粘石	假面砖	
1	立面垂直度	5	4	5	5	用2m垂直检测尺检查
2	表面平整度	3	3	5	4	用2m靠尺和塞尺检查
3	阳角方正	3	3	4	4	用直角检测尺检查
4	分格条（缝）直线度	3	3	3	3	拉5m线，不足5m拉通线，用钢直尺检查
5	墙裙、勒脚上口直线度	3	3	—	—	拉5m线，不足5m拉通线，用钢直尺检查

四、清水砌体勾缝分项工程

清水砌体勾缝适用于清水砌体砂浆勾缝和原浆勾缝工程的质量验收。

1. 主控项目

清水砌体勾缝所用水泥的凝结时间和安定性复验应合格。砂浆的配合比应符合设计要求。清水砌体勾缝应无漏勾。勾缝材料应粘接牢固、无开裂。

2. 一般项目

清水砌体勾缝应横平竖直，交接处应平顺，宽度和深度应均匀，表面应压实抹平。灰缝应颜色一致，砌体表面应洁净。

第三节　门窗工程质量验收与评定

一、门窗工程质量验收一般规定

门窗子分部工程包括木门窗制作与安装、金属门窗安装、塑料门窗安装、门窗玻璃安装等分项工程。

（1）门窗工程验收时应检查下列文件和记录：

1）门窗工程的施工图、设计说明及其他设计文件。

2）材料的产品合格证书、性能检测报告、进场验收记录和复验报告。

3）特种门及其附件的生产许可文件。

4）隐蔽工程验收记录。

5）施工记录。

（2）门窗工程应对下列材料及其性能指标进行复验：

1）人造木板的甲醛含量。

2）建筑外墙金属窗、塑料窗的抗风压性能、空气渗透性能和雨水渗漏性能。

（3）门窗工程应对下列隐蔽工程项目进行验收：

1）预埋件和锚固件。

2）隐蔽部位的防腐、填嵌处理。

（4）各分项工程的检验批应按下列规定划分：

1）同一品种、类型和规格的木门窗、金属门窗、塑料门窗及门窗玻璃每100樘应划分为一个检验批，不足100樘也应划分为一个检验批。

2）同一品种、类型和规格的特种门每50樘应划分为一个检验批，不足50樘也应划分为一个检验批。

（5）检查数量应符合下列规定：

1）木门窗、金属门窗、塑料门窗及门窗玻璃，每个检验批应至少抽查5%，并不得少于3樘，不足3樘时应全数检查；高层建筑的外窗，每个检验批应至少抽查10樘，并不得少于6樘，不足6樘时应全数检查。

2）特种门每个检验批应至少抽查50%，并不得少于10樘，不足10樘时应全数检查。

门窗安装前，应对门窗洞口尺寸进行检验。金属门窗和塑料门窗安装应采用预留洞口的方法施工，不得采用边安装边砌口或先安装后砌口的方法施工。木门窗与砖石砌体、混凝土或抹灰层接触处应进行防腐处理并应设置防潮层；埋入砌体或混凝土中的木砖应进行防腐处理。当金属窗或塑料窗组合时，其拼樘料的尺寸、规格、壁厚应符合设计要求。建筑外门窗的安装必须牢固。在砌体上安装门窗严禁用射钉固定。特种门安装除应符合设计要求和《建筑装饰装修工程质量验收规范》（GB 50210—2001）规定外，还应符合有关专业标准和主管部门的规定。

二、木门窗制作与安装分项工程

木门窗的木材品种、材质等级、规格、尺寸、框扇的线型及人造木板的甲醛含量应符合设计要求。设计未规定材质等级时，所用木材的质量应符合相关规范的规定。木门窗框的安装有立樘与塞樘两种方法。立樘是将墙身做到门窗底标高时，先将门窗框立起来，临时固定，待其周边墙身全部完成后再撤去临时支撑，缺点是施工麻烦。塞樘是将门窗洞口留出，完成墙体施工后再安装门窗框。塞樘时门窗的实际尺寸要小于门窗的洞口尺寸。

木门窗的结合处和安装配件处不得有木节或已填补的木节。木门窗如有允许限值以内的死节及直径较大的虫眼时，应用同一材质的木塞加胶填补。对于清漆制品，木塞的木纹和色泽应与制品一致。

1. 主控项目

（1）木门窗的木材品种、材质等级、规格、尺寸、框扇的线型及人造木板的甲醛含量应符合设计要求。设计未规定材质等级时，所用木材的质量应符合《建筑装饰装修工程质量验收规范》（GB 50210—2001）附录A的规定。

（2）木门窗应采用烘干的木材，含水率应符合《建筑木门、木窗》（JG/T 122）的规定。

（3）木门窗的防火、防腐、防虫处理应符合设计要求。

（4）木门窗的结合处和安装配件处不得有木节或已填补的木节。木门窗如有允许限值以内的死节及直径较大的虫眼时，应用同一材质的木塞加胶填补。对于清漆制品，木塞的木纹和色泽应与制品一致。

（5）门窗框和厚度大于50mm的门窗扇应用双连接。槽应采用胶料严密嵌合，并应用胶楔加紧。

（6）胶合板门、纤维板门和模压门不得脱胶。胶合板不得刨透表层单板，不得有楂。制作胶合板门、纤维板门时，边框和横楞应在同一平面上，面层、边框及横楞应加压胶结。横楞和上、下冒头应各钻两个以上的透气孔，透气孔应通畅。

（7）木门窗的品种、类型、规格、开启方向、安装位置及连接方式应符合设计要求。

（8）木门窗框的安装必须牢固。预埋木砖的防腐处理、木门窗框固定点的数量、位置及固定方法应符合设计要求。

（9）木门窗扇必须安装牢固，并应开关灵活，关闭严密，无倒翘。

（10）木门窗配件的型号、规格、数量应符合设计要求，安装应牢固，位置应正确，功能应满足使用要求。

2. 一般项目

（1）木门窗表面应洁净，不得有刨痕、锤印。

（2）木门窗的割角、拼缝应严密平整。门窗框、扇裁口应顺直，刨面应平整。

（3）木门窗上的槽、孔应边缘整齐，无毛刺。

（4）木门窗与墙体间缝隙的填嵌材料应符合设计要求，填嵌应饱满。寒冷地区外门窗（或门窗框）与砌体间的空隙应填充保温材料。

（5）木门窗批水、盖口条、压缝条、密封条安装应顺直，与门窗接合应牢固、严密。

（6）木门窗制作的允许偏差和检验方法应符合表5-4的规定。

表5-4　　木门窗制作的允许偏差和检验方法

项次	项　目	构件名称	允许偏差/mm		检验方法
			普通	高级	
1	翘曲	框	3	2	将框、扇平放在检查平台上，用塞尺检查
		扇	2	2	
2	对角线长度差	框、扇	3	2	用钢尺检查，框量裁口里角，扇量外角
3	表面平整度	扇	2	2	用1m靠尺和塞尺检查
4	高度、宽度	框	0，－2	0，－1	用钢尺检查，框量裁口里角，扇量外角
		扇	＋2，0	＋1，0	
5	裁口、线条结合处高低差	框、扇	1	0.5	用钢直尺和塞尺检查
6	相邻棂子两端间距	扇	2	1	用钢直尺检查

（7）木门窗安装的留缝限值允许偏差和检验方法应符合表5-5的规定。

表5-5　　木门窗安装的留缝限值允许偏差和检验方法

项次	项　目	留缝限值/mm		允许偏差/mm		检验方法
		普通	高级	普通	高级	
1	门窗槽口对角线长度差	—	—	3	2	用钢尺检查
2	门窗框的正、侧面垂直度	—	—	2	1	用1m垂直检测尺检查
3	框与扇、扇与扇接缝高低差	—	—	2	1	用钢直尺和塞尺检查
4	门窗扇对口缝	1～2.5	1.5～2	—	—	用塞尺检查
5	工业厂房双扇大门对口缝	2～5	—	—	—	
6	门窗扇与上框间留缝	1～2	1～1.5	—	—	
7	门窗扇与侧框间留缝	1～2.5	1～1.5	—	—	
8	窗扇与下框间留缝	2～3	2～2.5	—	—	
9	门扇与下框间留缝	3～5	3～4	—	—	

续表

项次	项　目		留缝限值/mm		允许偏差/mm		检验方法
			普通	高级	普通	高级	
10	双层门窗内外框间距		—	—	4	3	用钢尺检查
11	无下框时门扇与地面间留缝	外门	4～7	5～6	—	—	用塞尺检查
		内门	5～8	6～7	—	—	
		卫生间门	8～12	8～10	—	—	
		厂房大门	10～20	—	—	—	

3. 木门窗常见质量问题

(1) 框、扇翘曲变形。

预防措施：选择合适制作木门的树种木材必须干燥，经现场抽检，木材的含水率应在15%以下。

(2) 框和扇、扇与扇的结合处高低差大。

预防措施：严格掌握裁口尺寸，加工后进行度拼应吻合，用手摸无高低差，安装时精心修边。

(3) 饰面板起鼓脱胶。

预防措施：基层材料应保证质量，胶结板面必须压紧密且等黏结的胶水干燥后方可施工。

(4) 压边的线条沿夹板的边缘裂缝。

预防措施：基层骨架横档中距应根据两侧夹板的厚度确定，夹板薄则应加密，常年中距200～300mm；压边的木线条应用实木线条；钉镶边木线，须加胶钉牢。

(5) 木扇表面粗糙。

预防措施：油漆施工应严格规范要求施工，最后应打蜡。

(6) 饰面板被刨门线条时刨坏。

预防措施：包门包边线条时，选用技术较高的操作人员；加强操作工人成品保护意识教育，要求他们施工认真仔细。

(7) 框扇的边损坏严重。

预防措施：框图安装后距地面1.2m范围内用细木工板钉成护角进行保护；扇安装完毕，立即安装门吸（碰）、闭门器等；交工前交专人看管。

(8) 铰链装反。

预防措施：施工人员施工时应认真、仔细、不能鲁莽施工。

(9) 框和扇，扇与扇结合处接缝间隙大。

预防措施：按设计及规范规定留缝隙宽度。严格控制好修边尺寸，精心量尺弹线、精心刨边，防止留缝超过允许误差。

三、金属门窗安装分项工程

金属门窗安装工程适用于钢门窗、铝合金门窗、涂色镀锌钢板门窗等金属门窗安装工程的质量验收。

1. 主控项目

(1) 金属门窗的品种、类型、规格、尺寸、性能、开启方向、安装位置、连接方式及铝合金门窗的型材壁厚应符合设计要求。金属门窗的防腐处理及填嵌、密封处理应符合设计要求。

检验方法：观察；尺量检查；检查产品合格证书、性能检测报告、进场验收记录和复验报告；检查隐蔽工程验收记录。

(2) 金属门窗框和副框的安装必须牢固，预埋件的数量、位置、埋设方式与框的连接方式必须符合设计要求。

检验方法：手扳检查，检查隐蔽工程验收记录。

(3) 金属门窗扇必须安装牢固并应开关灵活，关闭严密无倒翘，推拉门窗扇必须有防脱落措施。

检验方法：观察开启和关闭检查手扳检查。

(4) 金属门窗配件的型号、规格、数量应符合设计要求，安装应牢固，位置应正确，功能应满足使用要求。

检验方法：观察、开启和关闭检查、手扳检查。

2. 一般项目

(1) 金属门窗表面应洁净平整光滑，色泽一致无锈蚀，大面应无划痕碰伤，漆膜或保护层应连续。

检验方法：观察。

(2) 铝合金门窗推拉门窗扇开关力应不大于100N。

检验方法：用弹簧秤检查。

(3) 金属门窗框与墙体之间的缝隙应填嵌饱满，并采用密封胶密封，密封胶表面应光滑顺直无裂纹。

检验方法：观察、轻敲门窗框检查、检查隐蔽工程验收记录。

(4) 金属门窗扇的橡胶密封条或毛毡密封条应安装完好不得脱槽。

检验方法：观察开启和关闭检查。

(5) 有排水孔的金属门窗排水孔应畅通，位置和数量应符合设计要求。

检验方法：观察。

(6) 钢门窗安装的留缝限值允许偏差和检验方法应符合表5-6的规定。

表5-6　钢门窗安装的留缝限值允许偏差和检验方法

项次	项目		留缝限值/mm	允许偏差/mm	检验方法
1	门窗槽口宽度、高度	≤1500mm	—	2.5	用钢尺检查
		>1500mm	—	3.5	
2	门窗槽口对角线长度差	≤2000mm	—	5	用钢尺检查
		>2000mm	—	6	
3	门窗框的正、侧面垂直度		—	3	用1m垂直检测尺检查
4	门窗横框的水平度		—	3	用1m水平尺和塞尺检查

续表

项次	项　目	留缝限值/mm	允许偏差/mm	检验方法
5	门窗横框标高	—	5	用钢尺检查
6	门窗竖向偏离中心	—	4	用钢尺检查
7	双层门窗内外框间距	—	5	用钢尺检查
8	门窗框、扇配合间隙	≤2	—	用塞尺检查
9	无下框时门扇与地面间留缝	4～8	—	用塞尺检查

(7) 铝合金门窗安装的允许偏差和检验方法应符合表5-7的规定。

表5-7　铝合金门窗安装的允许偏差和检验方法

项次	项　目		允许偏差/mm	检验方法
1	门窗槽口宽度、高度	≤1500mm	1.5	用钢尺检查
		>1500mm	2	
2	门窗槽口对角线长度差	≤2000mm	3	用钢尺检查
		>2000mm	4	
3	门窗框的正、侧面垂直度		2.5	用垂直检测尺检查
4	门窗横框的水平度		2	用1m水平尺和塞尺检查
5	门窗横框标高		5	用钢尺检查
6	门窗竖向偏离中心		5	用钢尺检查
7	双层门窗内外框间距		4	用钢尺检查
8	推拉门窗扇与框搭接量		1.5	用钢直尺检查

(8) 涂色镀锌钢板门窗安装的允许偏差和检验方法应符合表5-8的规定。

表5-8　涂色镀锌钢板门窗安装的允许偏差和检验方法

项次	项　目		允许偏差/mm	检验方法
1	门窗槽口宽度、高度	≤1500mm	2	用钢尺检查
		>1500mm	3	
2	门窗槽口对角线长度差	≤2000mm	4	用钢尺检查
		>2000mm	5	
3	门窗框的正、侧面垂直度		3	用垂直检测尺检查
4	门窗横框的水平度		3	用1m水平尺和塞尺检查
5	门窗横框标高		5	用钢尺检查
6	门窗竖向偏离中心		5	用钢尺检查
7	双层门窗内外框间距		4	用钢尺检查
8	推拉门窗扇与框搭接量		2	用钢直尺检查

3. 金属门窗主要工程质量通病治理措施

(1) 金属门窗框与墙体连接处理不当。

预防措施：门窗外框同墙体做弹性连接，框与墙体间的缝隙应用软质材料如矿棉条或玻璃棉毡条分层嵌实，用密封胶密封；连接件应用厚度不小于 1.5mm 的钢板制作，表面做镀锌处理，连接件两端应伸出铝框，做内外锚固；连接件距铝框角边的距离应不大于 180mm，连接件的间距应不大于 500mm，并均匀布置，以保证连接牢固；连接件同墙体连接应视不同墙体结构，采用不同的连接方法；在混凝土墙上可采用射钉或膨胀螺栓固定，砖砌墙体可用预埋件或开叉铁件嵌固在墙中固定。

（2）金属门窗安装后出现晃动，整体刚度差。

预防措施：金属门窗应按洞口尺寸及安装高度等不同使用条件，选择型材截面。一般平开窗不应小于 55 系列，推拉窗不应小于 75 系列。窗框型材的壁厚应符合设计要求，一般窗型材壁厚应不小于 1.4mm，门的型材壁厚应不小 2.0mm。

（3）金属门窗框四周同墙体连接处渗漏。

预防措施：金属门窗框同墙体做弹性连接，框外侧应留设 5mm×8mm 槽口，防止水泥砂浆同金属窗框直接接触，槽口内注密封胶至槽口平齐。

（4）组合窗拼接处渗漏。

预防措施：组合门窗的竖向或横向组合杆件，不得采用平面同平面的组合做法，应采用套插搭接形成曲面组合，搭接长度应大于 10mm，连接处应用密封胶做可靠的密封处理。

（5）推拉窗下滑槽槽口内积水。

预防措施：尽量减少外露连接螺钉，如有外露连接螺钉时，应用密封材料密封；金属推拉窗下滑槽距两端头约 80mm 处开设排水孔，排水孔尺寸宜为 4mm×30mm，间距为 500～600mm，安装时应检查排水孔有无砂浆等杂物堵塞，确保排水顺畅。

（6）纱扇与框、扇间隙大。

预防措施：按标准图配料，毛刷条不得遗漏，纱扇平面尺寸超过标准图时，材质要选用加强型的。

四、塑料门窗安装分项工程

1. 主控项目

（1）塑料门窗的品种、类型、规格、尺寸、开启方向、安装位置、连接方式及填嵌密封处理应符合设计要求，内衬增强型钢的壁厚及设置应符合国家现行产品标准的质量要求。

检验方法：观察；尺量检查；检查产品合格证书、性能检测报告、进场验收记录和复验报告；检查隐蔽工程验收记录。

（2）塑料门窗框、副框和扇的安装必须牢固。固定片或膨胀螺栓的数量与位置应正确，连接方式应符合设计要求。固定点应距窗角、中横框、中竖框 150～200mm，固定点间距应不大于 600mm。

检验方法：观察；手扳检查；检查隐蔽工程验收记录。

（3）塑料门窗拼樘料内衬增强型钢的规格、壁厚必须符合设计要求，型钢应与型材内腔紧密吻合，其两端必须与洞口固定牢固。窗框必须与拼樘料连接紧密，固定点间距应不大于 600mm。

检验方法：观察；手扳检查；尺量检查；检查进场验收记录。

(4) 塑料门窗扇应开关灵活、关闭严密，无倒翘。推拉门窗扇必须有防脱落措施。

检验方法：观察；开启和关闭检查；手扳检查。

(5) 塑料门窗配件的型号、规格、数量应符合设计要求，安装应牢固，位置应正确，功能应满足使用要求。

检验方法：观察；手扳检查；尺量检查。

(6) 塑料门窗框与墙体间缝隙应采用闭孔弹性材料填嵌饱满，表面应采用密封胶密封。密封胶应粘接牢固，表面应光滑、顺直、无裂纹。

检验方法：观察；检查隐蔽工程验收记录。

2. 一般项目

(1) 塑料门窗表面应洁净、平整、光滑，大面应无划痕、碰伤。

检验方法：观察。

(2) 塑料门窗扇的密封条不得脱槽。旋转窗间隙应基本均匀。

(3) 塑料门窗扇的开关力应符合下列规定：

1) 平开门窗扇平铰链的开关力应不大于 80N；滑撑铰链的开关力应不大于 80N，并不小于 30N。

2) 推拉门窗扇的开关力应不大于 100N。

检验方法：观察；用弹簧秤检查。

(4) 玻璃密封条与玻璃及玻璃槽口的接缝应平整，不得卷边、脱槽。

检验方法：观察。

(5) 排水孔应畅通，位置和数量应符合设计要求。

检验方法：观察。

(6) 塑料门窗安装的允许偏差和检验方法应符合表 5-9 的规定。

表 5-9　塑料门窗安装的允许偏差和检验方法

项次	项　目		允许偏差/mm	检验方法
1	门窗槽口宽度、高度	≤1500mm	2	用钢尺检查
		>1500mm	3	
2	门窗槽口对角线长度差	≤2000mm	3	用钢尺检查
		>2000mm	5	
3	门窗框的正、侧面垂直度		3	用 1m 垂直检测尺检查
4	门窗横框的水平度		3	用 1m 水平尺和塞尺检查
5	门窗横框标高		5	用钢尺检查
6	门窗竖向偏离中心		5	用钢直尺检查
7	双层门窗内外框间距		4	用钢尺检查
8	同樘平开门窗相邻扇高度差		2	用钢直尺检查
9	平开门窗铰链部位配合间隙		+2；-1	用塞尺检查
10	推拉门窗扇与框搭接量		+1.5；-2.5	用钢直尺检查
11	推拉门窗扇与竖框平行度		2	用 1m 水平尺和塞尺检查

3. 塑料门窗主要工程质量通病与治理措施

(1) 门窗尺寸偏差较大。

预防措施：土建施工预留洞口时，一定要按设计图纸尺寸预留准确，做到洞口横平竖直，大小一致，外墙窗洞上下中心线对准。无副框时，在抹灰时要做定型模具或冲筋，以保证洞口尺寸的准确性。

(2) 门窗框固定不牢固。

预防措施：在主体结构施工时，一定要正确预埋固定片或混凝土块，固定片的位置应距门窗角、中竖框、中横框150～200mm，固定片之间的间距不大于600mm，安装时在混凝土块或固定片的位置打眼，装入膨胀管，用木螺丝将连接件固定牢固。

(3) 门窗质量及使用材料不合格。

预防措施：设计部门选用的塑料窗型材应符合《门、窗用未增塑聚氯乙烯（PVC-U）型材》(GB/T 8814—2004) 标准，同时应根据不同地区的风压选择合适的中竖框、中横框，以保证窗框所需的刚度。塑料窗不得有焊角开焊、型材断裂、翘曲或变形。在运输保存及施工过程中应采取措施，防止其损坏或变形。

(4) 嵌缝材料及密封胶使用质量达不到要求。

预防措施：门窗安装完毕，应在门窗框与墙体之间填嵌软质材料，如果缝隙大，则采用发泡胶，缝隙小，则采用塑料胶条或矿棉卷条等填塞。然后外面打上玻璃胶或密封胶。

(5) 成品污染严重。

预防措施：门窗安装一定要采取措施（一般带有保护膜），预防污染，安装完毕后，要用塑料纸遮挡，以防水泥浆污染，安装完毕的门窗严禁作为上料口。

五、门窗玻璃安装分项工程

门窗玻璃安装用于平板、吸热、反射、中空、夹层、夹丝、磨砂、钢化、压花玻璃等玻璃安装工程的质量验收。

1. 主控项目

(1) 玻璃的品种、规格、尺寸、色彩、图案和涂膜朝向应符合设计要求。单块玻璃大于1.5m^2时应使用安全玻璃。

检验方法：观察；检查产品合格证书、性能检测报告和进场验收记录。

(2) 门窗玻璃裁割尺寸应正确。安装后的玻璃应牢固，不得有裂纹、损伤和松动。

检验方法：观察；轻敲检查。

(3) 玻璃的安装方法应符合设计要求。固定玻璃的钉子或钢丝卡的数量、规格应保证玻璃安装牢固。

检验方法：观察；检查施工记录。

(4) 镶钉水压条接触玻璃处，应与裁口边缘平齐。水压条应互相紧密连接，并与裁口边缘紧贴，割角应整齐。

检验方法：观察。

(5) 密封条与玻璃、玻璃槽口的接触应紧密、平整。密封胶与玻璃、玻璃槽口的边缘应粘接牢固、接缝平齐。

检验方法：观察。

(6) 带密封条的玻璃压条，其密封条必须与玻璃全部贴紧，压条与型材之间应无明显缝隙，压条接缝应不大于0.5mm。

检验方法：观察；尺量检查。

2. 一般项目

(1) 玻璃表面应洁净，不得有腻子、密封胶、涂料等污渍。中空玻璃内外表面均应洁净，玻璃中空层内不得有灰尘和水蒸气。

检验方法：观察。

(2) 门窗玻璃不应直接接触型材。单面镀膜玻璃的镀膜层及磨砂玻璃的磨砂面应朝向室内。中空玻璃的单面镀膜玻璃应在最外层，镀膜层应朝向室内。

检验方法：观察。

(3) 腻子应填抹饱满、粘接牢固；腻子边缘与裁口应平齐。固定玻璃的卡子不应在腻子表面显露。

检验方法：观察。

第四节　吊顶工程质量验收与评定

一、一般规定

吊顶工程的构造由支承、基层和面层三部分组成。支承部分由吊杆和主龙骨组成，基层由次龙骨组成，面层是顶棚的装饰层。按照施工工艺不同，分为暗龙骨吊顶（图5-1）和明龙骨吊顶（图5-2）。暗龙骨吊顶又称隐蔽式吊顶，是指龙骨不外露，饰面板表面呈整体的形式。这种吊顶一般应考虑上人。明龙骨吊顶又称活动式吊顶。一般是和铝合金龙骨或轻钢龙骨配套使用，是将轻质装饰板明摆浮搁在龙骨上，便于更换。龙骨可以是外露的，也可以是半露的。这种吊顶一般不考虑上人。

图5-1　暗龙骨吊顶

图5-2　明龙骨吊顶

吊顶工程验收时应检查吊顶工程的施工图、设计说明及其他设计文件，材料的产品合格证书、性能检测报告、进场验收记录和复验报告，隐蔽工程验收记录和施工记录。吊顶工程应对人造木板的甲醛含量进行复验。

吊顶工程应对下列隐蔽工程项目进行验收：

(1) 吊顶内管道、设备的安装及水管试压。

(2) 木龙骨防火、防腐处理。

(3) 预埋件或拉结筋。

(4) 吊杆安装。

(5) 龙骨安装。

(6) 填充材料的设置

同一品种的吊顶工程每50间（大面积房间和走廊按吊顶面积$30m^2$为一间）应划分为一个检验批，不足50间也应划分为一个检验批。检查数量时，每个检验批应至少抽查10%，并不得少于3间；不足3间时应全数检查。安装龙骨前，应按设计要求对房间净高、洞口标高和吊顶内管道、设备及其支架的标高进行交接检验。

吊顶工程的木吊杆、木龙骨和木饰面板必须进行防火处理，并应符合有关设计防火规范的规定。吊顶工程中的预埋件、钢筋吊杆和型钢吊杆应进行防锈处理。安装饰面板前应完成吊顶内管道和设备的调试及验收。吊杆距主龙骨端部距离不得大于300mm，当大于300mm时，应增加吊杆。当吊杆长度大于1.5m时，应设置反支撑。当吊杆与设备相遇时，应调整并增设吊杆。重型灯具、电扇及其他重型设备严禁安装在吊顶工程的龙骨上。

二、暗龙骨吊顶工程

暗龙骨也称为三角龙骨，龙骨安装后截面呈倒三角形，饰面板截面为U形（多为金属板），由下向上嵌入式插接在“夹子”龙骨上，饰面板之间缝隙较小，密闭性能相对较好，多用在卫生间等有防潮要求的地方。暗龙骨吊顶工程适用于以轻钢龙骨、铝合金龙骨、木龙骨等为骨架，以石膏板、金属板、矿棉板、木板、塑料板或格栅等为饰面材料的暗龙骨吊顶工程的质量验收。C型轻钢龙骨和卡扣式轻钢龙骨如图5-3和图5-4所示。

图5-3 C型轻钢龙骨

图5-4 卡扣式轻钢龙骨

1. 主控项目

(1) 吊顶标高、尺寸、起拱和造型应符合设计要求。

检验方法：观察；尺量检查。

(2) 饰面材料的材质、品种、规格、图案和颜色应符合设计要求。

检验方法：观察；检查产品合格证书、性能检测报告、进场验收记录和复验报告。

(3) 暗龙骨吊顶工程的吊杆、龙骨和饰面材料的安装必须牢固。

检验方法：观察；手扳检查；检查隐蔽工程验收记录和施工记录。

(4) 吊杆、龙骨的材质、规格、安装间距及连接方式应符合设计要求。金属吊杆、龙骨应经过表面防腐处理；木吊杆、龙骨应进行防腐、防火处理。

检验方法：观察；尺量检查；检查产品合格证书、性能检测报告、进场验收记录和隐蔽工程验收记录。

（5）石膏板的接缝应按其施工工艺标准进行板缝防裂处理。安装双层石膏板时，面层板与基层板的接缝应错开，并不得在同一根龙骨上接缝。

检验方法：观察。

2. 一般项目

（1）饰面材料表面应洁净、色泽一致，不得有翘曲、裂缝及缺损。压条应平直、宽窄一致。

检验方法：观察；尺量检查。

（2）饰面板上的灯具、烟感器、喷淋头、风口箅子等设备的位置应合理、美观，与饰面板的交接应吻合、严密。

检验方法：观察。

（3）金属吊杆、龙骨的接缝应均匀一致，角缝应吻合，表面应平整，无翘曲、锤印。木质吊杆、龙骨应顺直，无劈裂、变形。

检验方法：检查隐蔽工程验收记录和施工记录。

（4）吊顶内填充吸声材料的品种和铺设厚度应符合设计要求，并应有防散落措施。

检验方法：检查隐蔽工程验收记录和施工记录。

（5）暗龙骨吊顶工程安装的允许偏差和检验方法应符合表 5－10 的规定。

表 5－10　　暗龙骨吊顶工程安装的允许偏差和检验方法

项次	项　目	允许偏差/mm				检验方法
		纸面石膏板	金属板	矿棉板	木板、塑料板、格栅	
1	表面平整度	3	2	2	2	用 2m 靠尺和塞尺检查
2	接缝直线度	3	1.5	3	3	拉 5m 线，不足 5m 拉通线，用钢直尺检查
3	接缝高低差	1	1	1.5	1	用钢直尺和塞尺检查

三、明龙骨吊顶工程

明龙骨吊顶工程适用于以轻钢龙骨、铝合金龙骨、木龙骨等为骨架，以石膏板、金属板、矿棉板、塑料板、玻璃板或格栅等为饰面材料的明龙骨吊顶工程的质量验收。明龙骨吊顶一般为活动式吊顶，与铝合金龙骨、轻钢龙骨配套使用或与其他类型龙骨配套使用。

1. 主控项目

（1）吊顶标高、尺寸、起拱和造型应符合设计要求。

检验方法：观察；尺量检查。

（2）饰面材料的材质、品种、规格、图案和颜色应符合设计要求。当饰面材料为玻璃板时，应使用安全玻璃或采取可靠的安全措施。

检验方法：观察；检查产品合格证书、性能检测报告和进场验收记录。

（3）饰面材料的安装应稳固严密。饰面材料与龙骨的搭接宽度应大于龙骨受力面宽度的 2/3。

检验方法：观察；手扳检查；尺量检查。

(4) 吊杆、龙骨的材质、规格、安装间距及连接方式应符合设计要求。金属吊杆、龙骨应进行表面防腐处理；木龙骨应进行防腐、防火处理。

(5) 检验方法：观察；尺量检查；检查产品合格证书、进场验收记录和隐蔽工程验收记录。

(6) 明龙骨吊顶工程的吊杆和龙骨安装必须牢固。

检验方法：手扳检查；检查隐蔽工程验收记录和施工记录。

2. 一般项目

(1) 饰面材料表面应洁净、色泽一致，不得有翘曲、裂缝及缺损。饰面板与明龙骨的搭接应平整、吻合，压条应平直、宽窄一致。

检验方法：观察；尺量检查。

(2) 饰面板上的灯具、烟感器、喷淋头、风口箅子等设备的位置应合理、美观，与饰面板的交接应吻合、严密。

检验方法：观察。

(3) 金属龙骨的接缝应平整、吻合、颜色一致，不得有划伤、擦伤等表面缺陷。木质龙骨应平整、顺直，无劈裂。

检验方法：观察。

(4) 吊顶内填充吸声材料的品种和铺设厚度应符合设计要求，并应有防散落措施。

检验方法：检查隐蔽工程验收记录和施工记录。

(5) 明龙骨吊顶工程安装的允许偏差和检验方法应符合表 5-11 的规定。

表 5-11 明龙骨吊顶工程安装的允许偏差和检验方法

项次	项 目	允许偏差/mm				检 验 方 法
		石膏板	金属板	矿棉板	塑料板、玻璃板	
1	表面平整度	3	2	3	2	用 2m 靠尺和塞尺检查
2	接缝直线度	3	2	3	3	拉 5m 线，不足 5m 拉通线，用钢直尺检查
3	接缝高低差	1	1	2	1	用钢直尺和塞尺检查

3. 吊顶工程常见质量通病与防治措施

(1) 木龙骨安装拱度不匀。

处理方法：木龙骨不平整时，先纠正沿墙四周，使其水平，再纠正拱度；吊杆或吊筋间距过大，必须加设吊筋，以达到平整牢固的要求；吊筋的螺帽上没有大的垫圈时，应补齐。各受力节点必须装钉严密、牢固，符合质量要求及规范要求。

预防措施：吊杆、龙骨要选用比较干燥的松木、杉木等软质木材，要防止受潮或烈日曝晒；安装吊顶龙骨前，应按设计标高根据室内基准线，在四周墙上弹线找平，四周以平线为准，中间按平线起拱，中间起拱为房间短向跨度的 1/200，纵横拱度均应吊均匀；吊杆和龙骨的接头，必须用松木、杉木等软质木材制作，选用合适的圆钉；如装钉时劈裂，必须立即更换和纠正。各受力节点必须装钉严密、牢固。

（2）铝合金吊顶龙骨不对称。

处理方法：更换扭折的主龙骨或次龙骨；纠正拉力不均匀的龙骨；全面拉水平线纠正龙骨的高低差和起拱度。

预防措施：凡是受扭折的龙骨一律不宜采用；根据龙骨的位置，每隔 1.2m 吊一点；一定要拉通线，逐条调整龙骨的高低位置和线条平直。

（3）人造板吊顶面层变形。

处理方法：变形较大的板块必须拆除，龙骨间距过大，则要纠正、补强，增加小龙骨；纤维板要先浸水，纵横拼缝时要留 3～6mm 的缝隙。

预防措施：宜选用优质板材，可以防止板块变形，保证吊顶质量；纤维板宜进行浸水湿处理；胶合板不得浸水和受潮，安装前两面均涂刷油漆，以提高抵抗吸湿变形的能力。用纤维板、胶合板吊顶时，龙骨间距不宜超过 450mm，否则中间应加一根 25mm×40mm 小格栅，以防板块中间下挠。

（4）铝合金扣板面层拼缝与接缝明显。

预防措施：做好下料工作；铝合金等扣板接口处如有变形，安装前必须先纠正，确保接口处紧密；扣板的色泽应一致，拼接与接缝应平顺，扣接要到位。用相同色彩的胶粘剂对接口部位进行修补。

（5）扣板变形、脱落和挠度大。

预防措施：选用的扣板材料质量要达到标准，运输及存放都要有人负责，防止变形；扣板接缝要保持不小于 30mm 的长度，使其搭接牢固；扣板吊顶跨度不宜过大。

（6）吊顶与设备衔接不妥。

预防措施：如果孔洞较大，其孔洞位置应先确定准确，吊顶面板在其部位断开；也可先安装设备，然后再吊顶封口；对小型孔洞，宜在顶部开洞，这样可使吊顶顺利施工，同时也能保证孔洞位置准确；孔洞比较大时，吊杆、龙骨应作特殊处理，洞口周围要加固。

第五节　轻质隔墙工程质量验收与评定

一、一般规定

轻质隔墙工程适用于板材隔墙、骨架隔墙、活动隔墙、玻璃隔墙等分项工程的质量验收，轻质隔墙工程验收时应检查下列文件和记录：①轻质隔墙工程的施工图、设计说明及其他设计文件；②材料的产品合格证书、性能检测报告、进场验收记录和复验报告；③隐蔽工程验收记录；④施工记录。

轻质隔墙工程应对人造木板的甲醛含量进行复验，轻质隔墙工程应对下列隐蔽工程项目进行验收：①骨架隔墙中设备管线的安装及水管试压；②木龙骨防火、防腐处理；③预埋件或拉结筋；④龙骨安装；⑤填充材料的设置。

各分项工程的检验批应按下列规定划分：同一品种的轻质隔墙工程每 50 间（大面积房间和走廊按轻质隔墙的墙面 $30m^2$ 为一间）应划分为一个检验批，不足 50 间也应划分为一个检验批。

二、板材隔墙工程

板材隔墙工程适用于压型金属板（图5-5）、复合轻质墙板（图5-6）、预制或现制的钢丝网水泥板（泰柏板，图5-7）、石膏空心板（蜂窝板，图5-8）等板材隔墙工程的质量验收。板材隔墙工程的每个检验批应至少抽查10%，并不得少于3间；不足3间时应全数检查。

图5-5　压型金属板

图5-6　石棉水泥板面层复合板

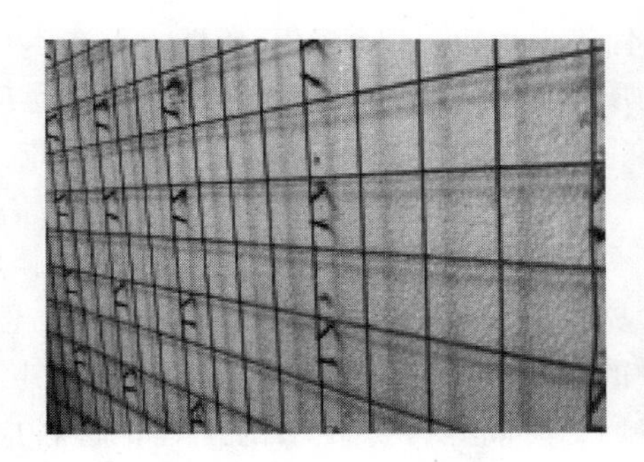

图5-7　泰柏板

图5-8　蜂窝板

1. 主控项目

(1) 隔墙板材的品种、规格、性能、颜色应符合设计要求。有隔声、隔热、阻燃、防潮等特殊要求的工程，板材应有相应性能等级的检测报告。

(2) 安装隔墙板材所需预埋件、连接件的位置、数量及连接方法应符合设计要求。

检验方法：观察；尺量检查；检查隐蔽工程验收记录。

(3) 隔墙板材安装必须牢固。现制钢丝网水泥隔墙与周边墙体的连接方法应符合设计要求，并应连接牢固。

检验方法：观察；手扳检查。

(4) 隔墙板材所用接缝材料的品种及接缝方法应符合设计要求。

检验方法：观察；检查产品合格证书和施工记录。

2. 一般项目

(1) 隔墙板材安装应垂直、平整、位置正确，板材不应有裂缝或缺损。

检验方法：观察；尺量检查。

（2）板材隔墙表面应平整光滑、色泽一致、洁净，接缝应均匀、顺直。

检验方法：观察；手摸检查。

（3）隔墙上的孔洞、槽、盒应位置正确、套割方正、边缘整齐。

检验方法：观察。

（4）板材隔墙安装的允许偏差和检验方法应符合表5－12的规定。

表5－12　板材隔墙安装的允许偏差和检验方法

项次	项　目	允许偏差/mm				检验方法
		复合轻质墙板		石膏空心板	钢丝网水泥板	
		金属夹芯板	其他复合板			
1	立面垂直度	2	3	3	3	用2m垂直检验尺检查
2	表面平整度	2	3	3	3	用2m靠尺和塞尺检查
3	阴阳角方正	3	3	3	4	用直角检测尺检查
4	接缝高低差	1	2	2	3	用钢直尺和塞尺检查

三、骨架隔墙工程

骨架隔墙工程适用于以轻钢龙骨、木龙骨等为骨架，以纸面石膏板、人造木板、水泥纤维板等为墙面板的隔墙工程（图5－9）的质量验收。骨架隔墙工程的检查数量应符合下列规定：每个检验批应至少抽查10%，并不得少于3间；不足3间时应全数检查。

图5－9　轻型龙骨隔墙

1．主控项目

（1）骨架隔墙所用龙骨、配件、墙面板、填充材料及嵌缝材料的品种、规格、性能和木材的含水率应符合设计要求。有隔声、隔热、阻燃、防潮等特殊要求的工程，材料应有相应性能等级的检测报告。

检验方法：观察；检查产品合格证书、进场验收记录、性能检测报告和复验报告。

（2）骨架隔墙工程边框龙骨必须与基体结构连接牢固，并应平整、垂直、位置正确。

检验方法：手扳检查；尺量检查；检查隐蔽工程验收记录。

（3）骨架隔墙中龙骨间距和构造连接方法应符合设计要求。骨架内设备管线的安装、门窗洞口等部位加强龙骨应安装牢固。位置正确，填充材料的设置应符合设计要求。

检验方法：检查隐蔽工程验收记录。

（4）木龙骨及木墙面板的防火和防腐处理必须符合设计要求。

检验方法：检查隐蔽工程验收记录。

（5）骨架隔墙的墙面板应安装牢固，无脱层、翘曲、折裂及缺损。

检验方法：观察；手扳检查。

（6）墙面板所用接缝材料的接缝方法应符合设计要求。

检验方法：观察。

2. 一般项目

(1) 骨架隔墙表面应平整光滑、色泽一致、洁净、无裂缝，接缝应均匀、顺直。

检验方法：观察；手摸检查。

(2) 骨架隔墙上的孔洞、槽、盒应位置正确、套割吻合、边缘整齐。

检验方法：观察。

(3) 骨架隔墙内的填充材料应干燥，填充应密实、均匀、无下坠。

检验方法：轻敲检查；检查隐蔽工程验收记录。

(4) 骨架隔墙安装的允许偏差和检验方法应符合表 5－13 的规定。

表 5－13　　骨架隔墙安装的允许偏差和检验方法

项次	项　目	允许偏差/mm		检 验 方 法
		纸面石膏板	人造木板、水泥纤维板	
1	立面垂直度	3	4	用 2m 垂直检测尺检查
2	表面平整度	3	3	用 2m 靠尺和塞尺检查
3	阴阳角方正	3	3	用直角检测尺检查
4	接缝直线度	—	3	拉 5m 线，不足 5m 拉通线，用钢直尺检查
5	压条直线度	—	3	拉 5m 线，不足 5m 拉通线，用钢直尺检查
6	接缝高低差	1	1	用钢直尺和塞尺检查

四、活动隔墙工程

活动隔墙工程（图 5－10）适用于各种活动隔墙工程的质量验收。活动隔墙工程的检查数量应符合下列规定：每个检验批应至少抽查 20%，并不得少于 6 间；不足 6 间时应全数检查。

1. 主控项目

(1) 活动隔墙所用墙板、配件等材料的品种、规格、性能和木材的含水率应符合设计要求。有阻燃、防潮等特性要求的工程，材料应有相应性能等级的检测报告。

检验方法：观察；检查产品合格证书、进场验收记录、性能检测报告和复验报告。

图 5－10　活动隔墙工程

(2) 活动隔墙轨道必须与基体结构连接牢固，并应位置正确。

检验方法：尺量检查；手扳检查。

(3) 活动隔墙用于组装、推拉和制动的构配件必须安装牢固、位置正确，推拉必须安全、平稳、灵活。

检验方法：尺量检查；手扳检查；推拉检查。

(4) 活动隔墙制作方法、组合方式应符合设计要求。

检验方法：观察。

2. 一般项目

(1) 活动隔墙表面应色泽一致、平整光滑、洁净，线条应顺直、清晰。

检验方法：观察；手摸检查。

(2) 活动隔墙上的孔洞、槽、盒应位置正确、套割吻合、边缘整齐。

检验方法：观察；尺量检查。

(3) 活动隔墙推拉应无噪声。

检验方法：推拉检查。

活动隔墙安装的允许偏差和检验方法应符合表 5-14 的规定。

表 5-14　　活动隔墙安装的允许偏差和检验方法

项次	项　目	允许偏差/mm	检 验 方 法
1	立面垂直度	3	用 2m 垂直检测尺检查
2	表面平整度	2	用 2m 靠尺和塞尺检查
3	接缝直线度	3	拉 5m 线，不足 5m 拉通线，用钢直尺检查
4	接缝高低差	2	用钢直尺和塞尺检查
5	接缝宽度	2	用钢直尺检查

五、玻璃隔墙工程

玻璃隔墙工程适用于玻璃砖、玻璃板隔墙工程的质量验收。玻璃隔墙工程的检查数量应符合下列规定：每个检验批应至少抽查 20%，并不得少于 6 间；不足 6 间时应全数检查。

1. 主控项目

(1) 玻璃隔墙工程所用材料的品种、规格、性能、图案和颜色应符合设计要求。玻璃板隔墙应使用安全玻璃。

检验方法：观察；检查产品合格证书、进场验收记录和性能检测报告。

(2) 玻璃砖隔墙（图 5-11）的砌筑或玻璃板隔墙的安装方法应符合设计要求。

检验方法：观察。

图 5-11　玻璃砖隔墙

(3) 玻璃砖隔墙砌筑中埋设的拉结筋必须与基体结构连接牢固，并应位置正确。

检验方法：手扳检查；尺量检查；检查隐蔽工程验收记录。

(4) 玻璃板隔墙的安装必须牢固；玻璃板隔墙胶垫的安装应正确。

检验方法：观察；手推检查；检查施工记录。

2. 一般项目

(1) 玻璃隔墙表面应色泽一致、平整洁净、清晰美观。

检验方法：观察。

（2）玻璃隔墙接缝应横平竖直，玻璃应无裂痕、缺损和划痕。

检验方法：观察。

（3）玻璃板隔墙嵌缝及玻璃砖隔墙勾缝应密实平整、均匀顺直、深浅一致。

检验方法：观察。

玻璃隔墙安装的允许偏差和检验方法应符合表5－15的规定。

表5－15　　玻璃隔墙安装的允许偏差和检验方法

项次	项　目	允许偏差/mm		检验方法
		玻璃砖	玻璃板	
1	立面垂直度	3	2	用2m垂直检测尺检查
2	表面平整度	3	—	用2m靠尺和塞尺检查
3	阴阳角方正	—	2	用直角检测尺检查
4	接缝直线度	—	2	拉5m线，不足5m拉通线，用钢直尺检查
5	接缝高低差	3	2	用钢直尺和塞尺检查
6	接缝宽度	—	1	用钢直尺检查

第六节　饰面板（砖）工程质量验收与评定

一、一般规定

饰面板（砖）工程适用于饰面板安装、饰面砖粘贴等分项工程的质量验收。

（1）饰面板（砖）工程验收时应检查下列文件和记录：

1）饰面板（砖）工程的施工图、设计说明及其他设计文件。

2）材料的产品合格证书、性能检测报告、进场验收记录和复验报告。

3）后置埋件的现场拉拔检测报告。

4）外墙饰面砖样板件的粘结强度检测报告。

5）隐蔽工程验收记录。

6）施工记录。

（2）饰面板（砖）工程应对下列材料及其性能指标进行复验：

1）室内用花岗石的放射性。

2）粘贴用水泥的凝结时间、安定性和抗压强度。

3）外墙陶瓷面砖的吸水率。

4）寒冷地区外墙陶瓷面砖的抗冻性。

（3）饰面板（砖）工程应对预埋件（或后置埋件）、连接节点和防水层三个隐蔽工程项目进行验收。

（4）各分项工程的检验批应按下列规定划分：

1）相同材料、工艺和施工条件的室内饰面板（砖）工程每50间（大面积房间和走廊按施工面积30m^2为一间）应划分为一个检验批，不足50间也应划分为一个检验批。

2）相同材料、工艺和施工条件的室外饰面板（砖）工程每500～1000m^2应划分为一个检验批，不足 500m² 也应划分为一个检验批。

（5）检查数量应符合下列规定：

1）室内每个检验批应至少抽查 10%，并不得少于 3 间；不足 3 间时应全数检查。

2）室外每个检验批每 $100m^2$ 应至少抽查一处，每处不得小于 $10m^2$。

（6）外墙饰面砖粘贴前和施工过程中，均应在相同基层上做样板件，并对样板件的饰面砖粘结强度进行检验，其检验方法和结果判定应符合《建筑工程饰面砖粘结强度检验标准》（JGJ/T 110—2017）的规定。

（7）饰面板（砖）工程的抗震缝、伸缩缝、沉降缝等部位的处理应保证缝的使用功能和饰面的完整性。

二、饰面板安装分项工程

饰面板安装分项工程适用于内墙饰面板安装工程和高度不大于 24m、抗震设防烈度不大于Ⅶ度的外墙饰面板安装工程的质量验收。常见饰面板材如图 5-12～图 5-14 所示。

图 5-12　文化石

图 5-13　人造石英石

图 5-14　有机玻璃饰面板

1. 主控项目

（1）饰面板的品种、规格、颜色和性能应符合设计要求，木龙骨、木饰面板和塑料饰面板的燃烧性能等级应符合设计要求。

检验方法：观察；检查产品合格证书、进场验收记录和性能检测报告。

（2）饰面板孔、槽的数量、位置和尺寸应符合设计要求。

检验方法：检查进场验收记录和施工记录。

（3）饰面板安装工程的预埋件（或后置埋件）、连接件的数量、规格、位置、连接方法和防腐处理必须符合设计要求。后置埋件的现场拉拔强度必须符合设计要求。饰面板安装必须牢固。

检验方法：手扳检查；检查进场验收记录、现场拉拔检测报告、隐蔽工程验收记录和施工记录。

2. 一般项目

（1）饰面板表面应平整、洁净、色泽一致，无裂痕和缺损。石材表面应无泛碱等污染。

检验方法：观察。

（2）饰面板嵌缝应密实、平直，宽度和深度应符合设计要求，嵌填材料色泽应一致。

检验方法：观察；尺量检查。

（3）采用湿作业法施工的饰面板工程，石材应进行防碱背涂处理。饰面板与基体之间的灌注材料应饱满、密实。

检验方法：用小锤轻击检查；检查施工记录。

（4）饰面板上的孔洞应套割吻合，边缘应整齐。

检验方法：观察检查。

（5）饰面板安装的允许偏差和检验方法按表5-16的规定。

表5-16 饰面板安装的允许偏差和检验方法

项次	项 目	允许偏差/mm							检验方法
		石材			瓷板	木材	塑料	金属	
		光面	剁斧石	蘑菇石					
1	立面垂直度	2	3	3	2	1.5	2	2	用2m垂直检测尺检查
2	表面平整度	2	3	—	1.5	1	3	3	用2m靠尺和塞尺检查
3	阴阳角方正	2	4	4	2	1.5	3	3	用直角检测尺检查
4	接缝直线度	2	4	4	2	1	1	1	拉5m线，不足5m拉通线，用钢直尺检查
5	墙裙、勒脚上口直线度	2	3	3	2	2	2	2	拉5m线，不足5m拉通线，用钢直尺检查
6	接缝高低差	0.5	3	—	0.5	0.5	1	1	用钢直尺和塞尺检查
7	接缝宽度	1	2	2	1	1	1	1	用钢直尺检查

三、饰面砖粘贴分项工程

饰面砖粘贴工程适用于内墙饰面砖粘贴工程和高度不大于100m、抗震设防烈度不大于Ⅷ度、采用满粘法施工的外墙饰面砖粘贴工程的质量验收。常见饰面砖如图5-15～图5-17所示。

图5-15 陶制釉面砖

图5-16 玻化砖

图5-17 抛光砖

1. 主控项目

（1）饰面砖的品种、规格、图案、颜色和性能应符合设计要求。

检验方法：观察；检查产品合格证书、进场验收记录、性能检测报告和复验报告。

（2）饰面砖粘贴工程的找平、防水、粘接和勾缝材料及施工方法应符合设计要求及国家现行产品标准和工程技术标准的规定。

检验方法：检查产品合格证书、复验报告和隐蔽工程验收记录。

（3）饰面砖粘贴必须牢固。

检验方法：检查样板件粘结强度检测报告和施工记录。

（4）满粘法施工的饰面砖工程应无空鼓、裂缝。

检验方法：观察；用小锤轻击检查。

2. 一般项目

（1）饰面砖表面应平整、洁净、色泽一致，无裂痕和缺损。

检验方法：观察。

（2）阴阳角处搭接方式、非整砖使用部位应符合设计要求。

检验方法：观察。

（3）墙面突出物周围的饰面砖应整砖套割吻合，边缘应整齐。墙裙、贴脸突出墙面的厚度应一致。

检验方法：观察；尺量检查。

（4）饰面砖接缝应平直、光滑，填嵌应连续、密实；宽度和深度应符合设计要求。

检验方法：观察；尺量检查。

（5）有排水要求的部位应做滴水线（槽）。滴水线（槽）应顺直，流水坡向应正确，坡度应符合设计要求。

检验方法：观察；用水平尺检查。

（6）饰面砖粘贴的允许偏差和检验方法应符合表 5－17 的规定。

表 5－17　饰面砖粘贴的允许偏差和检验方法

项次	项　目	允许偏差/mm		检 验 方 法
		外墙面砖	内墙面砖	
1	立面垂直度	3	2	用 2m 垂直检测尺检查
2	表面平整度	4	3	用 2m 靠尺和塞尺检查
3	阴阳角方正	3	3	用直角检测尺检查
4	接缝直线度	3	2	拉 5m 线，不足 5m 拉通线，用钢直尺检查
5	接缝高低差	1	0.5	用钢直尺和塞尺检查
6	接缝宽度	1	1	用钢直尺检查

第七节　涂饰工程质量验收与评定

一、涂饰子分部工程

涂饰子分部工程于水性涂料涂饰、溶剂型涂料涂饰、美术涂饰等分项工程的质量验收。涂饰工程施工如图 5－18 所示，彩砂涂料如图 5－19 所示。

（1）涂饰工程验收时应检查下列文件和记录：

1）涂饰工程的施工图、设计说明及其他设计文件。

2）材料的产品合格证书、性能检测报告和进场验收记录。

3）施工记录。

（2）各分项工程的检验批应按下列规定划分：

1）室外涂饰工程每一栋楼的同类涂料涂饰的墙面每 500～1000m^2 应划分为一个检验批，不足 500m^2 也应划分为一个检验批。

图 5-18　涂饰工程施工

图 5-19　彩砂涂料

2）室内涂饰工程同类涂料涂饰的墙面每 50 间（大面积房间和走廊按涂饰面积 30m^2 为一间）应划分为一个检验批，不足 50 间也应划分为一个检验批。

（3）检查数量应符合下列规定：

1）室外涂饰工程每 100m^2 应至少检查一处，每处不得小于 10m^2。

2）室内涂饰工程每个检验批应至少抽查 10%，并不得少于 3 间；不足 3 间时应全数检查。

（4）涂饰工程的基层处理应符合下列要求：

1）新建筑物的混凝土或抹灰基层在涂饰涂料前应涂刷抗碱封闭底漆。

2）旧墙面在涂饰涂料前应清除疏松的旧装修层，并涂刷界面剂。

3）混凝土或抹灰基层涂刷溶剂型涂料时，含水率不得大于 8%；涂刷乳液型涂料时，含水率不得大于 10%。木材基层的含水率不得大于 12%。

4）基层腻子应平整、坚实、牢固，无粉化、起皮和裂缝；内墙腻子的粘结强度应符合《建筑室内用腻子》（JG/T 298—2010）的规定。

5）厨房、卫生间墙面必须使用耐水腻子。

（5）水性涂料涂饰工程施工的环境温度应在 5～35℃之间。

（6）涂饰工程应在涂层养护期满后进行质量验收。

二、水性涂料涂饰分项工程

水性涂料涂饰工程适用于乳液型涂料、无机涂料、水溶性涂料等水性涂料涂饰工程的质量验收。

1. 主控项目

（1）水性涂料涂饰工程所用涂料的品种、型号和性能应符合设计要求。

检验方法：检查产品合格证书、性能检测报告和进场验收记录。

（2）水性涂料涂饰工程的颜色、图案应符合设计要求。

检验方法：观察。

(3) 水性涂料涂饰工程应涂饰均匀、粘接牢固，不得漏涂、透底、起皮和掉粉。

检验方法：观察；手摸检查。

2. 一般项目

(1) 薄涂料的涂饰质量和检验方法应符合表5-18的规定。

表5-18 薄涂料的涂饰质量和检验方法

项次	项目	普通涂饰	高级涂饰	检验方法
1	颜色	均匀一致	均匀一致	观察
2	泛碱、咬色	允许少量轻微	不允许	
3	流坠、疙瘩	允许少量轻微	不允许	
4	砂眼、刷纹	允许少量轻微砂眼，刷纹通顺	无砂眼，无刷纹	
5	装饰线、分色线直线度允许偏差/mm	2	1	拉5m线，不足5m拉通线，用钢直尺检查

(2) 厚涂料的涂饰质量和检验方法应符合表5-19的规定。

表5-19 厚涂料的涂饰质量和检验方法

项次	项目	普通涂饰	高级涂饰	检验方法
1	颜色	均匀一致	均匀一致	观察
2	泛碱、咬色	允许少量轻微	不允许	
3	点状分布	—	疏密均匀	

(3) 复合涂料的涂饰质量和检验方法应符合表5-20的规定。

表5-20 复合涂料的涂饰质量和检验方法

项次	项目	质量要求	检验方法
1	颜色	均匀一致	观察
2	泛碱、咬色	不允许	
3	喷点疏密程度	均匀，不允许连片	

(4) 涂层与其他装修材料和设备衔接处应吻合，界面应清晰。

检验方法：观察。

三、溶剂型涂料涂饰分项工程

溶剂型涂料涂饰工程适用于丙烯酸酯涂料、聚氨酯丙烯酸涂料、有机硅丙烯酸涂料等溶剂型涂料涂饰工程的质量验收。

1. 主控项目

(1) 溶剂型涂料涂饰工程所选用涂料的品种、型号和性能应符合设计要求。

检验方法：检查产品合格证书、性能检测报告和进场验收记录。

（2）溶剂型涂料涂饰工程的颜色、光泽、图案应符合设计要求。

检验方法：观察。

（3）溶剂型涂料涂饰工程应涂饰均匀、粘接牢固，不得漏涂、透底、起皮和反锈。

检验方法：观察；手摸检查。

2. 一般项目

（1）色漆的涂饰质量和检验方法应符合表 5-21 的规定。

表 5-21　色漆的涂饰质量和检验方法

项次	项　目	普通涂饰	高级涂饰	检验方法
1	颜色	均匀一致	均匀一致	观察
2	光泽、光滑	光泽基本均匀 光滑无挡手感	光泽均匀一致光滑	观察、手摸检查
3	刷纹	刷纹通顺	无刷纹	观察
4	裹棱、流坠、皱皮	明显处不允许	不允许	观察
5	装饰线、分色线直线度允许偏差/mm	2	1	拉 5m 线，不足 5m 拉通线，用钢直尺检查

注　无光色漆不检查光泽。

（2）清漆的涂饰质量和检验方法应符合表 5-22 的规定。

表 5-22　清漆的涂饰质量和检验方法

项次	项　目	普通涂饰	高级涂饰	检验方法
1	颜色	基本一致	均匀一致	观察
2	木纹	棕眼刮平、木纹清楚	棕眼刮平、木纹清楚	观察
3	光泽、光滑	光泽基本均匀 光滑无挡手感	光泽均匀一致光滑	观察、手摸检查
4	刷纹	无刷纹	无刷纹	观察
5	裹棱、流坠、皱皮	明显处不允许	不允许	观察

（3）涂层与其他装修材料和设备衔接处应吻合，界面应清晰。

检验方法：观察。

四、美术涂饰工程

美术涂饰工程适用于套色涂饰、滚花涂饰、仿花纹涂饰等室内外美术涂饰工程的质量验收。

1. 主控项目

（1）美术涂饰所用材料的品种、型号和性能应符合设计要求。

检验方法：观察；检查产品合格证书、性能检测报告和进场验收记录。

（2）美术涂饰工程应涂饰均匀、粘接牢固，不得漏涂、透底、起皮、掉粉和反锈。

检验方法；观察；手摸检查。

（3）美术涂饰工程的基层处理应符合规范要求。

检验方法：观察；手摸检查；检查施工记录。

(4) 美术涂饰的套色、花纹和图案应符合设计要求。

检验方法：观察。

2. 一般项目

(1) 美术涂饰表面应洁净，不得有流坠现象。

检验方法：观察。

(2) 仿花纹涂饰的饰面应具有被模仿材料的纹理。

检验方法：观察。

(3) 套色涂饰的图案不得移位，纹理和轮廓应清晰。

检验方法：观察。

第八节 裱糊与软包工程质量验收与评定

一、一般规定

(1) 裱糊与软包工程验收时应检查下列文件和记录：

1) 裱糊与软包工程的施工图、设计说明及其他设计文件。

2) 饰面材料的样板及确认文件。

3) 材料的产品合格证书、性能检测报告、进场验收记录和复验报告。

4) 施工记录。

(2) 各分项工程的检验批应按下列规定划分：同一品种的裱糊或软包工程每50间(大面积房间和走廊按施工面积30m^2为一间)应划分为一个检验批，不足50间也应划分为一个检验批。

(3) 检查数量应符合下列规定：

1) 裱糊工程每个检验批应至少抽查10%，并不得少于3间，不足3间时应全数检查。

2) 软包工程每个检验批应至少抽查20%，并不得少于6间，不足6间时应全数检查。

(4) 裱糊前，基层处理质量应达到下列要求：

1) 新建筑物的混凝土或抹灰基层墙面在刮腻子前应涂刷抗碱封闭底漆。

2) 旧墙面在裱糊前应清除疏松的旧装修层，并涂刷界面剂。

3) 混凝土或抹灰基层含水率不得大于8%；木材基层的含水率不得大于12%。

4) 基层腻子应平整、坚实、牢固，无粉化、起皮和裂缝；腻子的粘结强度应符合《建筑室内用腻子》(JG/T 298—2010) N型的规定。

5) 基层表面平整度、立面垂直度及阴阳角方正应达到规范高级抹灰的要求。

6) 基层表面颜色应一致。

7) 裱糊前应用封闭底胶涂刷基层。

二、裱糊工程

裱糊工程适用于聚氯乙烯塑料壁纸、复合纸质壁纸、墙布等裱糊工程的质量验收。

1. 主控项目

（1）壁纸、墙布的种类、规格、图案、颜色和燃烧性能等级必须符合设计要求及国家现行标准的有关规定。

检验方法：观察；检查产品合格证书、进场验收记录和性能检测报告。

（2）裱糊后各幅拼接应横平竖直，拼接处花纹、图案应吻合，不离缝，不搭接，不显拼缝。

检验方法：观察；拼缝检查距离墙面 1.5m 处正视。

（3）壁纸、墙布应粘贴牢固，不得有漏贴、补贴、脱层、空鼓和翘边。

检验方法：观察；手摸检查

2. 一般项目

（1）裱糊后的壁纸、墙布表面应平整，色泽应一致，不得有波纹起伏、气泡、裂缝、皱折及斑污，斜视时应无胶痕。

检验方法：观察；手摸检查。

（2）复合压花壁纸的压痕及发泡壁纸的发泡层应无损坏。

检验方法：观察。

（3）壁纸、墙布与各种装饰线、设备线盒应交接严密。

检验方法：观察。

（4）壁纸、墙布边缘应平直整齐，不得有纸毛、飞刺。

检验方法：观察。

（5）壁纸、墙布阴角处搭接应顺光，阳角处应无接缝。

检验方法：观察。

三、软包工程

软包工程适用于墙面、门等软包工程的质量验收。

1. 主控项目

（1）软包面料、内衬材料及边框的材质、颜色、图案、燃烧性能等级和木材的含水率应符合设计要求及国家现行标准的有关规定。

检验方法：观察；检查产品合格证书、进场验收记录和性能检测报告。

（2）软包工程的安装位置及构造做法应符合设计要求。

检验方法：观察；尺量检查；检查施工记录。

（3）软包工程的龙骨、衬板、边框应安装牢固，无翘曲，拼缝应平直。

检验方法：观察；手扳检查。

（4）单块软包面料不应有接缝，四周应绷压严密。

检验方法：观察；手摸检查。

2. 一般项目

（1）软包工程表面应平整、洁净，无凹凸不平及皱折；图案应清晰、无色差，整体应协调美观。

检验方法：观察。

（2）软包边框应平整、顺直、接缝吻合。

检验方法：观察；手摸检查。

(3) 清漆涂饰木制边框的颜色、木纹应协调一致。

检验方法：观察。

(4) 软包工程安装的允许偏差和检验方法应符合表5-23的规定。

表5-23 软包工程安装的允许偏差和检验方法

项次	项 目	允许偏差/mm	检 验 方 法
1	垂直度	3	用1m垂直检测尺检查
2	边框宽度、高度	0；-2	用钢尺检查
3	对角线长度差	3	用钢尺检查
4	裁口、线条接缝高低差	1	用钢直尺和塞尺检查

思考与训练

一、单选题

1. 普通抹灰的表面平整度允许偏差为4mm，检查验收时，应采用（　　）检查。

A. 2m垂直检测尺　　B. 直角检测尺

C. 2m靠尺和塞尺　　D. 拉5m通线

2. 不属于抹灰工程质量检查验收主控项目的是（　　）。

A. 基层表面　　B. 表面质量

C. 操作要求　　D. 层黏结及层质量

3. 一般抹灰工程质量控制中，室内每个检验批不得少于（　　）间。

A. 3　　B. 5　　C. 7　　D. 9

4. “表面光滑、洁净、颜色均匀、无抹纹，分格缝和灰线清晰美观”是（　　）的合格质量标准。

A. 装饰抹灰　　B. 一般抹灰　　C. 高级抹灰　　D. 中级抹灰

5. 一般抹灰前基层表面的尘土、污垢、油渍等应清除干净，并应洒水润湿，其检验方法为（　　）。

A. 观察检查　　B. 手摸检查

C. 检查施工记录　　D. 检查隐蔽工程验收记录

6. 一般抹灰工程中，普通抹灰的表面垂直度允许误差为4mm，其检验方法为（　　）。

A. 用2m垂直检测尺检查　　B. 用2m靠尺和塞尺检查

C. 直尺检查　　D. 用钢尺检查

7. 在装饰抹灰中，各抹灰层之间及抹灰层与基体之间必须粘接牢固，抹灰层应无脱层、空鼓和裂缝，其检验方法不正确的是（　　）。

A. 观察检查　　B. 用小锤轻击检查

C. 尺量检查　　D. 检查施工记录

8. 门、窗工程中，木门、窗框的安装必须牢固，预埋木砖的防腐处理、木门窗框固定点的数量、位置及固定方法应符合设计要求，其检验方法错误的是（　　）。

A. 观察检查　　B. 手扳检查

C. 开启和关闭检查　　D. 检查隐蔽工程验收记录

9. 下列选项中，不属于木门、窗安装与制作一般项目的是（　　）。

A. 木门、窗表面应洁净，不得有刨痕、锤印

B. 木门、窗的割角、拼缝应严密平整；门窗框、扇裁口应顺直，刨面应平整

C. 木门、窗与墙体间缝隙的填嵌材料应符合设计要求，填嵌应饱满；寒冷地区外门窗（或门窗框）与砌体间的空隙应填充保温材料

D. 木门、窗扇必须安装牢固，并应开关灵活，关闭严密，无倒翘

10. 木门窗安装质量的检查与验收检验批应至少抽查5%，并不得少于（　　）樘。

A. 3　　B. 4　　C. 5　　D. 6

11. 同一品种、类型和规格的金属门窗及门窗玻璃一个检验批为（　　）樘。

A. 50　　B. 100　　C. 120　　D. 150

12. 门、窗工程中，金属门、窗配件的型号、规格、数量应符合设计要求，安装应牢固，位置应正确，功能应满足使用要求，其检验方法错误的是（　　）。

A. 观察检查　　B. 用弹簧秤检查　　C. 开启和关闭检查　　D. 手扳检查

13. 铝合金门、窗推拉门窗扇开关力应不大于100N，其检验方法正确的是（　　）。

A. 用弹簧秤检查　　B. 手扳检查

C. 观察检查　　D. 轻敲门窗框检查

14. 门、窗玻璃表面应洁净，不得有腻子、密封胶、涂料等污渍，其检验方法是（　　）。

A. 手扳检查　　B. 轻敲检查

C. 检查产品合格证明书　　D. 观察检查

15. 下列选项中，不属于暗龙骨吊顶工程主控项目的是（　　）。

A. 吊顶标高、尺寸、起拱和造型应符合设计要求

B. 饰面材料表面应洁净、色泽一致，不得有翘曲、裂缝及缺损，压条应平直、宽窄一致

C. 饰面材料的材质、品种、规格、图案和颜色应符合设计要求

D. 暗龙骨吊顶工程的吊杆、龙骨和饰面材料的安装必须牢固

16. 暗龙骨吊顶内填充吸声材料的品种和铺设厚度应符合设计要求，并应有防散落措施，其检验方法正确的是（　　）。

A. 观察检查　　B. 检查隐藏工程验收记录

C. 尺量检查　　D. 手扳检查

17. 下列选项中，不属于骨架隔墙工程一般项目的是（　　）。

A. 骨架隔墙表面应平整光滑、色泽一致、洁净、无裂缝，接缝应均匀、顺直

B. 骨架隔墙上的孔洞、槽、盒应位置正确、套割吻合、边缘整齐

C. 骨架隔墙内的填充材料应干燥，填充应密实、均匀、无下坠

D. 墙面板所用接缝材料的接缝方法应符合设计要求

18. 骨架隔墙的墙面板应安装牢固，无脱层、翘曲、折裂及缺损，其检验方法正确的

是（　　）。

A. 手扳检查　　B. 尺量检查

C. 检查产品合格证明书　　D. 检查隐藏工程验收记录

19. 饰面工程中，饰面板上的孔洞应套割吻合，边缘应整齐，其检验方法正确的是（　　）。

A. 尺量检查　　B. 检查施工记录

C. 用小锤轻击检查　　D. 观察检查

20. 下列选项中，关于饰面砖粘贴工程，说法错误的是（　　）。

A. 饰面砖粘贴工程有主控项目和一般项目

B. 适用于外墙饰面砖粘贴工程

C. 高度不大于100m、抗震设防烈度不大于Ⅷ度

D. 采用满粘法施工的外墙饰面砖粘贴工程的质量验收

21. 饰面工程中，饰面砖粘贴必须牢固，其检验方法是（　　）。

A. 观察检查　　B. 手摸检查

C. 检查样板件粘结强度检测报告　　D. 脚踩检查

22. 涂料施工中，基层腻子应平整、坚实、牢固、（　　）、起皮和裂缝，粘结强度应符合有关规定。

A. 无粉化　　B. 色泽均匀　　C. 光洁　　D. 不掉色

23. 粘贴室内面砖时，如无设计规定，面砖的接缝宽度为（　　）mm。

A. <1　　B. 1～1.5　　C. >1.5　　D. 10～15

二、多选题

1. 一般抹灰工程质量检查与验收中，主控项目的检验包括（　　）。

A. 基层表面　　B. 材料品种性能

C. 操作要求　　D. 表面质量

2. 关于抹灰工程的检验批的规定，正确的有（　　）。

A. 相同材料、工艺和施工条件的室外抹灰工程每500～1000m² 分成一个检验批

B. 相同材料、工艺和施工条件的室内抹灰每50个自然间划分成一个检验批

C. 大面积房间和走廊按抹灰面积30m² 为一间，以相当于50个自然间的面积划成一个检验批

D. 不足50间不检验

3. 一般抹灰所用材料的品种和性能应符合设计要求。水泥的凝结时间和安定性复验应合格。砂浆的配合比应符合设计要求，这些设计要求的检验方法有（　　）。

A. 检查产品合格证书　　B. 检查进场验收记录

C. 检查隐藏工程验收记录　　D. 检查复验报告

E. 检查施工记录

4. 一般抹灰中，抹灰层与基层之间及各抹灰层之间必须粘接牢固，抹灰层应无脱层、面层应无爆灰和裂缝，其检验方法有（　　）。

A. 观察检查　　B. 手摸检查

C. 用小锤轻击检查　　D. 检查施工记录

E. 检查产品合格证书

5. 装饰抹灰工程所用材料的品种和性能应符合设计要求、水泥的凝结时间和安定性复验应合格、砂浆的配合比应符合设计要求，这些要求的检验方法有（　　）。

A. 观察检查　　B. 检查产品合格证书

C. 检查进场验收记录　　D. 检查复验记录

E. 检查施工记录

6. 装饰抹灰的主控项目有（　　）。

A. 操作要求　　B. 层黏结和面层质量

C. 表面质量　　D. 材料品种和性能

7. 木门、窗批水、盖口条、压缝条、密封条的安装应顺直，与门窗接合应牢固、严密，其检验方法正确的是（　　）

A. 观察检查　　B. 检查材料进场验收记录

C. 手扳检查　　D. 开启和关闭检查

E. 检查复验报告

8. 塑料门、窗框与墙体间缝隙应采用闭孔弹性材料填嵌饱满，表面应采用密封胶密封。密封胶应粘接牢固，表面应光滑、顺直、无裂纹，其检验方法正确的是（　　）。

A. 尺量检查　　B. 观察检查

C. 手扳检查　　D. 检查隐藏工程验收记录

E. 用弹簧秤检查

9. 下列属于门、窗玻璃安装主控项目的是（　　）。

A. 门、窗玻璃裁割尺寸应正确。安装后的玻璃应牢固，不得有裂纹、损伤和松动

B. 凡玻璃的安装方法应符合设计要求

C. 镶钉木压条接触玻璃处，应与裁口边缘平齐。缘紧贴，割角应整齐

D. 门窗玻璃不应直接接触型材

E. 腻子应填抹饱满、粘接牢固；腻子边缘与裁口应平齐。固定玻璃的卡子不应在腻子表面显露

10. 暗龙骨吊顶标高、尺寸、起拱和造型应符合设计要求，其检查方法正确的是（　　）。

A. 观察检查　　B. 手扳检查　　C. 检查施工记录

D. 尺量检查　　E. 检查产品合格证明书

11. 明龙骨吊顶工程的吊杆和龙骨安装必须牢固，其检验方法正确的是（　　）。

A. 检查产品合格证明书　　B. 观察检查

C. 手扳检查　　D. 检查隐藏工程验收记录

E. 检查施工记录

12. 板材隔墙表面应平整光滑、色泽一致、洁净，接缝应均匀、顺直，其检查方法正确的是（　　）。

A. 观察检查　　B. 手摸检查

C. 尺量检查　　D. 检查产品合格证明书

E. 检查进场验收记录

13. 骨架隔墙工程边框龙骨必须与基体结构连接牢固，并应平整、垂直、位置正确，其检验方法正确的是（　　）。

A. 观察检查　　B. 手扳检查

C. 尺量检查　　D. 检查隐藏工程验收记录

E. 检查产品合格证明书

14. 门窗附件安装必须在（　　）等抹灰完成后进行。

A. 地墙面　　B. 顶棚　　C. 屋面　　D. 窗台

15. 属于溶剂型涂料涂饰工程质量检查与验收的主控项目是（　　）。

A. 涂料质量　　B. 颜色、光泽、质量

C. 基层处理　　D. 清漆涂饰质量

16. 水性涂料涂饰工程应涂饰均匀、粘接牢固，不得漏涂、透底、起皮和掉粉，其检验方法正确的是（　　）。

A. 观察检查　　B. 手摸检查

C. 脚踩检查　　D. 检查施工记录

E. 检查产品合格证明书

三、案例分析题

某宾馆大堂改造工程，业主与承包单位签订了工程施工合同。施工内容包括：结构拆除改造、墙面干挂西班牙米黄石材，局部木饰面板、天花为轻钢暗龙骨石膏板造型天花、地面湿贴西班牙米黄石材及配套的灯具、烟感、设备检查口、风口安装等，二层跑马廊距地面 6m 高，护栏采用玻璃。

根据以上内容，回答下列问题：

1. 暗龙骨吊顶工程安装允许偏差和检验方式应符合什么规定？

2. 请问在吊顶工程施工时应对哪些项目进行隐蔽验收？

第六章

屋面工程质量验收与评定

第一节 屋面工程质量验收基本规定

建筑工程防水是建筑产品的一项重要功能，它关系到建筑物的使用价值、使用条件及卫生条件，影响到人们的生产活动、工作生活质量，对保证工程质量具有重要的地位。随着社会生活条件的不断改善，人们越来越重视自己的生活质量，在防水条件上要求不断增高。近年来，伴随着社会科技的发展，新型防水材料及其应用技术发展迅速，并朝着由多层向单层、由热施工向冷施工的方向发展。面对科学技术的不断进步与更新，掌握屋面防水工程的质量验收与评定显得尤为重要。

（1）屋面工程应根据建筑物的性质、重要程度、使用功能要求，按不同屋面防水等级进行设防。屋面防水等级和设防要求应符合现行国家标准《屋面工程技术规范》（GB 50345）的有关规定。

（2）施工单位应取得建筑防水和保温工程相应等级的资质证书，作业人员应持证上岗。

（3）施工单位应建立、健全施工质量的检验制度，严格工序管理，做好隐蔽工程的质量检查和记录。

（4）屋面工程施工前应通过图纸会审，施工单位应掌握施工图中的细部构造及有关技术要求；施工单位应编制屋面工程专项施工方案，并应经监理单位或建设单位审查确认后执行。

（5）对屋面工程采用的新技术，应按有关规定经过科技成果鉴定、评估或新产品、新技术鉴定。施工单位应对新的或首次采用的新技术进行工艺评价，并应制定相应技术质量标准。

（6）屋面工程所用的防水、保温材料应有产品合格证书和性能检测报告，材料的品种、规格、性能等必须符合国家现行产品标准和设计要求。产品质量应由经过省级以上建设行政主管部门对其资质认可和质量技术监督部门对其计量认证的质量检测单位进行检测。

（7）防水、保温材料进场验收应符合下列规定：

1）应根据设计要求对材料的质量证明文件进行检查，并应经监理工程师或建设单位代表确认，纳入工程技术档案。

2）应对材料的品种、规格、包装、外观和尺寸等进行检查验收，并应经监理工程师或建设单位代表确认，形成相应验收记录。

3）防水、保温材料进场检验项目及材料标准应符合《屋面工程质量验收规范》（GB

50207—2012）的规定。材料进场检验应执行见证取样送检制度，并应提出进场检验报告。

4）进场检验报告的全部项目指标均达到技术标准规定应为合格，不合格材料不得在工程中使用。

（8）屋面工程使用的材料应符合国家现行有关标准对材料有害物质限量的规定，不得对周围环境造成污染。

（9）屋面工程各构造层的组成材料，应分别与相邻层次的材料相容。

（10）屋面工程施工时，应建立各道工序的自检、交接检和专职人员检查的“三检”制度，并应有完整的检查记录。每道工序施工完成后，应经监理单位或建设单位检查验收，并应在合格后再进行下道工序的施工。

（11）当进行下道工序或相邻工程施工时，应对屋面已完成的部分采取保护措施。伸出屋面的管道、设备或预埋件等，应在保温层和防水层施工前安设完毕。屋面保温层和防水层完工后，不得进行凿孔、打洞或重物冲击等有损屋面的作业。

（12）屋面防水工程完工后，应进行观感质量检查和雨后观察或淋水、蓄水试验，不得有渗漏和积水现象。

（13）屋面工程各子分部工程和分项工程的划分，应符合表6-1的要求。

表6-1　屋面工程各子分部工程和分项工程的划分表

分部工程	子分部工程	分项工程
屋面工程	基层与保护	找坡层，找平层，隔汽层，隔离层，保护层
	保温与隔热	板状材料保温层，纤维材料保温层，喷涂硬泡聚氨酯保温层，现浇泡沫混凝土保温层，种植隔热层，架空隔热层，蓄水隔热层
	防水与密封	卷材防水层，涂膜防水层，复合防水层，接缝密封防水
	瓦面与板面	烧结瓦和混凝土瓦铺装，沥青瓦铺装，金属板铺装，玻璃采光顶铺装
	细部构造	檐口，檐沟和天沟，女儿墙和山墙，水落口，变形缝，伸出屋面管道，屋面出入口，反梁过水孔，设施基座，屋脊，屋顶窗

（14）屋面工程各分项工程宜按屋面面积每500～1000m^{2}划分为一个检验批，不足500m^{2}应按一个检验批。

第二节　基层与保护工程质量验收与评定

一、一般规定

（1）屋面混凝土结构层的施工，应符合现行国家标准《混凝土结构工程施工质量验收规范》（GB 50204）的有关规定。

（2）屋面找坡应满足设计排水坡度要求，结构找坡不应小于3%，材料找坡宜为2%，檐沟、天沟纵向找坡不应小于1%，沟底水落差不得超过200mm。

（3）上人屋面或其他使用功能屋面，其保护及铺面的施工除应符合本章的规定外，尚应符合现行国家标准《建筑地面工程施工质量验收规范》（GB 50209）等的有关规定。

（4）基层与保护工程各分项工程每个检验批的抽检数量，应按屋面面积每100m^{2}抽查一处，每处应为 10m^2，且不得少于 3 处。

二、找坡层和找平层

1. 质量控制要点

(1) 装配式钢筋混凝土板的板缝嵌填施工，应符合下列要求：

1) 嵌填混凝土时板缝内应清理干净，并应保持湿润。

2) 当板缝宽度大于 40mm 或上窄下宽时，板缝内应按设计要求配置钢筋。

3) 嵌填细石混凝土的强度等级不应低于 C20，嵌填深度宜低于板面 10～20mm，且应振捣密实和浇水养护。

4) 板端缝应按设计要求增加防裂的构造措施。

(2) 找坡层宜采用轻骨料混凝土：找坡材料应分层铺设和适当压实，表面应平整。

(3) 找平层宜采用水泥砂浆或细石混凝土：找平层的抹平工序应在初凝前完成，压光工序应在终凝前完成，终凝后应进行养护。

(4) 找平层分格缝纵横间距不宜大于 6m，分格缝的宽度宜为 5～20mm。

2. 主控项目

(1) 找坡层和找平层所用材料的质量及配合比，应符合设计要求。

检验方法：检查出厂合格证、质量检验报告和计量措施。

(2) 找坡层和找平层的排水坡度，应符合设计要求。

检验方法：坡度尺检查。

3. 一般项目

(1) 找平层应抹平、压光，不得有酥松、起砂、起皮现象。

检验方法：观察检查。

(2) 卷材防水层的基层与突出屋面结构的交接处，以及基层的转角处，找平层应做成圆弧形，且应整齐平顺。

检验方法：观察检查。

(3) 找平层分格缝的宽度和间距，均应符合设计要求。

检验方法：观察和尺量检查。

(4) 找坡层表面平整度的允许偏差为 7mm，找平层表面平整度的允许偏差为 5mm。

检验方法：2m 靠尺和塞尺检查。

三、隔汽层

1. 质量控制要点

(1) 隔汽层的基层应平整、干净、干燥。

(2) 隔汽层应设置在结构层与保温层之间，隔汽层应选用气密性、水密性好的材料。

(3) 在屋面与墙的连接处，隔汽层应沿墙面向上连续铺设，高出保温层上表面不得小于 150mm。

(4) 隔汽层采用卷材时宜空铺，卷材搭接缝应满粘，其搭接宽度不应小于 80mm；隔汽层采用涂料时，应涂刷均匀。

(5) 穿过隔汽层的管线周围应封严，转角处应无折损；隔汽层凡有缺陷或破损的部位，均应进行返修。

2. 主控项目

(1) 隔汽层所用材料的质量，应符合设计要求。

检验方法：检查出厂合格证、质量检验报告和进场检验报告。

(2) 隔汽层不得有破损现象。

检验方法：观察检查。

3. 一般项目

(1) 卷材隔汽层应铺设平整，卷材搭接缝应粘接牢固，密封应严密，不得有扭曲、皱折和起泡等缺陷。

检验方法：观察检查。

(2) 涂膜隔汽层应粘接牢固，表面平整，涂布均匀，不得有堆积、起泡和露底等缺陷。

检验方法：观察检查。

四、隔离层

1. 质量控制要点

(1) 块体材料、水泥砂浆或细石混凝土保护层与卷材、涂膜防水层之间，应设置隔离层。

(2) 隔离层可采用干铺塑料膜、土工布、卷材或铺抹低强度等级砂浆。

2. 主控项目

(1) 隔离层所用材料的质量及配合比，应符合设计要求。

检验方法：检查出厂合格证和计量措施。

(2) 隔离层不得有破损和漏铺现象。

检验方法：观察检查。

3. 一般项目

(1) 塑料膜、土工布、卷材应铺设平整，其搭接宽度不应小于50mm，不得有皱折。

检验方法：观察和尺量检查。

(2) 低强度等级砂浆表面应压实、平整，不得有起壳、起砂现象。

检验方法：观察检查。

五、保护层

1. 质量控制要点

(1) 防水层上的保护层施工，应待卷材铺贴完成或涂料固化成膜，并经检验合格后进行。

(2) 用块体材料做保护层时，宜设置分格缝，分格缝纵横间距不应大于10m，分格缝宽度宜为20mm。

(3) 用水泥砂浆做保护层时，表面应抹平压光，并应设表面分格缝，分格面积宜为$1m^2$。

(4) 用细石混凝土做保护层时，混凝土应振捣密实，表面应抹平压光，分格缝纵横间距不应大于 6m。分格缝的宽度宜为 10～20mm。

(5) 块体材料、水泥砂浆或细石混凝土保护层与女儿墙和山墙之间，应预留宽度为 30mm 的缝隙，缝内宜填塞聚苯乙烯泡沫塑料，并应用密封材料嵌填密实。

2. 主控项目

(1) 保护层所用材料的质量及配合比，应符合设计要求。

检验方法：检查出厂合格证、质量检验报告和计量措施。

(2) 块体材料、水泥砂浆或细石混凝土保护层的强度等级，应符合设计要求。

检验方法：检查块体材料、水泥砂浆或混凝土抗压强度试验报告。

(3) 保护层的排水坡度，应符合设计要求。

检验方法：坡度尺检查。

3. 一般项目

(1) 块体材料保护层表面应干净，接缝应平整，周边应顺直，镶嵌应正确，应无空鼓现象。

检查方法：小锤轻击和观察检查。

(2) 水泥砂浆、细石混凝土保护层不得有裂纹、脱皮、麻面和起砂等现象。

检验方法：观察检查。

(3) 浅色涂料应与防水层粘接牢固，厚薄应均匀，不得漏涂。

检验方法：观察检查。

(4) 保护层的允许偏差和检验方法应符合表 6-2 的规定。

表 6-2　　保护层的允许偏差和检验方法

项　目	允许偏差/mm			检验方法
	块体材料	水泥砂浆	细石混凝土	
表面平整度	4.0	4.0	5.0	2m 靠尺和塞尺检查
缝格平直	3.0	3.0	3.0	拉线和尺量检查
接缝高低差	1.5	—	—	直尺和塞尺检查
板块间隙宽度	2.0	—	—	尺量检查
保护层厚度	设计厚度的 10%，且不得大于 5mm			钢针插入和尺量检查

第三节　保温与隔热工程质量验收与评定

保温与隔热工程是指板状材料、纤维材料、喷涂硬泡聚氨酯、现浇泡沫混凝土保温层和种植、架空、蓄水隔热层的分项工程。

一、一般规定

(1) 铺设保温层的基层应平整、干燥和干净。

(2) 保温材料在施工过程中应采取防潮、防水和防火等措施。

(3) 保温与隔热工程的构造及选用材料应符合设计要求。

(4) 保温与隔热工程质量验收除应符合本章规定外，尚应符合现行国家标准《建筑节能工程施工质量验收规范》（GB 50411）的有关规定。

（5）保温材料使用时的含水率，应相当于该材料在当地自然风干状态下的平衡含水率。

（6）保温材料的导热系数、表观密度或干密度、抗压强度或压缩强度、燃烧性能，必须符合设计要求。

（7）种植、架空、蓄水隔热层施工前，防水层均应验收合格。

（8）保温与隔热工程各分项工程每个检验批的抽检数量，应按屋面面积每 $100m^2$ 抽查 1 处，每处应为 $10m^2$，且不得少于 3 处。

二、板状材料保温层

1. 质量控制要点

（1）板状材料保温层采用干铺法施工时，板状保温材料应紧靠在基层表面上，应铺平垫稳；分层铺设的板块上下层接缝应相互错开，板间缝隙应采用同类材料的碎屑嵌填密实。

（2）板状材料保温层采用粘贴法施工时，胶粘剂应与保温材料的材性相容，并应贴严、粘牢，板状材料保温层的平面接缝应挤紧拼严，不得在板块侧面涂抹胶粘剂，超过 2mm 的缝隙应采用相同材料板条或片填塞严实。

（3）板状保温材料采用机械固定法施工时，应选择专用螺钉和垫片，固定件与结构层之间应连接牢固。

2. 主控项目

（1）板状保温材料的质量，应符合设计要求。

检验方法：检查出厂合格证、质量检验报告和进场检验报告。

（2）板状材料保温层的厚度应符合设计要求，其正偏差不限，负偏差应在 5%以内，且不得大于 4mm。

检验方法：钢针插入和尺量检查。

（3）屋面热桥部位处理应符合设计要求。

检验方法：观察检查。

3. 一般项目

（1）板状保温材料铺设应紧贴基层，应铺平垫稳，拼缝应严密，粘贴应牢固。

检验方法：观察检查。

（2）固定件的规格、数量和位置均应符合设计要求，垫片应与保温层表面齐平。

检验方法：观察检查。

（3）板状材料保温层表面平整度的允许偏差为 5mm。

检验方法：2m 靠尺和塞尺检查。

（4）板状材料保温层接缝高低差的允许偏差为 2mm。

检验方法：直尺和塞尺检查。

三、纤维材料保温层

1. 质量控制要点

（1）纤维材料保温层施工应符合下列规定：

1）纤维保温材料应紧靠在基层表面上，平面接缝应挤紧拼严，上下层接缝应相互

错开。

2）屋面坡度较大时，宜采用金属或塑料专用固定件将纤维保温材料与基层固定。

3）纤维材料填充后，不得上人踩踏。

（2）装配式骨架纤维保温材料施工时，应先在基层上铺设保温龙骨或金属龙骨，龙骨之间应填充纤维保温材料，再在龙骨上铺钉水泥纤维板。金属龙骨和固定件应经防锈处理，金属龙骨与基层之间应采取隔热断桥措施。

2. 主控项目

（1）纤维保温材料的质量，应符合设计要求。

检验方法：检查出厂合格证、质量检验报告和进场检验报告。

（2）纤维材料保温层的厚度应符合设计要求，其正偏差不限，毡不得有负偏差，板负偏差应为4%，且不得大于3mm。

检验方法：钢针插入和尺量检查。

（3）屋面热桥部位处理应符合设计要求。

检验方法：观察检查。

3. 一般项目

（1）纤维保温材料铺设应紧贴基层，拼缝应严密，表面应平整。

检验方法：观察检查。

（2）固定件的规格、数量和位置应符合设计要求，垫片应与保温层表面齐平。

检验方法：观察检查。

（3）装配式骨架和水泥纤维板应铺钉牢固，表面应平整，龙骨间距和板材厚度应符合设计要求。

检验方法：观察和尺量检查。

（4）具有抗水蒸气渗透外覆面的玻璃棉制品，其外覆面应朝向室内，拼缝应用防水密封胶带封严。

检验方法：观察检查。

四、喷涂硬泡聚氨酯保温层

1. 质量控制要点

（1）保温层施工前应对喷涂设备进行调试，并应制备试样进行硬泡聚氨酯的性能检测。

（2）喷涂硬泡聚氨酯的配比应准确计量，发泡厚度应均匀一致。

（3）喷涂时喷嘴与施工基面的间距应由试验确定。

（4）一个作业面应分遍喷涂完成，每遍厚度不宜大于15mm，当日的作业面应当日连续地喷涂施工完毕。

（5）硬泡聚氨酯喷涂后20min内严禁上人，喷涂硬泡聚氨酯保温层完成后，应及时做保护层。

2. 主控项目

（1）喷涂硬泡聚氨酯所用原材料的质量及配合比，应符合设计要求。

检验方法：检查原材料出厂合格证、质量检验报告和计量措施。

（2）喷涂硬泡聚氨酯保温层的厚度应符合设计要求，其正偏差不限，不得有负偏差。

检验方法：钢针插入和尺量检查。

（3）屋面热桥部位处理应符合设计要求。

检验方法：观察检查。

3. 一般项目

（1）喷涂硬泡聚氨酯应分遍喷涂，粘接应牢固，表面应平整，找坡应正确。

检验方法：观察检查。

（2）喷涂硬泡聚氨酯保温层表面平整度的允许偏差为5mm。

检验方法：2m靠尺和塞尺检查。

五、现浇泡沫混凝土保温层

1. 质量控制要点

（1）在浇筑泡沫混凝土前，应将基层上的杂物和油污清理干净，基层应浇水湿润，但不得有积水。

（2）保温层施工前应对设备进行调试，并应制备试样进行泡沫混凝土的性能检测。

（3）泡沫混凝土的配合比应准确计量，制备好的泡沫加入水泥料浆中应搅拌均匀。

（4）浇筑过程中，应随时检查泡沫混凝土的湿密度。

2. 主控项目

（1）现浇泡沫混凝土所用原材料的质量及配合比，应符合设计要求。

检验方法：检查原材料出厂合格证、质量检验报告和计量措施。

（2）现浇泡沫混凝土保温层的厚度应符合设计要求，其正负偏差应为5%，且不得大于5mm。

检验方法：钢针插入和尺量检查。

（3）屋面热桥部位处理应符合设计要求。

检验方法：观察检查。

3. 一般项目

（1）现浇泡沫混凝土应分层施工，粘接应牢固，表面应平整，找坡应正确。

检验方法：观察检查。

（2）现浇泡沫混凝土不得有贯通性裂缝以及疏松、起砂、起皮现象。

检验方法：观察检查。

（3）现浇泡沫混凝土保温层表面平整度的允许偏差为5mm。

检验方法：2m靠尺和塞尺检查。

六、种植隔热层

1. 质量控制要点

（1）种植隔热层与防水层之间宜设细石混凝土保护层。

（2）种植隔热层的屋面坡度大于20%时，其排水层、种植土层应采取防滑措施。

（3）排水层施工应符合下列要求：

1）陶粒的粒径不应小于25mm，大粒径应在下，小粒径应在上。

2）凹凸形排水板宜采用搭接法施工，网状交织排水板宜采用对接法施工。

3）排水层上应铺设过滤层土工布。

4）挡墙或挡板的下部应设泄水孔，孔周围应放置疏水粗细骨料。

（4）过滤层土工布应沿种植土周边向上铺设至种植土高度并应与挡墙或挡板粘牢，土工布的搭接宽度不应小于100mm，接缝宜采用粘合或缝合。

（5）种植土的厚度及自重应符合设计要求。种植土表面应低于挡墙高度100mm。

2．主控项目

（1）种植隔热层所用材料的质量，应符合设计要求。

检验方法：检查出厂合格证和质量检验报告。

（2）排水层应与排水系统连通。

检验方法：观察检查。

（3）挡墙或挡板泄水孔的留设应符合设计要求，并不得堵塞。

检验方法：观察和尺量检查。

3．一般项目

（1）陶粒应铺设平整、均匀，厚度应符合设计要求。

检验方法：观察和尺量检查。

（2）排水板应铺设平整，接缝方法应符合国家现行有关标准的规定。

检验方法：观察和尺量检查。

（3）过滤层土工布应铺设平整、接缝严密，其搭接宽度的允许偏差为10mm。

检验方法：观察和尺量检查。

（4）种植土应铺设平整、均匀，其厚度的允许偏差为±5%，且不得大于30mm。

检验方法：尺量检查。

七、架空隔热层

1．质量控制要点

（1）架空隔热层的高度应按屋面宽度或坡度大小确定。设计无要求时，架空隔热层的高度宜为180～300mm。

（2）当屋面宽度大于10m时，应在屋面中部设置通风屋脊，通风口处应设置通风箅子。

（3）架空隔热制品支座底面的卷材、涂膜防水层，应采取加强措施。

（4）架空隔热制品的质量应符合下列要求：

1）非上人屋面的砌块强度等级不应低于MU7.5，上人屋面的砌块强度等级不应低于MU10。

2）混凝土板的强度等级不应低于C20，板厚及配筋应符合设计要求。

2．主控项目

（1）架空隔热制品的质量，应符合设计要求。

检验方法：检查材料或构件合格证和质量检验报告。

（2）架空隔热制品的铺设应平整、稳固，缝隙勾填应密实。

检验方法：观察检查。

3. 一般项目

(1) 架空隔热制品距山墙或女儿墙不得小于250mm。

检验方法：观察和尺量检查。

(2) 架空隔热层的高度及通风屋脊、变形缝做法，应符合设计要求。

检验方法：观察和尺量检查。

(3) 架空隔热制品接缝高低差的允许偏差为3mm。

检验方法：直尺和塞尺检查。

八、蓄水隔热层

1. 质量控制要点

(1) 蓄水隔热层与屋面防水层之间应设隔离层。

(2) 蓄水池的所有孔洞应预留，不得后凿；所设置的给水管、排水管和溢水管等，均应在蓄水池混凝土施工前安装完毕。

(3) 每个蓄水区的防水混凝土应一次浇筑完毕，不得留施工缝。

(4) 防水混凝土应用机械振捣密实，表面应抹平和压光，初凝后应覆盖养护，终凝后浇水养护不得少于14d，蓄水后不得断水。

2. 主控项目

(1) 防水混凝土所用材料的质量及配合比，应符合设计要求。

检验方法：检查出厂合格证、质量检验报告、进场检验报告和计量措施。

(2) 防水混凝土的抗压强度和抗渗性能，应符合设计要求。

检验方法：检查混凝土抗压和抗渗试验报告。

(3) 蓄水池不得有渗漏现象。

检验方法：蓄水至规定高度观察检查。

3. 一般项目

(1) 防水混凝土表面应密实、平整，不得有蜂窝、麻面、露筋等缺陷。

检验方法：观察检查。

(2) 防水混凝土表面的裂缝宽度不应大于0.2mm，并不得贯通。

检验方法：刻度放大镜检查。

(3) 蓄水池上所留设的溢水口、过水孔、排水管、溢水管等，其位置、标高和尺寸均应符合设计要求。

检验方法：观察和尺量检查。

(4) 蓄水池结构的允许偏差和检验方法应符合表6-3的规定。

表6-3　蓄水池结构的允许偏差和检验方法

项　目	允许偏差/mm	检验方法
长度、宽度	+15；-10	尺量检查
厚度	±5	
表面平整度	5	2m靠尺和塞尺检查
排水坡度	符合设计要求	坡度尺检查

第四节　防水与密封工程质量验收与评定

一、一般规定

（1）防水层施工前，基层应坚实、平整、干净、干燥。

（2）基层处理剂应配比准确，并应搅拌均匀；喷涂或涂刷基层处理剂应均匀一致，待其干燥后应及时进行卷材、涂膜防水层和接缝密封防水施工。

（3）防水层完工并经验收合格后，应及时做好成品保护。

（4）防水与密封工程各分项工程每个检验批的抽检数量，防水层应按屋面面积每 $100m^2$ 抽查一处，每处应为 $10m^2$，且不得少于3处；接缝密封防水应按每50m抽查一处，每处应为5m，且不得少于3处。

二、卷材防水层

1. *质量控制要点*

（1）屋面坡度大于25%时，卷材应采取满粘和钉压固定措施。

（2）卷材铺贴方向应符合下列规定：

1）卷材宜平行屋脊铺贴。

2）上下层卷材不得相互垂直铺贴。

（3）卷材搭接缝应符合下列规定：

1）平行屋脊的卷材搭接缝应顺流水方向，卷材搭接宽度应符合表6-4的规定。

2）相邻两幅卷材短边搭接缝应错开，且不得小于500mm。

3）上下层卷材长边搭接缝应错开，且不得小于幅宽的1/30。

表6-4　　卷材搭接宽度　　单位：mm

卷材类别		搭接宽度
合成高分子防水卷材	胶粘剂	80
	胶粘带	50
	单缝焊	60，有效焊接宽度不小于25
	双缝焊	80，有效焊接宽度10×2+空腔宽
高聚物改性沥青防水卷材	胶粘剂	100
	自粘	80

（4）冷粘法铺贴卷材应符合下列规定：

1）胶粘剂涂刷应均匀，不应露底，不应堆积。

2）应控制胶粘剂涂刷与卷材铺贴的间隔时间。

3）卷材下面的空气应排尽，并应辊压粘牢固。

4）卷材铺贴应平整顺直，搭接尺寸应准确，不得扭曲、皱折。

5）接缝口应用密封材料封严，宽度不应小于10mm。

（5）热粘法铺贴卷材应符合下列规定：

1）熔化热熔型改性沥青胶结料时，宜采用专用导热油炉加热，加热温度不应高于200℃，使用温度不宜低于180℃。

2）粘贴卷材的热熔型改性沥青胶结料厚度宜为1.0～1.5mm。

3）采用热熔型改性沥青胶结料粘贴卷材时，应随刮随铺，并应展平压实。

（6）热熔法铺贴卷材应符合下列规定：

1）火焰加热器加热卷材应均匀，不得加热不足或烧穿卷材。

2）卷材表面热熔后应立即滚铺，卷材下面的空气应排尽，并应辊压粘贴牢固。

3）卷材接缝部位应溢出热熔的改性沥青胶，溢出的改性沥青胶宽度宜为8mm。

4）铺贴的卷材应平整顺直，搭接尺寸应准确，不得扭曲、皱折。

5）厚度小于3mm的高聚物改性沥青防水卷材，严禁采用热熔法施工。

（7）自粘法铺贴卷材应符合下列规定：

1）铺贴卷材时，应将自粘胶底面的隔离纸全部撕净。

2）卷材下面的空气应排尽，并应辊压粘贴牢固。

3）铺贴的卷材应平整顺直，搭接尺寸应准确，不得扭曲、皱折。

4）接缝口应用密封材料封严，宽度不应小于10mm。

5）低温施工时，接缝部位宜采用热风加热，并应随即粘贴牢固。

（8）焊接法铺贴卷材应符合下列规定：

1）焊接前卷材应铺设平整、顺直，搭接尺寸应准确，不得扭曲、皱折。

2）卷材焊接缝的结合面应干净、干燥，不得有水滴、油污及附着物。

3）焊接时应先焊长边搭接缝，后焊短边搭接缝。

4）控制加热温度和时间，焊接缝不得有漏焊、跳焊、焊焦或焊接不牢现象。

5）焊接时不得损害非焊接部位的卷材。

（9）机械固定法铺贴卷材应符合下列规定：

1）卷材应采用专用固定件进行机械固定。

2）固定件应设置在卷材搭接缝内，外露固定件应用卷材封严。

3）固定件应垂直钉入结构层有效固定，固定件数量和位置应符合设计要求。

4）卷材搭接缝应粘接或焊接牢固，密封应严密。

5）卷材周边800mm范围内应满粘。

2. 主控项目

（1）防水卷材及其配套材料的质量，应符合设计要求。

检验方法：检查出厂合格证、质量检验报告和进场检验报告。

（2）卷材防水层不得有渗漏和积水现象。

检验方法：雨后观察或淋水、蓄水试验。

（3）卷材防水层在檐口、檐沟、天沟、水落口、泛水、变形缝和伸出屋面管道的防水构造，应符合设计要求。

检验方法：观察检查。

3. 一般项目

（1）卷材的搭接缝应粘接或焊接牢固，密封应严密，不得扭曲、皱折和翘边。

检验方法：观察检查。

（2）卷材防水层的收头应与基层粘接，钉压应牢固，密封应严密。

检验方法：观察检查。

（3）卷材防水层的铺贴方向应正确，卷材搭接宽度的允许偏差为－10mm。

检验方法：观察和尺量检查。

（4）屋面排汽构造的排汽道应纵横贯通，不得堵塞；排汽管应安装牢固，位置应正确，封闭应严密。

检验方法：观察检查。

三、涂膜防水层

1. 质量控制要点

（1）防水涂料应多遍涂布，并应待前一遍涂布的涂料干燥成膜后，再涂布后一遍涂料，且前后两遍涂料的涂布方向应相互垂直。

（2）铺设胎体增强材料应符合下列规定：

1）胎体增强材料宜采用聚酯无纺布或化纤无纺布。

2）胎体增强材料长边搭接宽度不应小于50mm，短边搭接宽度不应小于70mm。

3）上下层胎体增强材料的长边搭接缝应错开，且不得小于幅宽的1/3。

4）上下层胎体增强材料不得相互垂直铺设。

（3）多组分防水涂料应按配合比准确计量，搅拌应均匀，并应根据有效时间确定每次配制的数量。

2. 主控项目

（1）防水涂料和胎体增强材料的质量，应符合设计要求。

检验方法：检查出厂合格证、质量检验报告和进场检验报告。

（2）涂膜防水层不得有渗漏和积水现象。

检验方法：雨后观察或淋水、蓄水试验。

（3）涂膜防水层在檐口、檐沟、天沟、水落口、泛水、变形缝和伸出屋面管道的防水构造，应符合设计要求。

检验方法：观察检查。

（4）涂膜防水层的平均厚度应符合设计要求，且最小厚度不得小于设计厚度的80%。

检验方法：针测法或取样量测。

3. 一般项目

（1）涂膜防水层与基层应粘接牢固，表面应平整，涂布应均匀，不得有流淌、皱折、起泡和露胎体等缺陷。

检验方法：观察检查。

（2）涂膜防水层的收头应用防水涂料多遍涂刷。

检验方法：观察检查。

（3）铺贴胎体增强材料应平整顺直，搭接尺寸应准确，应排除气泡，并应与涂料粘接牢固；胎体增强材料搭接宽度的允许偏差为－10mm。

检验方法：观察和尺量检查。

四、复合防水层

1. 质量控制要点

（1）卷材与涂料复合使用时，涂膜防水层宜设置在卷材防水层的下面。

（2）卷材与涂料复合使用时，防水卷材的粘结质量应符合表 6-5 的规定。

表 6-5　　防水卷材的粘结质量

项　目	自粘聚合物改性沥青防水卷材和带自粘层防水卷材	高聚物改性沥青防水卷材胶粘剂	合成高分子防水卷材胶粘剂
粘接剥离强度/(N/10mm)	≥10 或卷材断裂	≥8 或卷材断裂	≥15 或卷材断裂
剪切状态下的粘合强度/(N/10mm)	≥20 或卷材断裂	≥20 或卷材断裂	≥20 或卷材断裂
浸水 168h 后粘结剥离强度保持率/%	—	—	≥70

注　防水涂料作为防水卷材粘接材料复合使用时，应符合相应的防水卷材胶粘剂规定。

（3）复合防水层施工质量应符合《屋面工程质量验收规范》（GB 50207—2012）的有关规定。

2. 主控项目

（1）复合防水层所用防水材料及其配套材料的质量，应符合设计要求。

检验方法：检查出厂合格证、质量检验报告和进场检验报告。

（2）复合防水层不得有渗漏和积水现象。

检验方法：雨后观察或淋水、蓄水试验。

（3）复合防水层在天沟、檐沟、檐口、水落口、泛水、变形缝和伸出屋面管道的防水构造，应符合设计要求。

检验方法：观察检查。

3. 一般项目

（1）卷材与涂膜应粘贴牢固，不得有空鼓和分层现象。

检验方法：观察检查。

（2）复合防水层的总厚度应符合设计要求。

检验方法：针测法或取样量测。

五、接缝密封防水

1. 质量控制要点

（1）密封防水部位的基层应符合下列要求：

1）基层应牢固，表面应平整、密实，不得有裂缝、蜂窝、麻面、起皮和起砂现象。

2）基层应清洁、干燥，并应无油污、无灰尘。

3）嵌入的背衬材料与接缝壁间不得留有空隙。

4）密封防水部位的基层宜涂刷基层处理剂，涂刷应均匀，不得漏涂。

(2) 多组分密封材料应按配合比准确计量，拌和应均匀，并应根据有效时间确定每次配制的数量。

(3) 密封材料嵌填完成后，在固化前应避免灰尘、破损及污染，且不得踩踏。

2. 主控项目

(1) 密封材料及其配套材料的质量，应符合设计要求。

检验方法：检查出厂合格证、质量检验报告和进场检验报告。

(2) 密封材料嵌填应密实、连续、饱满，粘接牢固，不得有气泡、开裂、脱落等缺陷。

检验方法：观察检查。

3. 一般项目

(1) 密封防水部位的基层应符合《屋面工程质量验收规范》(GB 50207—2012) 的规定。

检验方法：观察检查。

(2) 接缝宽度和密封材料的嵌填深度应符合设计要求，接缝宽度的允许偏差为：±10%。

检验方法：尺量检查。

(3) 嵌填的密封材料表面应平滑，缝边应顺直，应无明显不平和周边污染现象。

检验方法：观察检查。

第五节　细部构造工程质量验收与评定

细部构造工程包括檐口、檐沟和天沟、女儿墙和山墙、水落口、变形缝、伸出屋面管道、屋面出入口、反梁过水孔、设施基座、屋脊、屋顶窗等分项工程。

一、一般规定

(1) 细部构造工程各分项工程每个检验批应全数进行检验。

(2) 细部构造所使用卷材、涂料和密封材料的质量应符合设计要求，两种材料之间应具有兼容性。

(3) 屋面细部构造热桥部位的保温处理，应符合设计要求。

二、檐口

1. 主控项目

(1) 檐口的防水构造应符合设计要求。

检验方法：观察检查。

(2) 檐口的排水坡度应符合设计要求；檐口部位不得有渗漏和积水现象。

检验方法：坡度尺检查和雨后观察或淋水试验。

2. 一般项目

(1) 檐口 800mm 范围内的卷材应满粘。

检验方法：观察检查。

(2) 卷材收头应在找平层的凹槽内用金属压条钉压固定，并应用密封材料封严。

检验方法：观察检查。

(3) 涂膜收头应用防水涂料多遍涂刷。

检验方法：观察检查。

(4) 檐口端部应抹聚合物水泥砂浆，其下端应做成鹰嘴和滴水槽。

检验方法：观察检查。

三、檐沟和天沟

1. 主控项目

(1) 檐沟、天沟的防水构造应符合设计要求。

检验方法：观察检查。

(2) 檐沟、天沟的排水坡度应符合设计要求；沟内不得有渗漏和积水现象。

检验方法：坡度尺检查和雨后观察或淋水、蓄水试验。

2. 一般项目

(1) 檐沟、天沟附加层铺设应符合设计要求。

检验方法：观察和尺量检查。

(2) 檐沟防水层应由沟底翻上至外侧顶部，卷材收头应用金属压条钉压固定，并应用密封材料封严；涂膜收头应用防水涂料多遍涂刷。

检验方法：观察检查。

(3) 檐沟外侧顶部及侧面均应抹聚合物水泥砂浆，其下端应做成鹰嘴或滴水槽。

检验方法：观察检查。

四、女儿墙和山墙

1. 主控项目

(1) 女儿墙和山墙的防水构造应符合设计要求。

检验方法：观察检查。

(2) 女儿墙和山墙的压顶向内排水坡度不应小于5%，压顶内侧下端应做成鹰嘴或滴水槽。

检验方法：观察和坡度尺检查。

(3) 女儿墙和山墙的根部不得有渗漏和积水现象。

检验方法：雨后观察或淋水试验。

2. 一般项目

(1) 女儿墙和山墙的泛水高度及附加层铺设应符合设计要求。

检验方法：观察和尺量检查。

(2) 女儿墙和山墙的卷材应满粘，卷材收头应用金属压条钉压固定，并应用密封材料封严。

检验方法：观察检查。

(3) 女儿墙和山墙的涂膜应直接涂刷至压顶下，涂膜收头应用防水涂料多遍涂刷。

检验方法：观察检查。

五、水落口

1. 主控项目

(1) 水落口的防水构造应符合设计要求。

检验方法：观察检查。

(2) 水落口杯上口应设在沟底的最低处；水落口处不得有渗漏和积水现象。

检验方法：雨后观察或淋水、蓄水试验。

2. 一般项目

(1) 水落口的数量和位置应符合设计要求；水落口杯应安装牢固。

检验方法：观察和手扳检查。

(2) 水落口周围直径500mm范围内坡度不应小于5%，水落口周围的附加层铺设应符合设计要求。

检验方法：观察和尺量检查。

(3) 防水层及附加层伸入水落口杯内不应小于50mm，并应粘接牢固。

检验方法：观察和尺量检查。

六、变形缝

1. 主控项目

(1) 变形缝的防水构造应符合设计要求。

检验方法：观察检查。

(2) 变形缝处不得有渗漏和积水现象。

检验方法：雨后观察或淋水试验。

2. 一般项目

(1) 变形缝的泛水高度及附加层铺设应符合设计要求。

检验方法：观察和尺量检查。

(2) 防水层应铺贴或涂刷至泛水墙的顶部。

检验方法：观察检查。

(3) 等高变形缝顶部宜加扣混凝土或金属盖板。混凝土盖板的接缝应用密封材料封严；金属盖板应铺钉牢固，搭接缝应顺流水方向，并应做好防锈处理。

检验方法：观察检查。

(4) 高低跨变形缝在高跨墙面上的防水卷材封盖和金属盖板，应用金属压条钉压固定，并应用密封材料封严。

检验方法：观察检查。

七、伸出屋面管道

1. 主控项目

(1) 伸出屋面管道的防水构造应符合设计要求。

检验方法：观察检查。

(2) 伸出屋面管道根部不得有渗漏和积水现象。

检验方法：雨后观察或淋水试验。

2. 一般项目

（1）伸出屋面管道的泛水高度及附加层铺设，应符合设计要求。

检验方法：观察和尺量检查。

（2）伸出屋面管道周围的找平层应抹出高度不小于30mm的排水坡。

检验方法：观察和尺量检查。

（3）卷材防水层收头应用金属箍固定，并应用密封材料封严；涂膜防水层收头应用防水涂料多遍涂刷。

检验方法：观察检查。

八、屋面出入口

1. 主控项目

（1）屋面出入口的防水构造应符合设计要求。

检验方法：观察检查。

（2）屋面出入口处不得有渗漏和积水现象。

检验方法：雨后观察或淋水试验。

2. 一般项目

（1）屋面垂直出入口防水层收头应压在压顶圈下，附加层铺设应符合设计要求。

检验方法：观察检查。

（2）屋面水平出入口防水层收头应压在混凝土踏步下，附加层铺设和护墙应符合设计要求。

检验方法：观察检查。

（3）屋面出入口的泛水高度不应小于250mm。

检验方法：观察和尺量检查。

九、反梁过水孔

1. 主控项目

（1）反梁过水孔的防水构造应符合设计要求。

检验方法：观察检查。

（2）反梁过水孔处不得有渗漏和积水现象。

检验方法：雨后观察或淋水试验。

2. 一般项目

（1）反梁过水孔的孔底标高、孔洞尺寸或预埋管管径，均应符合设计要求。

检验方法：尺量检查。

（2）反梁过水孔的孔洞四周应涂刷防水涂料；预埋管道两端周围与混凝土接触处应留凹槽，并应用密封材料封严。

检验方法：观察检查。

十、设施基座

1. 主控项目

（1）设施基座的防水构造应符合设计要求。

检验方法：观察检查。

(2) 设施基座处不得有渗漏和积水现象。

检验方法：雨后观察或淋水试验。

2. 一般项目

(1) 设施基座与结构层相连时，防水层应包裹设施基座的上部，并应在地脚螺栓周围做密封处理。

检验方法：观察检查。

(2) 设施基座直接放置在防水层上时，设施基座下部应增设附加层，必要时应在其上浇筑细石混凝土，其厚度不应小于50mm。

检验方法：观察检查。

(3) 需经常维护的设施基座周围和屋面出入口至设施之间的人行道，应铺设块体材料或细石混凝土保护层。

检验方法：观察检查。

第六节 屋面分部工程质量验收与评定

屋面分部工程质量验收与评定的程序和组织，应符合现行国家标准《建筑工程施工质量验收统一标准》(GB 50300) 的有关规定。

一、检验批质量验收

检验批质量验收合格应符合下列规定：

(1) 主控项目的质量应经抽查检验合格。

(2) 一般项目的质量应经抽查检验合格；有允许偏差值的项目，其抽查点应有80%及以上在允许偏差范围内，且最大偏差值不得超过允许偏差值的1.5倍。

(3) 应具有完整的施工操作依据和质量检查记录。

二、分项工程质量验收

分项工程质量验收合格应符合下列规定：

(1) 分项工程所含检验批的质量均应验收合格。

(2) 分项工程所含检验批的质量验收记录应完整。

三、分部（子分部）工程质量验收

分部（子分部）工程质量验收合格应符合下列规定：

(1) 分部（子分部）所含分项工程的质量均应验收合格。

(2) 质量控制资料应完整。

(3) 安全与功能抽样检验应符合现行国家标准《建筑工程施工质量验收统一标准》(GB 50300) 的有关规定。

(4) 观感质量检查应符合《屋面工程质量验收规范》(GB 50207—2012) 的规定。

四、屋面工程验收资料和记录

屋面工程验收资料和记录应符合表6-6的规定。

表 6-6　　屋面工程验收资料和记录

资料项目	验收资料
防水设计	设计图纸及会审记录、设计变更通知单和材料代用核定单
施工方案	施工方法、技术措施、质量保证措施
技术交底记录	施工操作要求及注意事项
材料质量证明文件	出厂合格证、型式检验报告、出厂检验报告、进场验收记录和进场检验报告
施工日志	逐日施工情况
工程检验记录	工序交接检验记录、检验批质量验收记录、隐蔽工程验收记录、淋水或蓄水试验记录、观感质量检查记录、安全与功能抽样检验（检测）记录
其他技术资料	事故处理报告、技术总结

五、隐蔽工程质量验收

屋面工程应对下列部位进行隐蔽工程验收：

（1）卷材、涂膜防水层的基层。

（2）保温层的隔汽和排汽措施。

（3）保温层的铺设方式、厚度、板材缝隙填充质量及热桥部位的保温措施。

（4）接缝的密封处理。

（5）瓦材与基层的固定措施。

（6）檐沟、天沟、泛水、水落口和变形缝等细部做法。

（7）在屋面易开裂和渗水部位的附加层。

（8）保护层与卷材、涂膜防水层之间的隔离层。

（9）金属板材与基层的固定和板缝间的密封处理。

（10）坡度较大时，防止卷材和保温层下滑的措施。

六、屋面工程观感质量检查评定

屋面工程观感质量检查应符合下列要求：

（1）卷材铺贴方向应正确，搭接缝应粘接或焊接牢固，搭接宽度应符合设计要求，表面应平整，不得有扭曲、皱折和翘边等缺陷。

（2）涂膜防水层粘接应牢固，表面应平整，涂刷应均匀，不得有流淌、起泡和露胎体等缺陷。

（3）嵌填的密封材料应与接缝两侧粘接牢固，表面应平滑，缝边应顺直，不得有气泡、开裂和剥离等缺陷。

（4）檐口、檐沟、天沟、女儿墙、山墙、水落口、变形缝和伸出屋面管道等防水构造，应符合设计要求。

（5）烧结瓦、混凝土瓦铺装应平整、牢固，应行列整齐，搭接应紧密，檐口应顺直。脊瓦应搭盖正确，间距应均匀，封固应严密；正脊和斜脊应顺直，应无起伏现象；泛水应顺直整齐，结合应严密。

（6）沥青瓦铺装应搭接正确，瓦片外露部分不得超过切口长度，钉帽不得外露；沥青瓦应与基层钉粘牢固，瓦面应平整，檐口应顺直；泛水应顺直整齐，结合应严密。

（7）金属板铺装应平整、顺滑；连接应正确，接缝应严密；屋脊、檐口、泛水直线段应顺直，曲线段应顺畅。

（8）玻璃采光顶铺装应平整、顺直，外露金属框或压条应横平竖直，压条应安装牢固；玻璃密封胶缝应横平竖直、深浅一致、宽窄均匀、光滑顺直。

（9）上人屋面或其他使用功能屋面，其保护及铺面应符合设计要求。

七、屋面工程质量验收评定的其他规定

（1）检查屋面有无渗漏、积水和排水系统是否通畅，应在雨后或持续淋水2h后进行，并应填写淋水试验记录。具备蓄水条件的檐沟、天沟应进行蓄水试验，蓄水时间不得少于24h，并应填写蓄水试验记录。

（2）对安全与功能有特殊要求的建筑屋面，工程质量验收除应符合《屋面工程质量验收规范》（GB 50207—2012）的规定外，尚应按合同约定和设计要求进行专项检验（检测）和专项验收。

（3）屋面工程验收后，应填写分部工程质量验收记录，并应交建设单位和施工单位存档。

思考与训练

一、思考题

1. 如何进行涂膜防水屋面保温层和找平层的质量验收？
2. 热熔法铺贴卷材应符合哪些规定？
3. 卷材防水屋面的防水层应符合哪些要求？
4. 刚性防水屋面的防水层应符合哪些要求？
5. 隔热屋面有哪些做法？各应符合什么设计要求？

二、单选题

1. Ⅰ级防水等级防水层合理使用年限为（　　）年。

A. 10　　B. 15　　C. 20　　D. 25

2. 屋面工程应根据建筑物的性质、重要程度、使用功能要求以及防水层合理使用年限，按不同等级进行设防，屋面防水等级共分（　　）个等级。

A. 三　　B. 四　　C. 五

3. 卷材屋面找平层的排水坡度应符合设计要求。平屋面采用结构找坡，其坡度不应小于（　　）。

A. 2%　　B. 3%　　C. 5%

4. 能作蓄水检验的屋面，其蓄水检验时间不应小于（　　）h。

A. 12　　B. 24　　C. 48

5. 检查保温层的允许偏差的内容有（　　）。

A. 厚度　　B. 平整度　　C. 坡度

6. 卷材收头的端部应裁齐，塞入预留凹槽内，用金属压条固定，最大钉距不应大于

（　　）mm。

A. 500　　B. 700　　C. 900

7. 平屋面排水坡度（　　）不应小于3%。

A. 结构找坡　　B. 材料找坡

8. 当屋面采用水泥砂浆找平时，最大按（　　）设分格缝。

A. 4m×4m　　B. 5m×5m　　C. 6m×6m

9. 架空隔热制品距山墙或女儿墙不得小于（　　）mm。

A. 200　　B. 250　　C. 300

10. 一般情况下，平屋面卷材防水层的铺贴方向为（　　）。

A. 垂直于屋脊　　B. 平行于屋脊　　C. 随意

11. 沥青防水卷材条粘法施工时，长边搭接宽度不应小于（　　）mm。

A. 100　　B. 120　　C. 70

12. 沥青防水卷材条粘法施工时，短边搭接宽度不应小于（　　）mm。

A. 120　　B. 150　　C. 80

13. 水落口杯与基层接触处应留宽（　　）mm、深（　　）mm的凹槽，并用密封材料嵌填。

A. 15　　B. 20　　C. 25

14. 平瓦屋面当坡度大于（　　）时应采取固定加强措施。

A. 30%　　B. 40%　　C. 50%

15. 平瓦屋面的脊瓦在两坡面上的搭接宽度，每边不应小于（　　）mm。

A. 30　　B. 40　　C. 50

16. 架空隔热相邻两块制品的高低差不得大于（　　）mm。

A. 3　　B. 5　　C. 6

17. 卷材铺贴方法一般有冷粘法、热熔法和自粘法。但厚度小于（　　）mm时的高聚物改性沥青防水卷材严禁采用热熔法。

A. 3　　B. 4　　C. 5

18. 突出屋面的墙或烟囱的侧面瓦伸入泛水的宽度不小于（　　）mm。

A. 80　　B. 70　　C. 50

19. 混凝土隔热板的强度等级不应低于（　　）。

A. C15　　B. C20　　C. C25

20. 检查屋面有无渗漏、积水和排水系统是否畅通，应在雨后或持续淋水（　　）h后进行。

A. 24　　B. 12　　C. 6　　D. 2

三、判断题（正确在括号中打“√”，错误在括号中打“×”）

1. 卷材防水屋面、涂膜防水屋面、刚性防水屋面及瓦屋面均属于屋面工程的各子分部工程，隔热屋面可在各子分部之中，不单独属于一个子分部。（　　）

2. 屋面的保温层和防水层严禁在雨大、雪天和五级及其以上大风时施工。施工时环境气温一般不做要求。（　　）

3. 对一般的建筑物，其防水层合理年限为 10 年，设防要求为一道设防；对重要的建筑和高层建筑，其防水层合理使用年限为 15 年，设防要求为二道设防。(　　)

4. 基层与突出屋面结构的交接处和基层的转角处，找平层均应做成圆弧形。但不同材质的卷材，其圆弧直径要求是不同的。(　　)

5. 卷材防水当坡度大于 30%时，应采取固定措施，固定点应密封严密。(　　)

6. 架空隔热制品支座底面的卷材、涂膜防水层上，一般可以不另采取加强措施。(　　)

7. 细石混凝土防水屋面有抗渗性能，因此混凝土不仅要做抗压强度试验，而且还要做抗渗试验。(　　)

8. 刚性防水屋面分仓缝处混凝土应断开，但钢筋可以不断开。(　　)

9. 刚性防水屋面不适用设有松散材料保温层的屋面以及受较大震动或冲击的和坡度大于 15%的建筑屋面。(　　)

10. 细石混凝土不得使用火山灰质水泥，当采用矿渣硅酸盐水泥时，应采用减少泌水性的措施。(　　)

11. 平瓦屋面、油毡瓦屋面及金属板材屋面均适用于防水等级为Ⅰ～Ⅲ级的屋面防水。(　　)

12. 涂膜防水层应直接涂刷至女儿墙的压顶下，收头处理应用防水涂料多遍涂刷封存严密，压顶应做防水处理。(　　)

13. 各防水屋面的检验批的划分一般是根据面积大小来定，但细部构造应根据分项工程的内容，应全部进行检查。(　　)

14. 涂膜应根据防水涂料的品种分遍涂布，不得一次涂成。应待先涂的涂层干燥成膜后，方可涂后 1 遍涂料。(　　)

15. 涂膜防水层的平均厚度应符合设计要求，最小厚度不应小于设计厚度的 80%。(　　)

第七章

建筑安装工程质量验收与评定

第一节　建筑给水、排水及采暖分部工程

一、建筑给水、排水及采暖分部工程划分

1. 建筑给水排水及采暖工程分部、分项工程划分

建筑给水排水及采暖工程的分部、子分部分项工程可按表 7-1 划分。

表 7-1　　建筑给水排水及采暖工程的分部、子分部分项工程划分表

分部工程	序号	子分部工程	分　项　工　程
建筑给水、排水及采暖工程	1	室内给水系统	给水管道及配件安装、室内消火栓系统安装、给水设备安装、管道防腐、绝热
	2	室内排水系统	排水管道及配件安装、雨水管道及配件安装
	3	室内热水供应系统	管道及配件安装、辅助设备安装、防腐、绝热
	4	卫生器具安装	卫生器具安装、卫生器具给水配件安装、卫生器具排水管道安装
	5	室内采暖系统	管道及配件安装、辅助设备及散热器安装、金属辐射板安装、低温热水地板辐射采暖系统安装、系统水压试验及调试、防腐、绝热
	6	室外水系统	给水管道安装、消防水泵接合器及室外消火栓安装、管沟及井室
	7	室外给水管网	排水管道安装、排水管沟与井池
	8	室外供热管网	管道及配件安装、系统水压试验及调试、防腐、绝热
	9	建筑中水系统及游泳池系统	建筑中水系统管道及辅助设备安装、游泳池水系统安装
	10	供热锅炉及辅助设备安装	锅炉安装、辅助设备及管道安装、安全附件安装、烘炉、煮炉和试运行、换热站安装、防腐、绝热

2. 检验批质量验收

检验批质量验收表由施工单位项目专业质量检查员填写，监理工程师（建设单位项目专业技术负责人）组织施工单位质量（技术）负责人等进行验收，并按表 7-2 填写验收

结论。

表 7－2　　　　检验批质量验收表

<table>
<tr><td colspan="2">工程名称</td><td></td><td>专业工长/证号</td><td></td></tr>
<tr><td colspan="2">分部工程名称</td><td></td><td>施工班、组长</td><td></td></tr>
<tr><td colspan="2">分项工程施工单位</td><td></td><td>验收部位</td><td></td></tr>
<tr><td rowspan="3">施工依据</td><td>标准名称</td><td></td><td>材料/数量</td><td>/</td></tr>
<tr><td>编号</td><td></td><td>设备/台数</td><td>/</td></tr>
<tr><td>存放处</td><td></td><td>连接形式</td><td></td></tr>
<tr><td rowspan="7">主控项目</td><td>《规范》章、节、条、款号</td><td>质量规定</td><td>施工单位检查评定结果</td><td>监理（建设）单位验收</td></tr>
<tr><td></td><td></td><td></td><td></td></tr>
<tr><td></td><td></td><td></td><td></td></tr>
<tr><td></td><td></td><td></td><td></td></tr>
<tr><td></td><td></td><td></td><td></td></tr>
<tr><td></td><td></td><td></td><td></td></tr>
<tr><td></td><td></td><td></td><td></td></tr>
<tr><td rowspan="6">一般项目</td><td></td><td></td><td></td><td></td></tr>
<tr><td></td><td></td><td></td><td></td></tr>
<tr><td></td><td></td><td></td><td></td></tr>
<tr><td></td><td></td><td></td><td></td></tr>
<tr><td></td><td></td><td></td><td></td></tr>
<tr><td></td><td></td><td></td><td></td></tr>
<tr><td colspan="2">施工单位检查评定结果</td><td colspan="3">项目专业质量检查员：
项目专业质量（技术）负责人：
年　月　日</td></tr>
<tr><td colspan="2">监理（建设）单位验收结论</td><td colspan="3">监理工程师：
（建设单位项目专业技术负责人）
年　月　日</td></tr>
</table>

3．分项工程质量验收

分项工程的质量验收由监理工程师（建设单位项目专业技术负责人）组织施工单位项目专业质量（技术）负责人等进行验收，并按表 7－3 填写。

表 7-3 分项工程质量验收表

<table>
<tr><td colspan="2">工程名称</td><td></td><td>项目技术负责人/证号</td><td>/</td></tr>
<tr><td colspan="2">子分部工程名称</td><td></td><td>项目质检员/证号</td><td>/</td></tr>
<tr><td colspan="2">分项工程名称</td><td></td><td>专业工长/证号</td><td>/</td></tr>
<tr><td colspan="2">分项工程施工单位</td><td></td><td>检验批数量</td><td>/</td></tr>
<tr><td>序号</td><td>检验批部位</td><td>施工单位检查评定结果</td><td colspan="2">监理（建设）单位验收结论</td></tr>
<tr><td>1</td><td></td><td></td><td colspan="2"></td></tr>
<tr><td>2</td><td></td><td></td><td colspan="2"></td></tr>
<tr><td>3</td><td></td><td></td><td colspan="2"></td></tr>
<tr><td>4</td><td></td><td></td><td colspan="2"></td></tr>
<tr><td>5</td><td></td><td></td><td colspan="2"></td></tr>
<tr><td>6</td><td></td><td></td><td colspan="2"></td></tr>
<tr><td>7</td><td></td><td></td><td colspan="2"></td></tr>
<tr><td>8</td><td></td><td></td><td colspan="2"></td></tr>
<tr><td>9</td><td></td><td></td><td colspan="2"></td></tr>
<tr><td>10</td><td></td><td></td><td colspan="2"></td></tr>
<tr><td>检查结论</td><td colspan="2">项目专业质量（技术）负责：
年 月 日</td><td>验收结论</td><td>监理工程师：
（建设单位项目专业技术负责人）
年 月 日</td></tr>
</table>

4. 子分部工程质量验收

子分部工程质量验收由监理工程师（建设单位项目专业负责人）组织施工单位项目负责人、专业项目负责人、设计单位项目负责人进行验收，并按表 7-4 填写。

表 7-4 子分部工程质量验收表

<table>
<tr><td colspan="3">工程名称</td><td colspan="2"></td><td>项目技术负责/证号</td><td>/</td></tr>
<tr><td colspan="3">子分部工程名称</td><td colspan="2"></td><td>项目质检员/证号</td><td>/</td></tr>
<tr><td colspan="3">子分部工程施工单位</td><td colspan="2"></td><td>专业工长/证号</td><td>/</td></tr>
<tr><td>序号</td><td colspan="2">分项工程名称</td><td>检验数量</td><td>施工单位检查结果</td><td colspan="2">监理（建设）单位收结论</td></tr>
<tr><td>1</td><td colspan="2"></td><td></td><td></td><td colspan="2"></td></tr>
<tr><td>2</td><td colspan="2"></td><td></td><td></td><td colspan="2"></td></tr>
<tr><td>3</td><td colspan="2"></td><td></td><td></td><td colspan="2"></td></tr>
<tr><td>4</td><td colspan="2"></td><td></td><td></td><td colspan="2"></td></tr>
<tr><td>5</td><td colspan="2"></td><td></td><td></td><td colspan="2"></td></tr>
<tr><td>6</td><td colspan="2"></td><td></td><td></td><td colspan="2"></td></tr>
<tr><td colspan="3">质量管理</td><td></td><td></td><td colspan="2"></td></tr>
<tr><td colspan="3">使用功能</td><td></td><td></td><td colspan="2"></td></tr>
<tr><td colspan="3">观感质量</td><td></td><td></td><td colspan="2"></td></tr>
<tr><td rowspan="4">验收意见</td><td colspan="2">专业施工单位</td><td colspan="3">项目专业负责人：</td><td>年 月 日</td></tr>
<tr><td colspan="2">施工单位</td><td colspan="3">项目负责人：</td><td>年 月 日</td></tr>
<tr><td colspan="2">设计单位</td><td colspan="3">项目负责人：</td><td>年 月 日</td></tr>
<tr><td colspan="2">监理（建设）单位</td><td colspan="3">监理工程师：（建设单位项目专业负责人）</td><td>年 月 日</td></tr>
</table>

5. 建筑给水、排水及采暖（分部）工程质量验收与评定

表 7－5 由施工单位填写，验收结论由监理（建设）单位填写。综合验收结论由参加验收各方共同商定、建设单位填写，填写内容对工程质量是否符合设计和规范要求及总体质量作出评价。

表 7－5　　建筑给水、排水及采暖（分部）工程质量验收表

<table>
<tr><td colspan="2">工程名称</td><td colspan="3"></td><td>层数/建筑面积</td><td>/</td></tr>
<tr><td colspan="2">施工单位</td><td colspan="3"></td><td>开/竣工日期</td><td>/</td></tr>
<tr><td colspan="2">项目经理/证号</td><td>/</td><td>专业技术
负责人/证号</td><td>/</td><td>项目专业技术
负责人/证号</td><td>/</td></tr>
<tr><td>序号</td><td>项目</td><td colspan="4">验收内容</td><td>验收结论</td></tr>
<tr><td>1</td><td>子分部工程质量验收</td><td colspan="4">共____子分部，经查____子分部；符合规范及设计要求____子分部</td><td></td></tr>
<tr><td>2</td><td>质量管理资料核查</td><td colspan="4">共____项，经审查符合要求____项；经核定符合规范要求____项</td><td></td></tr>
<tr><td>3</td><td>安全、卫生和主要使用功能核查抽查结果</td><td colspan="4">共抽查____项，符合要求____项；经返工处理符合要求____项</td><td></td></tr>
<tr><td>4</td><td>观感质量验收</td><td colspan="4">共抽查____项，符合要求____项；不符合要求____项</td><td></td></tr>
<tr><td>5</td><td>综合验收结论</td><td colspan="5"></td></tr>
<tr><td rowspan="2">参加
验收
单位</td><td>施工单位</td><td colspan="2">设计单位</td><td colspan="2">监理单位</td><td>建设单位</td></tr>
<tr><td>（公章）
单位（项目）负责人：
年　月　日</td><td colspan="2">（公章）
单位（项目）负责人：
年　月　日</td><td colspan="2">（公章）
总监理工程师：
年　月　日</td><td>（公章）
单位（项目）负责人：
年　月　日</td></tr>
</table>

二、建筑给水分部工程质量验收

（一）室内给水系统安装

1. 一般规定

（1）给水管道必须采用与管材相适应的管件。生活给水系统所涉及的材料必须达到饮用水卫生标准。

（2）管径小于或等于 100mm 的镀锌钢管应采用螺纹连接，套丝扣时破坏的镀锌层表面及外露螺纹部分应做防腐处理；管径大于 100mm 的镀锌钢管应采用法兰或卡套式专用管件连接，镀锌钢管与法兰的焊接处应二次镀锌。

(3) 给水塑料管和复合管可以采用橡胶圈接口、粘接接口、热熔连接、专用管件连接及法兰连接等形式。塑料管和复合管与金属管件、阀门等的连接应使用专用管件连接，不得在塑料管上套丝。

(4) 给水铸铁管管道应采用水泥捻口或橡胶圈接口方式进行连接。

(5) 铜管连接可采用专用接头或焊接，当管径小于22mm时宜采用承插或套管焊接，承口应迎介质流向安装；当管径大于或等于22mm时宜采用对口焊接。

(6) 给水立管和装有3个或3个以上配水点的支管始端，均应安装可拆卸的连接件。

(7) 冷、热水管道同时安装应符合下列规定：

1) 上、下平行安装时热水管应在冷水管上方。

2) 垂直平行安装时热水管应在冷水管左侧。

2. 给水管道及配件安装

(1) 主控项目：

1) 室内给水管道的水压试验必须符合设计要求。当设计未注明时，各种材质的给水管道系统试验压力均为工作压力的1.5倍，但不得小于0.6MPa。

检验方法：金属及复合管给水管道系统在试验压力下观测10min，压力降不应大于0.02MPa，然后降到工作压力进行检查，应不渗不漏；塑料管给水系统应在试验压力下稳压1h，压力降不得超过0.05MPa，然后在工作压力的1.15倍状态下稳压2h，压力降不得超过0.03MPa，同时检查各连接处不得渗漏。

2) 给水系统交付使用前必须进行通水试验并做好记录。

检验方法：观察和开启阀门、水嘴等放水。

3) 生活给水系统管道在交付使用前必须冲洗和消毒，并经有关部门取样检验，符合国家现行标准《生活饮用水卫生标准》(GB 5749) 方可使用。

检验方法：检查有关部门提供的检测报告。

4) 室内直埋给水管道（塑料管道和复合管道除外）应做防腐处理；埋地管道防腐层材质和结构应符合设计要求。

检验方法：观察或局部解剖检查。

(2) 一般项目：

1) 给水引入管与排水排出管的水平净距不得小于1m。室内给水与排水管道平行敷设时，两管间的最小水平净距不得小于0.5m；交叉铺设时，垂直净距不得小于0.15m。给水管应铺在排水管上面，若给水管必须铺在排水管的下面时，给水管应加套管，其长度不得小于排水管管径的3倍。

检验方法：尺量检查。

2) 管道及管件焊接的焊缝表面质量应符合下列要求：

a. 焊缝外形尺寸应符合图纸和工艺文件的规定，焊缝高度不得低于母材表面，焊缝与母材应圆滑过渡。

b. 焊缝及热影响区表面应无裂纹、未熔合、未焊透、夹渣、弧坑和气孔等缺陷。

检验方法：观察检查。

3) 给水水平管道应有2‰～5‰的坡度坡向泄水装置。

检验方法：水平尺和尺量检查。

4）给水管道和阀门安装的允许偏差应符合表7-6的规定。

表7-6　　管道和阀门安装的允许偏差和检验方法

项次	项　目			允许偏差/mm	检验方法
1	水平管道纵横方向弯曲	钢管	每米	1	用水平尺、直尺、拉线和尺量检查
			全长25m以上	≤25	
		塑料管复合管	每米	1.5	
			全长25m以上	≤25	
		铸铁管	每米	2	
			全长25m以上	≤25	
2	立管垂直度	钢管	每米	3	吊线和尺量检查
			5m以上	≤8	
		塑料管复合管	每米	2	
			5m以上	≤8	
		铸铁管	每米	3	
			5m以上	≤10	
3	成排管段和成排阀门		在同一平面上间距	3	尺量检查

5）管道的支、吊架安装应平整牢固，其间距应符合规范规定。

检验方法：观察、尺量及手扳检查。

6）水表应安装在便于检修，不受暴晒、污染和冻结的地方。安装螺翼式水表，表前与阀门应有不小于8倍水表接口直径的直线管段。表外壳距墙表面净距为10～30mm；水表进水口中心标高按设计要求，允许偏差为±10mm。

检验方法：观察和尺量检查。

3. 室内消火栓系统安装

（1）主控项目。室内消火栓系统安装完成后应取屋顶层（或水箱间内）试验消火栓和首层取二处消火栓做试射试验，达到设计要求为合格。

检验方法：实地试射检查。

（2）一般项目：

1）安装消火栓水龙带，水龙带与水枪和快速接头绑扎好后，应根据箱内构造将水龙带挂放在箱内的挂钉、托盘或支架上。

检验方法：观察检查。

2）箱式消火栓的安装应符合下列规定：

a. 栓口应朝外，并不应安装在门轴侧。

b. 栓口中心距地面为1.1m，允许偏差±20mm。

c. 阀门中心距箱侧面为140mm，距箱后内表面为100mm，允许偏差±5mm。

d. 消火栓箱体安装的垂直度允许偏差为3mm。

检验方法：观察和尺量检查。

4. 给水设备安装

(1) 主控项目:

1) 水泵就位前的基础混凝土强度、坐标、标高、尺寸和螺栓孔位置必须符合设计规定。

检验方法:对照图纸用仪器和尺量检查。

2) 水泵试运转的轴承温升必须符合设备说明书的规定。

检验方法:温度计实测检查。

3) 敞口水箱的满水试验和密闭水箱(罐)的水压试验必须符合设计与规范的规定。

检验方法:满水试验静置24h观察,不渗不漏;水压试验在试验压力下10min压力不降,不渗不漏。

(2) 一般项目:

1) 水箱支架或底座安装,其尺寸及位置应符合设计规定,埋设平整牢固。

检验方法:对照图纸,尺量检查。

2) 水箱溢流管和泄放管应设置在排水地点附近但不得与排水管直接连接。

检验方法:观察检查。

3) 立式水泵的减振装置不应采用弹簧减振器。

检验方法:观察检查。

4) 室内给水设备安装的允许偏差应符合表7-7的规定。

表7-7 室内给水设备安装的允许偏差和检验方法

<table>
<tr><th>项次</th><th colspan="3">项 目</th><th>允许偏差/mm</th><th>检验方法</th></tr>
<tr><td rowspan="3">1</td><td rowspan="3">静置设备</td><td colspan="2">坐标</td><td>15</td><td>经纬仪或拉线、尺量</td></tr>
<tr><td colspan="2">标高</td><td>±5</td><td>用水准仪、拉线和尺量检查</td></tr>
<tr><td colspan="2">垂直度(每米)</td><td>5</td><td>吊线和尺量检查</td></tr>
<tr><td rowspan="4">2</td><td rowspan="4">离心式水泵</td><td colspan="2">立式泵体垂直度(每米)</td><td>0.1</td><td>水平尺和塞尺检查</td></tr>
<tr><td colspan="2">卧式泵体水平度(每米)</td><td>0.1</td><td>水平尺和塞尺检查</td></tr>
<tr><td rowspan="2">联轴器同心度</td><td>轴向倾斜(每米)</td><td>0.8</td><td rowspan="2">在联轴器互相垂直的四个位置上用水准仪、百分表或测微螺钉和塞尺检查</td></tr>
<tr><td>径向位移</td><td>0.1</td></tr>
</table>

5) 管道及设备保温层的厚度和平整度的允许偏差应符合表7-8的规定。

表7-8 管道及设备保温层的厚度和平整度的允许偏差和检验方法

<table>
<tr><th>项次</th><th colspan="2">项 目</th><th>允许偏差/mm</th><th>检验方法</th></tr>
<tr><td>1</td><td colspan="2">厚度</td><td>+0.1δ
−0.05δ</td><td>用钢针刺入</td></tr>
<tr><td rowspan="2">2</td><td rowspan="2">表面平整度</td><td>卷材</td><td>5</td><td rowspan="2">用2m靠尺和楔形塞尺检查</td></tr>
<tr><td>涂抹</td><td>10</td></tr>
</table>

注 δ为保温层厚度。

（二）室外给水管网安装

1. 一般规定

(1) 室外给水管网安装一般规定适用于民用建筑群（住宅小区）及厂区的室外给水管网安装工程的质量检验与验收。

(2) 输送生活给水的管道应采用塑料管、复合管、镀锌钢管或给水铸铁管。塑料管、复合管或给水铸铁管的管材、配件，应是同一厂家的配套产品。

(3) 架空或在地沟内敷设的室外给水管道，其安装要求按室内给水管道的安装要求执行；塑料管道不得露天架空铺设，必须露天架空铺设时应有保温和防晒等措施。

(4) 消防水泵接合器及室外消火栓的安装位置、型式必须符合设计要求。

2. 给水管道安装

(1) 主控项目：

1) 给水管道在埋地敷设时，应在当地的冰冻线以下，如必须在冰冻线以上铺设时，应做可靠的保温防潮措施。在无冰冻地区，埋地敷设时，管顶的覆土埋深不得小于500mm，穿越道路部位的埋深不得小于700mm。

检验方法：现场观察检查。

2) 给水管道不得直接穿越污水井、化粪池、公共厕所等污染源。

检验方法：观察检查。

3) 管道接口法兰、卡扣、卡箍等应安装在检查井或地沟内，不应埋在土壤中。

检验方法：观察检查。

4) 给水系统各种井室内的管道安装，如设计无要求，井壁距法兰或承口的距离：管径小于或等于450mm时，不得小于250mm；管径大于450mm时，不得小于350mm。

检验方法：尺量检查。

5) 管网必须进行水压试验，试验压力为工作压力的1.5倍，但不得小于0.6MPa。

检验方法：管材为钢管、铸铁管时，试验压力下10min内压力降不应大于0.05MPa，然后降至工作压力进行检查，压力应保持不变，不渗不漏；管材为塑料管时，试验压力下，稳压1h压力降不大于0.05MPa，然后降至工作压力进行检查，压力应保持不变，不渗不漏。

6) 镀锌钢管、钢管的埋地防腐必须符合设计要求，如设计无规定时，可按表7-9的规定执行。卷材与管材间应粘贴牢固，无空鼓、滑移、接口不严等。

检验方法：观察和切开防腐层检查。

表7-9　　管道防腐层种类

防腐层层次	正常防腐层	加强防腐层	特加强防腐层
（从金属表面起） 1	冷底子油	冷底子油	冷底子油
2	沥青涂层	沥青涂层	沥青涂层
3	外包保护层	加强包扎层	加强保护层
		（封闭层）	（封闭层）

续表

防腐层层次	正常防腐层	加强防腐层	特加强防腐层
4		沥青涂层	沥青涂层
5		外保护层	加强包扎层
			（封闭层）
6			沥青涂层
7			外包保护层
防腐层厚度/mm	≥3	≥6	≥9

7）给水管道在竣工后，必须对管道进行冲洗，饮用水管道还要在冲洗后进行消毒，满足饮用水卫生要求。

检验方法：观察冲洗水的浊度，查看有关部门提供的检验报告。

（2）一般项目：

1）管道的坐标、标高、坡度应符合设计要求，管道安装的允许偏差应符合表7－10的规定。

表7－10　　　　室外给水管道安装的允许偏差和检验方法

项次	项目			允许偏差/mm	检验方法
1	坐标	铸铁管	埋地	100	拉线和尺量检查
			敷设在沟槽内	50	
		钢管、塑料管、复合管	埋地	100	
			敷设在沟槽内或架空	40	
2	标高	铸铁管	埋地	±50	拉线和尺量检查
			敷设在地沟内	±30	
		钢管、塑料管、复合管	埋地	±50	
			敷设在地沟内或架空	±30	
3	水平管纵横向弯曲	铸铁管	直段（25m以上）起点～终点	40	拉线和尺量检查
		钢管、塑料管、复合管	直段（25m以上）起点～终点	30	

2）管道和金属支架的涂漆应附着良好，无脱皮、起泡、流淌和漏涂等缺陷。

检验方法：现场观察检查。

3）管道连接应符合工艺要求，阀门、水表等安装位置应正确。塑料给水管道上的水表、阀门等设施其重量或启闭装置的扭矩不得作用于管道上，当管径不小于50mm时必须设独立的支承装置。

检验方法：现场观察检查。

4）给水管道与污水管道在不同标高平行敷设，其垂直间距在500mm以内时，给水管管径小于或等于200mm的，管壁水平间距不得小于1.5m；管径大于200mm的，不得小于3m。

检验方法：观察和尺量检查。

5）铸铁管承插捻口连接的对口间隙应不小于3mm，最大间隙不得大于表7－11的规定。

检验方法：尺量检查。

6）铸铁管沿直线敷设，承插捻口连接的环型间隙应符合表7－12的规定；沿曲线敷设，每个接口允许有2°转角。

表7－11 铸铁管承插捻口的对口最大间隙 单位：mm

管 径	沿直线敷设	沿曲线敷设
75	4	5
100～250	5	7～13
300～500	6	14～22

表7－12 铸铁管承插捻口的环型间隙 单位：mm

管 径	标准环型间隙	允许偏差
75～200	10	+3 −2
250～450	11	+4 −2
500	12	+4 −2

检验方法：尺量检查。

7）捻口用的油麻填料必须清洁，填塞后应捻实，其深度应占整个环型间隙深度的1/3。

检验方法：观察和尺量检查。

8）捻口用水泥强度应不低于32.5MPa，接口水泥应密实饱满，其接口水泥面凹入承口边缘的深度不得大于2mm。

检验方法：观察和尺量检查。

9）采用水泥捻口的给水铸铁管，在安装地点有侵蚀性的地下水时，应在接口处涂抹沥青防腐层。

检验方法：观察检查。

10）采用橡胶圈接口的埋地给水管道，在土壤或地下水对橡胶圈有腐蚀的地段，在回填土前应用沥青胶泥、沥青麻丝或沥青锯末等材料封闭橡胶圈接口。橡胶圈接口的管道，每个接口的最大偏转角不得超过表7－13的规定。

表7－13 橡胶圈接口最大允许偏转角

公称直径/mm	100	125	150	200	250	300	350	400
允许偏转角度/(°)	5	5	5	5	4	4	4	3

检验方法：观察和尺量检查。

三、建筑排水分部工程质量验收

（一）室内排水系统安装

1. 一般规定

（1）室内排水系统安装一般规定用于室内排水管道、雨水管道安装工程的质量检验与验收。

（2）生活污水管道应使用塑料管、铸铁管或混凝土管（由成组洗脸盆或饮用喷水器到共用水封之间的排水管和连接卫生器具的排水短管，可使用钢管）。

（3）雨水管道宜使用塑料管、铸铁管、镀锌和非镀锌钢管或混凝土管等。

（4）悬吊式雨水管道应选用钢管、铸铁管或塑料管。易受振动的雨水管道（如锻造车间等）应使用钢管。

2. 排水管道及配件安装

（1）主控项目：

1）隐蔽或埋地的排水管道在隐蔽前必须做灌水试验，其灌水高度应不低于底层卫生器具的上边缘或底层地面高度。

检验方法：满水15min水面下降后，再灌满观察5min，液面不降，管道及接口无渗漏为合格。

2）生活污水铸铁管道的坡度必须符合设计或表7-14的规定。

表7-14　生活污水铸铁管道的坡度

项次	管径/mm	标准坡度/‰	最小坡度/‰	项次	管径/mm	标准坡度/‰	最小坡度/‰
1	50	35	25	4	125	15	10
2	75	25	15	5	150	10	7
3	100	20	12	6	200	8	5

检验方法：水平尺、拉线尺量检查。

3）生活污水塑料管道的坡度必须符合设计或表7-15的规定。

表7-15　生活污水塑料管道的坡度

项次	管径/mm	标准坡度/‰	最小坡度/‰	项次	管径/mm	标准坡度/‰	最小坡度/‰
1	50	25	12	4	125	10	5
2	75	15	8	5	160	7	4
3	110	12	6				

检验方法：水平尺、拉线尺量检查。

4）排水塑料管必须按设计要求及位置装设伸缩节。如设计无要求时，伸缩节间距不得大于4m。

检验方法：观察和尺量检查。

5）高层建筑中明设排水塑料管道应按设计要求设置阻火圈或防火套管。

检验方法：观察检查。

6）排水主立管及水平干管管道均应做通球试验，通球球径不小于排水管道管径的2/3，通球率必须达到100%。

检查方法：通球检查。

7）在生活污水管道上设置的检查口或清扫口，当设计无要求时应符合下列规定：

a. 在立管上应每隔一层设置一个检查口，但在最底层和有卫生器具的最高层必须设置。如为两层建筑时，可仅在底层设置立管检查口；如有乙字弯管时，则在该层乙字弯管的上部设置检查口。检查口中心高度距操作地面一般为1m，允许偏差±20mm；检查口的朝向应便于检修。暗装立管，在检查口处应安装检修门。

b. 在连接2个及2个以上大便器或3个及3个以上卫生器具的污水横管上应设置清扫口。当污水管在楼板下悬吊敷设时，可将清扫口设在上一层楼地面上，污水管起点的清扫口与管道相垂直的墙面距离不得小于200mm；若污水管起点设置堵头代替清扫口时，与墙面距离不得小于400mm。

c. 在转角小于135°的污水横管上，应设置检查口或清扫口。

d. 污水横管的直线管段，应按设计要求的距离设置检查口或清扫口。

检验方法：观察和尺量检查。

8）埋在地下或地板下的排水管道的检查口，应设在检查井内。井底表面标高与检查口的法兰相平，井底表面应有5%坡度，坡向检查口。

检验方法：尺量检查。

9）金属排水管道上的吊钩或卡箍应固定在承重结构上。固定件间距：横管不大于2m；立管不大于3m。楼层高度小于或等于4m，立管可安装1个固定件。立管底部的弯管处应设支墩或采取固定措施。

检验方法：观察和尺量检查。

10）排水塑料管道支、吊架最大间距应符合表7-16的规定。

表7-16　　排水塑料管道支、吊架最大间距

管径/mm	50	75	110	125	160
立管/m	1.2	1.5	2.0	2.0	2.0
横管/m	0.5	0.75	1.10	1.30	1.6

检验方法：尺量检查。

（2）一般项目：

1）排水通气管不得与风道或烟道连接，且应符合下列规定：

a. 通气管应高出屋面300mm，但必须大于最大积雪厚度。

b. 在通气管出口4m以内有门、窗时，通气管应高出门、窗顶600mm或引向无门、窗一侧。

c. 在经常有人停留的平屋顶上，通气管应高出屋面2m（屋顶有隔热层应从隔热层板面算起），并应根据防雷要求设置防雷装置。

检验方法：观察和尺量检查。

2）安装未经消毒处理的医院含菌污水管道，不得与其他排水管道直接连接。

检验方法：观察检查。

3）饮食业工艺设备引出的排水管及饮用水水箱的溢流管，不得与污水管道直接连接，并应留出不小于100mm的隔断空间。

检验方法：观察和尺量检查。

4）通向室外的排水管，穿过墙壁或基础必须下返时，应采用45°三通和45°弯头连接，并应在垂直管段顶部设置清扫口。

检验方法：观察和尺量检查。

5）由室内通向室外排水检查井的排水管，井内引入管应高于排出管或两管顶相平，并有不小于90°的水流转角，如跌落差大于300mm可不受角度限制。

检验方法：观察和尺量检查。

6）用于室内排水的水平管道与水平管道、水平管道与立管的连接，应采用45°三通或45°四通和90°斜三通或90°斜四通。立管与排出管端部的连接，应采用两个45°弯头或曲率半径不小于4倍管径的90°弯头。

检验方法：观察和尺量检查。

7）室内排水管道安装的允许偏差应符合表7－17的相关规定。

表7－17　　室内排水管道安装的允许偏差和检验方法

<table>
<tr><th>项次</th><th colspan="4">项　　目</th><th>允许偏差/mm</th><th>检验方法</th></tr>
<tr><td>1</td><td colspan="4">坐标</td><td>15</td><td rowspan="12">用水准仪（水平尺）、直尺、拉线和尺量检查</td></tr>
<tr><td>2</td><td colspan="4">标高</td><td>±15</td></tr>
<tr><td rowspan="10">3</td><td rowspan="10">横管纵横方向弯曲</td><td rowspan="2">铸铁管</td><td colspan="2">每米</td><td>≤1</td></tr>
<tr><td colspan="2">全长（25m以上）</td><td>≤25</td></tr>
<tr><td rowspan="4">钢管</td><td rowspan="2">每米</td><td>管径小于或等于100mm</td><td>1</td></tr>
<tr><td>管径大于100mm</td><td>1.5</td></tr>
<tr><td rowspan="2">全长（25m以上）</td><td>管径小于或等于100mm</td><td>≤25</td></tr>
<tr><td>管径大于100mm</td><td>≤308</td></tr>
<tr><td rowspan="2">塑料管</td><td colspan="2">每米</td><td>1.5</td></tr>
<tr><td colspan="2">全长（25m以上）</td><td>≤38</td></tr>
<tr><td rowspan="2">钢筋混凝土管、混凝土管</td><td colspan="2">每米</td><td>3</td></tr>
<tr><td colspan="2">全长（25m以上）</td><td>≤75</td></tr>
<tr><td rowspan="6">4</td><td rowspan="6">立管垂直度</td><td rowspan="2">铸铁管</td><td colspan="2">每米</td><td>3</td><td rowspan="6">吊线和尺量检查</td></tr>
<tr><td colspan="2">全长（5m以上）</td><td>≤15</td></tr>
<tr><td rowspan="2">钢管</td><td colspan="2">每米</td><td>3</td></tr>
<tr><td colspan="2">全长（5m以上）</td><td>≤10</td></tr>
<tr><td rowspan="2">塑料管</td><td colspan="2">每米</td><td>3</td></tr>
<tr><td colspan="2">全长（5m以上）</td><td>≤15</td></tr>
</table>

（二）室外排水管网安装

1. 一般规定

（1）室外排水管网安装般规定适用于民用建筑群（住宅小区）及厂区的室外排水管网安装工程的质量检验与验收。

（2）室外排水管道应采用混凝土管、钢筋混凝土管、排水铸铁管或塑料管。其规格及质量必须符合现行国家标准及设计要求。

（3）排水管沟及井池的土方工程、沟底的处理、管道穿井壁处的处理、管沟及井池周围的回填要求等，均参照给水管沟及井室的规定执行。

（4）各种排水井、池应按设计给定的标准图施工，各种排水井和化粪池均应用混凝土做底板（雨水井除外），厚度不小于100mm。

2. 排水管道安装

（1）主控项目：

1）排水管道的坡度必须符合设计要求，严禁无坡或倒坡。

检验方法：用水准仪、拉线和尺量检查。

2）管道埋设前必须做灌水试验和通水试验，排水应畅通，无堵塞，管接口无渗漏。

检验方法：按排水检查井分段试验，试验水头应以试验段上游管顶加1m，时间不少于30min，逐段观察。

（2）一般项目：

1）管道的坐标和标高应符合设计要求，安装的允许偏差应符合表7-18的规定。

表7-18　室外排水管道安装的允许偏差和检验方法

项次	项目		允许偏差/mm	检验方法
1	坐标	埋地	100	拉线尺量
		敷设在沟槽内	50	
2	标高	埋地	±20	用水平仪、拉线和尺量
		敷设在沟槽内	±20	
3	水平管道纵横向弯曲	每5m长	10	拉线尺量
		全长（两井间）	30	

2）排水铸铁管采用水泥捻口时，油麻填塞应密实，接口水泥应密实饱满，其接口面凹入承口边缘且深度不得大于2mm。

检验方法：观察和尺量检查。

3）排水铸铁管外壁在安装前应除锈，涂二遍石油沥青漆。

检验方法：观察检查。

4）承插接口的排水管道安装时，管道和管件的承口应与水流方向相反。

检验方法：观察检查。

5）混凝土管或钢筋混凝土管采用抹带接口时，应符合下列规定：

a. 抹带前应将管口的外壁凿毛，扫净，当管径小于或等于500mm时，抹带可一次完成；当管径大于500mm时，应分二次抹成，抹带不得有裂纹。

b. 钢丝网应在管道就位前放入下方，抹压砂浆时应将钢丝网抹压牢固，钢丝网不得外露。

c. 抹带厚度不得小于管壁的厚度，宽度宜为80～100mm。

检验方法：观察和尺量检查。

3. 排水管沟及井池

(1) 主控项目：

1) 沟基的处理和井池的底板强度必须符合设计要求。

检验方法：现场观察和尺量检查，检查混凝土强度报告。

2) 排水检查井、化粪池的底板及进、出水管的标高，必须符合设计要求，其允许偏差为±15mm。

检验方法：用水准仪及尺量检查。

(2) 一般项目：

1) 井、池的规格、尺寸和位置应正确，砌筑和抹灰应符合要求。

检验方法：观察及尺量检查。

2) 井盖选用应正确，标志应明显，标高应符合设计要求。

检验方法：观察、尺量检查。

四、建筑采暖分部工程质量验收

(一) 室内采暖系统安装

1. 一般规定

室内采暖系统安装一般规定适用于饱和蒸汽压力不大于0.7MPa，热水温度不超过130℃的室内采暖系统安装工程的质量检验与验收。

焊接钢管的连接，管径小于或等于32mm，应采用螺纹连接；管径大于32mm，采用焊接。

2. 管道及配件安装

(1) 主控项目：

1) 管道安装坡度，当设计未注明时，应符合下列规定：

a. 气、水同向流动的热水采暖管道和汽、水同向流动的蒸汽管道及凝结水管道，坡度应为3‰，不得小于2‰。

b. 气、水逆向流动的热水采暖管道和汽、水逆向流动的蒸汽管道，坡度不应小于5‰。

c. 散热器支管的坡度应为1%，坡向应利于排气和泄水。

检验方法：观察，水平尺、拉线、尺量检查。

2) 补偿器的型号、安装位置及预拉伸和固定支架的构造及安装位置应符合设计要求。

检验方法：对照图纸，现场观察，并查验预拉伸记录。

3) 平衡阀及调节阀型号、规格、公称压力及安装位置应符合设计要求。安装完后应根据系统平衡要求进行调试并作出标志。

检验方法：对照图纸查验产品合格证，并现场查看。

4）蒸汽减压阀和管道及设备上安全阀的型号、规格、公称压力及安装位置应符合设计要求。安装完毕后应根据系统工作压力进行调试，并做出标志。

检验方法：对照图纸查验产品合格证及调试结果证明书。

5）方形补偿器制作时，应用整根无缝钢管煨制，如需要接口，其接口应设在垂直臂的中间位置，且接口必须焊接。

检验方法：观察检查。

6）方形补偿器应水平安装，并与管道的坡度一致；如其臂长方向垂直安装必须设排气及泄水装置。

检验方法：观察检查。

（2）一般项目：

1）热量表、疏水器、除污器、过滤器及阀门的型号、规格、公称压力及安装位置应符合设计要求。

检验方法：对照图纸查验产品合格证。

2）钢管管道焊口尺寸的允许偏差应符合规范规定。

3）采暖系统入户装置及分户热计量系统入户装置，应符合设计要求。安装位置应便于检修、维护和观察。

检验方法：现场观察。

4）散热器支管长度超过 1.5m 时，应在支管上安装管卡。

检验方法：尺量和观察检查。

5）上供下回式系统的热水干管变径应顶平偏心连接，蒸汽干管变径应底平偏心连接。

检验方法：观察检查。

6）在管道干管上焊接垂直或水平分支管道时，干管开孔所产生的钢渣及管壁等废弃物不得残留管内，且分支管道在焊接时不得插入干管内。

检验方法：观察检查。

7）膨胀水箱的膨胀管及循环管上不得安装阀门。

检验方法：观察检查。

8）当采暖热媒为 110～130℃的高温水时，管道可拆卸件应使用法兰，不得使用长丝和活接头；法兰垫料应使用耐热橡胶板。

检验方法：观察和查验进料单。

9）焊接钢管管径大于 32mm 的管道转弯，在作为自然补偿时应使用煨弯。塑料管及复合管除必须使用直角弯头的场合外应使用管道直接弯曲转弯。

检验方法：观察检查。

10）管道、金属支架和设备的防腐和涂漆应附着良好，无脱皮、起泡、流淌和漏涂缺陷。

检验方法：现场观察检查。

11）管道和设备保温的允许偏差应符合规范的规定。

12）采暖管道安装的允许偏差应符合表 7－19 的规定。

表7-19　采暖管道安装的允许偏差和检验方法

项次	项目			允许偏差	检验方法
1	横管道纵、横方向弯曲	每米	管径≤100mm	1mm	用水平尺、直尺、拉线和尺量检查
			管径>100mm	1.5mm	
		全长（25m以上）	管径≤100mm	≤13mm	
			管径>100mm	≤25mm	
2	立管垂直度	每米		2mm	吊线和尺量检查
		全长（5m以上）		≤10mm	
3	弯管	椭圆率 $\frac{D_{max}-D_{min}}{D_{max}}$	管径≤100mm	10%	用外卡钳和尺量检查
			管径>100mm	8%	
		褶皱不平度	管径≤100mm	4mm	
			管径>100mm	5mm	

注　D_{max}，D_{min}分别为管子最大外径及最小外径。

（二）室外供热管网安装

1. 一般规定

（1）室外供热管网安装适用于厂区及民用建筑群（住宅小区）的饱和蒸汽压力不大于0.7MPa、热水温度不超过130℃的室外供热管网安装工程的质量检验与验收。

（2）供热管网的管材应按设计要求。当设计未注明时，应符合下列规定：

1）管径小于或等于40mm时，应使用焊接钢管。

2）管径为50～200mm时，应使用焊接钢管或无缝钢管。

3）管径大于200mm时，应使用螺旋焊接钢管。

（3）室外供热管道连接均应采用焊接连接。

2. 管道及配件安装

（1）主控项目：

1）平衡阀及调节阀型号、规格及公称压力应符合设计要求。安装后应根据系统要求进行调试，并作出标志。

检验方法：对照设计图纸及产品合格证，并现场观察调试结果。

2）直埋无补偿供热管道预热伸长及三通加固应符合设计要求；回填前应注意检查预制保温层外壳及接口的完好性；回填应按设计要求进行。

检验方法：回填前现场验核和观察。

3）补偿器的位置必须符合设计要求，并应按设计要求或产品说明书进行预拉伸；管道固定支架的位置和构造必须符合设计要求。

检验方法：对照图纸，并查验预拉伸记录。

4）检查井室、用户入口处管道布置应便于操作及维修，支、吊、托架稳固，并满足设计要求。

检验方法：对照图纸，观察检查。

5）直埋管道的保温应符合设计要求，接口在现场发泡时，接头处厚度应与管道保温层厚度一致，接头处保护层必须与管道保护层成一体，符合防潮防水要求。

检验方法：对照图纸，观察检查。

（2）一般项目：

1）管道水平敷设其坡度应符合设计要求。

检验方法：对照图纸，用水准仪（水平尺）、拉线和尺量检查。

2）除污器构造应符合设计要求，安装位置和方向应正确；管网冲洗后应清除内部污物。

检验方法：打开清扫口检查。

3）室外供热管道安装的允许偏差应符合表 7－20 的规定。

表 7－20　　室外供热管道安装的允许偏差和检验方法

项次	项目			允许偏差	检验方法
1	坐标		敷设在沟槽内及架空	20mm	用水准仪（水平尺）、直尺、拉线
			埋地	50mm	
2	标高		敷设在沟槽内及架空	±10mm	尺量检查
			埋地	±15mm	
3	水平管道纵、横方向弯曲	每米	管径≤100mm	1mm	用水准仪（水平尺）、直尺、拉线和尺量检查
			管径＞100mm	1.5mm	
		全长（25m 以上）	管径≤100mm	≤13mm	
			管径＞100mm	≤25mm	
4	弯管	椭圆率 $\frac{D_{max}-D_{min}}{D_{max}}$	管径≤100mm	89%	用外卡钳和尺量检查
			管径＞100mm	5%	
		折皱不平度	管径≤100mm	4mm	
			管径 125～200mm	5mm	
			管径 250～400mm	7mm	

4）管道焊口的允许偏差应符合规范规定。

5）管道及管件焊接的焊缝表面质量应符合下列规定：

a. 焊缝外形尺寸应符合图纸和工艺文件的规定，焊缝高度不得低于母材表面，焊缝与母材应圆滑过渡。

b. 焊缝及热影响区表面应无裂纹、未熔合、未焊透、夹渣、弧坑和气孔等缺陷。

检验方法：观察检查。

6）供热管道的供水管或蒸汽管，如设计无规定时，应敷设在载热介质前进方向的右侧或上方。

检验方法：对照图纸，观察检查。

7）地沟内的管道安装位置，其净距（保温层外表面）应符合下列规定：

a. 与沟壁100～150mm。

b. 与沟底100～200mm。

c. 与沟顶（不通行地沟）50～100mm。

d.（半通行和通行地沟）200～300mm。

检验方法：尺量检查。

8）架空敷设的供热管道安装高度，如设计无规定时，应符合下列规定（以保温层外表面计算）：

a. 人行地区，不小于2.5m。

b. 通行车辆地区，不小于4.5m。

c. 跨越铁路，距轨顶不小于6m。

检验方法：尺量检查。

9）防锈漆的厚度应均匀，不得有脱皮、起泡、流淌和漏涂等缺陷。

检验方法：保温前观察检查。

10）管道保温层的厚度和平整度的允许偏差应符合规范规定。

3. *系统水压试验及调试*

（1）主控项目：

1）供热管道的水压试验压力应为工作压力的1.5倍，但不得小于0.6MPa。

检验方法：在试验压力下10min内压力降不大于0.05MPa，然后降至工作压力下检查，不渗不漏。

2）管道试压合格后，应进行冲洗。

检验方法：现场观察，以水色不浑浊为合格。

3）管道冲洗完毕应通水、加热，进行试运行和调试。当不具备加热条件时，应延期进行。

检验方法：测量各建筑物热力入口处供回水温度及压力。

4）供热管道作水压试验时，试验管道上的阀门应开启，试验管道与非试验管道应隔断。

检验方法：开启和关闭阀门检查。

第二节　建筑电气分部工程质量验收与评定

一、建筑电气分部工程划分

（1）建筑电气分部工程质量验收时，检验批的划分应符合下列规定：

1）室外电气安装工程中分项工程的检验批，依据庭院大小、投运时间先后、功能区块不同划分。

2）变配电室安装工程中分项工程的检验批，主变配电室为1个检验批；有数个分变

配电室，且不属于子单位工程的子分部工程，各为1个检验批，其验收记录汇入所有变配电室有关分项工程的验收记录中；如各分变配电室属于各子单位工程的子分部工程，所属分项工程各为1个检验批，其验收记录应为一个分项工程验收记录，经子分部工程验收记录汇入分部工程验收记录中。

3）供电干线安装工程分项工程的检验批，依据供电区段和电气线缆竖井的编号划分。

4）电气动力和电气照明安装工程中分项工程及建筑物等电位联结分项工程的检验批，其划分的界区，应与建筑土建工程一致。

5）备用和不间断电源安装工程中分项工程各自成为1个检验批。

6）防雷及接地装置安装工程中分项工程检验批，人工接地装置和利用建筑物基础钢筋的接地体各为1个检验批，大型基础可按区块划分成几个检验批；避雷引下线安装6层以下的建筑为1个检验批，高层建筑依均压环设置间隔的层数为1个检验批；接闪器安装同一屋面为1个检验批。

（2）当验收建筑电气工程时，应核查下列各项质量控制资料，且检查分项工程质量验收记录和分部（子分部）质量验收记录应正确，责任单位和责任人的签章齐全。

1）建筑电气工程施工图设计文件和图纸会审记录及洽商记录。

2）主要设备、器具、材料的合格证和进场验收记录。

3）隐蔽工程记录。

4）电气设备交接试验记录。

5）接地电阻、绝缘电阻测试记录。

6）空载试运行和负荷试运行记录。

7）建筑照明通电试运行记录。

8）工序交接合格等施工安装记录。

（3）根据单位工程实际情况，检查建筑电气分部（子分部）工程所含分项工程的质量验收记录应无遗漏缺项。

1）当单位工程质量验收时，建筑电气分部（子分部）工程实物质量的抽检部位如下，且抽检结果应符合《建筑电气工程施工质量验收规范》（GB 50303—2015）规定。

2）大型公用建筑的变配电室，技术层的动力工程，供电干线的竖井，建筑顶部的防雷工程，重要的或大面积活动场所的照明工程，以及5%自然间的建筑电气动力、照明工程。

3）一般民用建筑的配电室和5%自然间的建筑电气照明工程，以及建筑顶部的防雷工程。

4）室外电气工程以变配电室为主，且抽检各类灯具的5%。

（4）核查各类技术资料应齐全，且符合工序要求，有可追溯性；各责任人均应签章确认。

（5）为方便检测验收，高低压配电装置的调整试验应提前通知监理和有关监督部门，实行旁站确认。变配电室通电后可抽测的项目主要是：各类电源自动切换或通断装置、馈电线路的绝缘电阻、接地（PE）或接零（PEN）的导通状态、开关插座的接线正确性、漏电保护装置的动作电流和时间、接地装置的接地电阻和由照明设计确定的照度等。抽测的结果应符合规范规定和设计要求。

（6）检验方法应符合下列规定：

1）电气设备、电缆和继电保护系统的调整试验结果，查阅试验记录或试验时旁站。

2）空载试运行和负荷试运行结果，查阅试运行记录或试运行时旁站。

3）绝缘电阻、接地电阻和接地（PE）或接零（PEN）导通状态及插座接线正确性的测试结果，查阅测试记录或测试时旁站或用适配仪表进行抽测。

4）漏电保护装置动作数据值，查阅测试记录或用适配仪表进行抽测。

5）负荷试运行时大电流节点温升测量用红外线遥测温度仪抽测或查阅负荷试运行记录。

6）螺栓紧固程度用适配工具做拧动试验；有最终拧紧力矩要求的螺栓用扭力扳手抽测。

7）需吊芯、抽芯检查的变压器和大型电动机，吊芯、抽芯时旁站或查阅吊芯、抽芯记录。

8）需做动作试验的电气装置，高压部分不应带电试验，低压部分无负荷试验。

9）水平度用铁水平尺测量，垂直度用线锤吊线尺量，盘面平整度拉线尺量，各种距离的尺寸用塞尺、游标卡尺、钢尺、塔尺或采用其他仪器仪表等测量。

10）外观质量情况目测检查。

（7）设备规格型号、标志及接线，对照工程设计图纸及其变更文件检查。

二、建筑电气分部工程质量验收的基本规定

1. 一般规定

（1）建筑电气工程施工现场的质量管理，除应符合《建筑工程施工质量验收统一标准》（GB 50300—2013）的第3.0.1条规定外，尚应符合下列规定：

1）安装电工、焊工、起重吊装工和电气调试人员等，按有关要求持证上岗。

2）安装和调试用各类计量器具，应检定合格，使用时在有效期内。

（2）除设计要求外，承力建筑钢结构构件上，不得采用熔焊连接固定电气线路、设备和器具的支架、螺栓等部件；且严禁热加工开孔。

（3）额定电压交流1kV及以下、直流1.5kV及以下的应为低压电器设备、器具和材料；额定电压大于交流1kV、直流1.5kV的应为高压电器设备、器具和材料。

（4）电气设备上计量仪表和与电气保护有关的仪表应检定合格，当投入试运行时，应在有效期内。

（5）建筑电气动力工程的空载试运行和建筑电气照明工程的负荷试运行，应按规范规定执行；建筑电气动力工程的负荷试运行，依据电气设备及相关建筑设备的种类、特性，编制试运行方案或作业指导书，并应经施工单位审查批准、监理单位确认后执行。

（6）动力和照明工程的漏电保护装置应做模拟动作试验。

（7）接地（PE）或接零（PEN）支线必须单独与接地（PE）或接零（PEN）干线相连接，不得串联连接。

（8）高压的电气设备和布线系统及继电保护系统的交接试验，必须符合现行国家标准《电气装置安装工程电气设备交接试验标准》（GB 50150）的规定。

(9) 低压的电气设备和布线系统的交接试验，应符合规范的规定。

(10) 送至建筑智能化工程变送器的电量信号精度等级应符合设计要求，状态信号应正确；接收建筑智能化工程的指令应使建筑电气工程的自动开关动作符合指令要求，且手动、自动切换功能正常。

2. 主要设备、材料、成品和半成品进场验收

主要设备、材料、成品和半成品进场验收结论应有记录，确认符合规范规定，才能在施工中应用。

因有异议送有资质试验室进行抽样检测，试验室应出具检测报告，确认符合规范和相关技术标准规定，才能在施工中应用。

依法定程序批准进入市场的新电气设备、器具和材料进场验收，除符合规范规定外，尚应提供安装、使用、维修和试验要求等技术文件。

进口电气设备、器具和材料进场验收，除符合《建筑电气工程施工质量验收规范》(GB 50303—2015) 规定外，尚应提供商检证明和中文的质量合格证明文件、规格、型号、性能检测报告以及中文的安装、使用、维修和试验要求等技术文件。

经批准的免检产品或认定的名牌产品，当进场验收时，可不做抽样检测。

(1) 变压器、箱式变电所、高压电器及电瓷制品应符合下列规定：

1) 查验合格证和随带技术文件，变压器有出厂试验记录。

2) 外观检查：有铭牌，附件齐全，绝缘件无缺损、裂纹，充油部分不渗漏，充气高压设备气压指示正常，涂层完整。

(2) 高低压成套配电柜、蓄电池柜、不间断电源柜、控制柜（屏、台）及动力、照明配电箱（盘）应符合下列规定：

1) 查验合格证和随带技术文件，实行生产许可证和安全认证制度的产品，有许可证编号和安全认证标志。不间断电源柜有出厂试验记录。

2) 外观检查：有铭牌，柜内元器件无损坏丢失、接线无脱落脱焊，蓄电池柜内电池壳体无碎裂、漏液，充油、充气设备无泄漏，涂层完整，无明显碰撞凹陷。

(3) 柴油发电机组应符合下列规定：

1) 依据装箱单，核对主机、附件、专用工具、备品备件和随带技术文件，查验合格证和出厂试运行记录，发电机及其控制柜有出厂试验记录。

2) 外观检查：有铭牌，机身无缺件，涂层完整。

(4) 电动机、电加热器、电动执行机构和低压开关设备等应符合下列规定：

1) 查验合格证和随带技术文件，实行生产许可证和安全认证制度的产品，有许可证编号和安全认证标志。

2) 外观检查：有铭牌，附件齐全，电气接线端子完好，设备器件无缺损，涂层完整。

(5) 照明灯具及附件应符合下列规定：

1) 查验合格证，新型气体放电灯具有随带技术文件。

2) 外观检查：灯具涂层完整，无损伤，附件齐全。防爆灯具铭牌上有防爆标志和防爆合格证号，普通灯具有安全认证标志。

3) 对成套灯具的绝缘电阻、内部接线等性能进行现场抽样检测。灯具的绝缘电阻值

不小于 2MΩ，内部接线为铜芯绝缘电线，芯线截面积不小于 0.5mm^2，橡胶或聚氯乙烯（PVC）绝缘电线的绝缘层厚度不小于 0.6mm。对游泳池和类似场所灯具（水下灯及防水灯具）的密闭和绝缘性能有异议时，按批抽样送有资质的试验室检测。

（6）开关、插座、接线盒和风扇及其附件应符合下列规定：

1）查验合格证，防爆产品有防爆标志和防爆合格证号，实行安全认证制度的产品有安全认证标志。

2）外观检查：开关、插座的面板及接线盒盒体完整、无碎裂、零件齐全，风扇无损坏，涂层完整，调速器等附件适配。

3）对开关、插座的电气和机械性能进行现场抽样检测。

检测规定如下：

a. 不同极性带电部件间的电气间隙和爬电距离不小于 3mm。

b. 绝缘电阻值不小于 5MΩ。

c. 用自攻锁紧螺钉或自切螺钉安装的，螺钉与软塑固定件旋合长度不小于 8mm，软塑固定件在经受 10 次拧紧退出试验后，无松动或掉渣，螺钉及螺纹无损坏现象。

d. 金属间相旋合的螺钉螺母，拧紧后完全退出，反复 5 次仍能正常使用。

4）对开关、插座、接线盒及其面板等塑料绝缘材料阻燃性能有异议时，按批抽样送有资质的试验室检测。

（7）电线、电缆应符合下列规定：

1）按批查验合格证，合格证有生产许可证编号，按《额定电压 450/750V 及以下聚氯乙烯绝缘电缆》（GB 5023.1～5023.7）标准生产的产品有安全认证标志。

2）外观检查：包装完好，抽检的电线绝缘层完整无损，厚度均匀。电缆无压扁、扭曲，铠装不松卷。耐热、阻燃的电线、电缆外护层有明显标识和制造厂标。

3）按制造标准，现场抽样检测绝缘层厚度和圆形线芯的直径；线芯直径误差不大于标称直径的 1%；常用的 BV 型绝缘电线的绝缘层厚度不小于表 7－21 的规定。

表 7－21　　BV 型绝缘电线的绝缘层厚度

序　号	1	2	3	4	5	6	7	8	9	10	11	12	13	14	15	16	17
电线芯线标称截面积/mm^2	1.5	2.5	4	6	10	16	25	35	50	70	95	120	150	185	240	300	400
绝缘层厚度规定值/mm	0.7	0.8	0.8	0.8	1.0	1.0	1.2	1.2	1.4	1.4	1.6	1.6	1.8	2.0	2.2	2.4	2.6

对电线、电缆绝缘性能、导电性能和阻燃性能有异议时，按批抽样送有资质的试验室检测。

（8）导管应符合下列规定：

按批查验合格证：

1）外观检查：钢导管无压扁、内壁光滑。非镀锌钢导管无严重锈蚀，按制造标准油漆出厂的油漆完整；镀锌钢导管镀层覆盖完整、表面无锈斑；绝缘导管及配件不碎裂、表面有阻燃标记和制造厂标。

2）按制造标准现场抽样检测导管的管径、壁厚及均匀度。对绝缘导管及配件的阻燃性能有异议时，按批抽样送有资质的试验室检测。

（9）型钢和电焊条应符合下列规定：

1）按批查验合格证和材质证明书；有异议时，按批抽样送有资质的试验室检测。

2）外观检查：型钢表面无严重锈蚀，无过度扭曲、弯折变形；电焊条包装完整，拆包抽检，焊条尾部无锈斑。

（10）镀锌制品（支架、横担、接地极、避雷用型钢等）和外线金具应符合下列规定：

1）按批查验合格证或镀锌厂出具的镀锌质量证明书。

2）外观检查：镀锌层覆盖完整、表面无锈斑，金具配件齐全，无砂眼。

3）对镀锌质量有异议时，按批抽样送有资质的试验室检测。

（11）电缆桥架、线槽应符合下列规定：

1）查验合格证。

2）外观检查：部件齐全，表面光滑、不变形；钢制桥架涂层完整，无锈蚀；玻璃钢制桥架色泽均匀，无破损碎裂；铝合金桥架涂层完整，无扭曲变形，不压扁，表面不划伤。

（12）封闭母线、插接母线应符合下列规定：

1）查验合格证和随带安装技术文件。

2）外观检查：防潮密封良好，各段编号标志清晰，附件齐全，外壳不变形，母线螺栓搭接面平整、镀层覆盖完整、无起皮和麻面；插接母线上的静触头无缺损、表面光滑、镀层完整。

（13）裸母线、裸导线应符合下列规定：

1）查验合格证。

2）外观检查：包装完好，裸母线平直，表面无明显划痕，测量厚度和宽度符合制造标准；裸导线表面无明显损伤，不松股、扭折和断股（线），测量线径符合制造标准。

（14）电缆头部件及接线端子应符合下列规定：

1）查验合格证。

2）外观检查：部件齐全，表面无裂纹和气孔，随带的袋装涂料或填料不泄漏。

（15）钢制灯柱应符合下列规定：

1）按批查验合格证。

2）外观检查涂层完整，根部接线盒盒盖紧固件和内置熔断器、开关等器件齐全，盒盖密封垫片完整。钢柱内设有专用接地螺栓，地脚螺孔位置按提供的附图尺寸，允许偏差为±2mm。

（16）钢筋混凝土电杆和其他混凝土制品应符合下列规定：

1）按批查验合格证。

2）外观检查：表面平整，无缺角露筋，每个制品表面有合格印记；钢筋混凝土电杆表面光滑，无纵向、横向裂纹，杆身平直，弯曲不大于杆长的1/1000。

3. 工序交接确认

（1）架空线路及杆上电气设备安装应按以下程序进行：

1）线路方向和杆位及拉线坑位测量埋桩后，经检查确认，才能挖掘杆坑和拉线坑。

2）杆坑、拉线坑的深度和坑型，经检查确认，才能立杆和埋设拉线盘。

3）杆上高压电气设备交接试验合格，才能通电。

4）架空线路做绝缘检查，且经单相冲击试验合格，才能通电。

5）架空线路的相位经检查确认，才能与接户线连接。

（2）变压器、箱式变电所安装应按以下程序进行：

1）变压器、箱式变电所的基础验收合格，且对埋入基础的电线导管、电缆导管和变压器进、出线预留孔及相关预埋件进行检查，才能安装变压器、箱式变电所。

2）杆上变压器的支架紧固检查后，才能吊装变压器且就位固定。

3）变压器及接地装置交接试验合格，才能通电。

（3）成套配电柜、控制柜（屏、台）和动力、照明配电箱（盘）安装应按以下程序进行：

1）埋设的基础型钢和柜、屏、台下的电缆沟等相关建筑物检查合格，才能安装柜、屏、台。

2）室内外落地动力配电箱的基础验收合格，且对埋入基础的电线导管、电缆导管进行检查，才能安装箱体。

3）墙上明装的动力、照明配电箱（盘）的预埋件（金属埋件、螺栓），在抹灰前预留和预埋；暗装的动力、照明配电箱的预留孔和动力、照明配线的线盒及电线导管等，经检查确认到位，才能安装配电箱（盘）。

4）接地（PE）或接零（PEN）连接完成后，核对柜、屏、台、箱、盘内的组件规格、型号，且交接试验合格，才能投入试运行。

低压电动机、电加热器及电动执行机构应与机械设备完成连接，绝缘电阻测试合格，经手动操作符合工艺要求，才能接线。

（4）柴油发电机组安装应按以下程序进行：

1）基础验收合格，才能安装机组。

2）地脚螺栓固定的机组经初平、螺栓孔灌浆、精平、紧固地脚螺栓、二次灌浆等机械安装程序；安放式的机组将底部垫平、垫实。

3）油、气、水冷、风冷、烟气排放等系统和隔振防噪声设施安装完成；按设计要求配置的消防器材齐全到位；发电机静态试验、随机配电盘控制柜接线检查合格，才能空载试运行。

4）发电机空载试运行和试验调整合格，才能负荷试运行。

5）在规定时间内，连续无故障负荷试运行合格，才能投入备用状态。

不间断电源按产品技术要求试验调整，应检查确认，才能接至馈电网路。

（5）低压电气动力设备试验和试运行应按以下程序进行：

1）设备的可接近裸露导体接地（PE）或接零（PEN）连接完成，经检查合格，才能进行试验。

2）动力成套配电（控制）柜、屏、台、箱、盘的交流工频耐压试验、保护装置的动作试验合格，才能通电。

3）控制回路模拟动作试验合格，盘车或手动操作，电气部分与机械部分的转动或动作协调一致，经检查确认，才能空载试运行。

（6）裸母线、封闭母线、插接式母线安装应按以下程序进行：

1）变压器、高低压成套配电柜、穿墙套管及绝缘子等安装就位，经检查合格，才能安装变压器和高低压成套配电柜的母线。

2）封闭、插接式母线安装，在结构封顶、室内底层地面施工完成或已确定地面标高、场地清理、层间距离复核后，才能确定支架设置位置。

3）与封闭、插接式母线安装位置有关的管道、空调及建筑装修工程施工基本结束，确认扫尾施工不会影响已安装的母线，才能安装母线。

4）封闭、插接式母线每段母线组对接续前，绝缘电阻测试合格，绝缘电阻值大于20MΩ，才能安装组对。

5）母线支架和封闭、插接式母线的外壳接地（PE）或接零（PEN）连接完成，母线绝缘电阻测试和交流工频耐压试验合格，才能通电。

（7）电缆桥架安装和桥架内电缆敷设应按以下程序进行：

1）测量定位，安装桥架的支架，经检查确认，才能安装桥架。

2）桥架安装检查合格，才能敷设电缆。

3）电缆敷设前绝缘测试合格，才能敷设。

4）电缆电气交接试验合格，且对接线去向、相位和防火隔堵措施等检查确认，才能通电。

（8）电缆在沟内、竖井内支架上敷设应按以下程序进行：

1）电缆沟、电缆竖井内的施工临时设施、模板及建筑废料等清除，测量定位后，才能安装支架。

2）电缆沟、电缆竖井内支架安装及电缆导管敷设结束，接地（PE）或接零（PEN）连接完成，经检查确认，才能敷设电缆。

3）电缆敷设前绝缘测试合格，才能敷设。

4）电缆交接试验合格，且对接线去向、相位和防火隔堵措施等检查确认，才能通电。

（9）电线导管、电缆导管和线槽敷设应按以下程序进行：

1）除埋入混凝土中的非镀锌钢导管外壁不做防腐处理外，其他场所的非镀锌钢导管内外壁均做防腐处理，经检查确认，才能配管。

2）室外直埋导管的路径、沟槽深度、宽度及垫层处理经检查确认，才能埋设导管。

3）现浇混凝土板内配管在底层钢筋绑扎完成，上层钢筋未绑扎前敷设，且检查确认，才能绑扎上层钢筋和浇捣混凝土。

4）现浇混凝土墙体内的钢筋网片绑扎完成，门、窗等位置已放线，经检查确认，才能在墙体内配管。

5）被隐蔽的接线盒和导管在隐蔽前检查合格，才能隐蔽。

6）在梁、板、柱等部位明配管的导管套管、埋件、支架等检查合格，才能配管。

7）吊顶上的灯位及电气器具位置先放样，且与土建及各专业施工单位商定，才能在吊顶内配管。

8）顶棚和墙面的喷浆、油漆或壁纸等基本完成，才能敷设线槽、槽板。

（10）电线、电缆穿管及线槽敷线应按以下程序进行：

1）接地（PE）或接零（PEN）及其他焊接施工完成，经检查确认，才能穿入电线或电缆以及线槽内敷线。

2）与导管连接的柜、屏、台、箱、盘安装完成，管内积水及杂物清理干净，经检查确认，才能穿入电线、电缆。

3）电缆穿管前绝缘测试合格，才能穿入导管。

4）电线、电缆交接试验合格，且对接线去向和相位等检查确认，才能通电。

钢索配管的预埋件及预留孔，应预埋、预留完成；装修工程除地面外基本结束，才能吊装钢索及敷设线路。

（11）电缆头制作和接线应按以下程序进行：

1）电缆连接位置、连接长度和绝缘测试经检查确认，才能制作电缆头。

2）控制电缆绝缘电阻测试和校线合格，才能接线。

3）电线、电缆交接试验和相位核对合格，才能接线。

（12）照明灯具安装应按以下程序进行：

1）安装灯具的预埋螺栓、吊杆和吊顶上嵌入式灯具安装专用骨架等完成，按设计要求做承载试验合格，才能安装灯具。

2）影响灯具安装的模板、脚手架拆除；顶棚和墙面喷浆、油漆或壁纸等及地面清理工作基本完成后，才能安装灯具。

3）导线绝缘测试合格，才能灯具接线。

4）高空安装的灯具，地面通断电试验合格，才能安装。

照明开关、插座、风扇安装：吊扇的吊钩预埋完成；电线绝缘测试应合格，顶棚和墙面的喷浆、油漆或壁纸等应基本完成，才能安装开关、插座和风扇。

（13）照明系统的测试和通电试运行应按以下程序进行：

1）电线绝缘电阻测试前电线的接续完成。

2）照明箱（盘）、灯具、开关、插座的绝缘电阻测试在就位前或接线前完成。

3）备用电源或事故照明电源作空载自动投切试验前拆除负荷，空载自动投切试验合格，才能做有载自动投切试验。

4）电气器具及线路绝缘电阻测试合格，才能通电试验。

5）照明全负荷试验必须在程序1）、2）、4）完成后进行。

（14）接地装置安装应按以下程序进行：

1）建筑物基础接地体：底板钢筋敷设完成，按设计要求做接地施工，经检查确认，才能支模或浇捣混凝土。

2）人工接地体：按设计要求位置开挖沟槽，经检查确认，才能打入接地极和敷设地下接地干线。

3）接地模块：按设计位置开挖模块坑，并将地下接地干线引到模块上，经检查确认，才能相互焊接。

4）装置隐蔽：检查验收合格，才能覆土回填。

（15）引下线安装应按以下程序进行：

1）利用建筑物柱内主筋作引下线，在柱内主筋绑扎后，按设计要求施工，经检查确认，才能支模。

2）直接从基础接地体或人工接地体暗敷埋入粉刷层内的引下线，经检查确认不外露，才能贴面砖或刷涂料等。

3）直接从基础接地体或人工接地体引出明敷的引下线，先埋设或安装支架，经检查确认，才能敷设引下线。

（16）等电位联结应按以下程序进行：

1）总等电位联结：对可作导电接地体的金属管道入户处和供总等电位联结的接地干线的位置检查确认，才能安装焊接总等电位联结端子板，按设计要求做总等电位联结。

2）辅助等电位联结：对供辅助等电位联结的接地母线位置检查确认，才能安装焊接辅助等电位联结端子板，按设计要求做辅助等电位联结。

3）对特殊要求的建筑金属屏蔽网箱，网箱施工完成，经检查确认，才能与接地线连接。

接闪器安装：接地装置和引下线应施工完成，才能安装接闪器，且与引下线连接。

防雷接地系统测试：接地装置施工完成测试应合格；避雷接闪器安装完成，整个防雷接地系统连成回路，才能系统测试。

第三节　智能建筑分部工程质量验收与评定

智能建筑工程质量验收应包括工程实施及质量控制、系统检测和竣工验收。智能建筑工程质量验收应按“先产品，后系统；先各系统，后系统集成”的顺序进行。智能建筑分部工程应包括通信网络系统、信息网络系统、建筑设备监控系统、火灾自动报警及消防联动系统、安全防范系统、综合布线系统。智能化系统集成、电源与接地、环境和住宅（小区）智能化等子分部工程；子分部工程又分为若干个分项工程（子系统）。

一、智能建筑基本术语

建筑设备自动化系统将建筑物或建筑群内的空调与通风、变配电，照明、给排水、热源与热交换、冷冻和冷却及电梯和自动扶梯等系统，以集中监视、控制和管理为目的的构成的综合系统。

通信网络系统是建筑物内语音、数据、图像传输的基础设施。通过通信网络系统，可实现与外部通信网络（如公用电话网、综合业务数字网、互联网、数据通信网及卫星通信网等）相连，确保信息畅通和实现信息共享。

信息网络系统是应用计算机技术、通信技术、多媒体技术、信息安全技术和行为科学等先进技术和设备构成的信息网络平台。借助于这一平台实现信息共享、资源共享和信息的传递与处理，并在此基础上开展各种应用业务。

智能化系统集成应在建筑设备监控系统、安全防范系统、火灾自动报警及消防联动系统等各子分部工程的基础上，实现建筑物管理系统（BMS）集成。BMS可进一步与信息网络系统（INS）、通信网络系统（CNS）进行系统集成，实现智能建筑管理集成系统（IBMS），以满足建筑物的监控功能、管理功能和信息共享的需求，便于通过对建筑物和建筑设备的自动检测与优化控制，实现信息资源的优化管理和对使用者提供最佳的信息服务，使智能建筑达到投资合理、适应信息社会需要的目标，并具有安全、舒适、高效和环保的特点。

由火灾探测系统、火灾自动报警及消防联动系统和自动灭火系统等部分组成，实现建筑物的火灾自动报警及消防联动。

根据建筑安全防范管理的需要，综合运用电子信息技术、计算机网络技术、视频监控技术和各种现代安全防范技术构成的用于维护公共安全、预防刑事犯罪及灾害事故为目的的，具有报警、视频安防监控、出入口控制、安全检查、停车场（库）管理的安全技术防范体系。

住宅（小区）智能化是以住宅小区为平台，兼备安全防范系统、火灾自动报警及消防联动系统、信息网络系统和物业管理系统等功能系统以及这些系统集成的智能化系统，具有集建筑系统、服务和管理于一体，向用户提供节能、高效、舒适、便利、安全的人居环境等特点的智能化系统。

家庭控制器是完成家庭内各种数据采集、控制、管理及通信的控制器或网络系统，一般应具备家庭安全防范、家庭消防、家用电器监控及信息服务等功能。

控制网络系统用控制总线将控制设备、传感器及执行机构等装置联结在一起进行实时的信息交互，并完成管理和设备监控的网络系统。

火灾自动报警及消防联动系统、安全防范系统、通信网络系统的检测验收应按相关国家现行标准和国家及地方的相关法律法规执行；其他系统的检测应由省市级以上的建设行政主管部门或质量技术监督部门认可的专业检测机构组织实施。

二、智能建筑产品质量检查

本节所涉及的产品应包括智能建筑工程各智能化系统中使用的材料，硬件设备、软件产品和工程中应用的各种系统接口。产品质量检查应包括列入《中华人民共和国实施强制性产品认证的产品目录》或实施生产许可证和上网许可证管理的产品，未列入强制性认证产品目录或未实施生产许可证和上网许可证管理的产品应按规定程序通过产品检测后方可使用。

产品功能、性能等项目的检测应按相应的现行国家产品标准进行；供需双方有特殊要求的产品，可按合同规定或设计要求进行。

对不具备现场检测条件的产品，可要求进行工厂检测并出具检测报告。

硬件设备及材料的质量检查重点应包括安全性、可靠性及电磁兼容性等项目，可靠性检测可参考生产厂家出具的可靠性检测报告。

（1）软件产品质量应按下列内容检查：

1）商业化的软件，如操作系统、数据库管理系统、应用系统软件、信息安全软件和网管软件等应做好使用许可证及使用范围的检查。

2）由系统承包商编制的用户应用软件、用户组态软件及接口软件等应用软件，除进

行功能测试和系统测试之外，还应根据需要进行容量、可靠性、安全性、可恢复性、兼容性、自诊断等多项功能测试，并保证软件的可维护性。

3）所有自编软件均应提供完整的文档（包括软件资料、程序结构说明、安装调试说明、使用和维护说明书等）。

（2）系统接口的质量应按下列要求检查：

1）系统承包商应提交接口规范，接口规范应在合同签订时由合同签订机构负责审定。

2）系统承包商应根据接口规范制定接口测试方案，接口测试方案经检测机构批准后实施，系统接口测试应保证接口性能符合设计要求，实现接口规范中规定的各项功能，不发生兼容性及通信瓶颈问题，并保证系统接口的制造和安装质量。

三、智能建筑工程实施及质量控制

工程实施及质量控制应包括与前期工程的交接和工程实施条件准备，进场设备和材料的验收、隐蔽工程检查验收和过程检查、工程安装质量检查、系统自检和试运行等。

工程实施前应进行工序交接，做好与建筑结构、建筑装饰装修、建筑给水排水及采暖、建筑电气、通风与空调和电梯等分部工程的接口确认。

（1）工程实施前应做好如下条件准备：

1）检查工程设计文件及施工图的完备性，智能建筑工程必须按已审批的施工图设计文件实施；工程中出现的设计变更，应填写设计变更审核表。

2）完善施工现场质量管理检查制度和施工技术措施。

必须按照合同技术文件和工程设计文件的要求，对设备、材料和软件进行进场验收。进场验收应有书面记录和参加人签字，并经监理工程师或建设单位验收人员签字。未经进场验收合格的设备、材料和软件不得在工程上使用和安装。经进场验收的设备和材料应按产品的技术要求妥善保管。

（2）设备及材料的进场验收应填写表，具体要求如下：

1）保证外观完好，产品无损伤、无瑕疵，品种、数量、产地符合要求。

2）设备和软件产品的质量检查应执行产品质量检查的规定。

3）依规定程序获得批准使用的新材料和新产品除符合本条规定外，尚应提供主管部门规定的相关证明文件。

4）进口产品除应符合《智能建筑工程质量验收规范》（GB 50339—2013）规定外，尚应提供原产地证明和商检证明，配套提供的质量合格证明、检测报告及安装、使用、维护说明书等文件资料应为中文文本（或附中文译文）。

应做好隐蔽工程检查验收和过程检查记录，并经监理工程师签字确认；未经监理工程师签字，不得实施隐蔽作业。

采用现场观察、核对施工图、抽查测试等方法，对工程设备安装质量进行检查和观感质量验收。根据规范规定按检验批要求进行。应按规定填写质量验收记录。

系统承包商在安装调试完成后，应对系统进行自检，自检时要求对检测项目逐项检测。

根据各系统的不同要求，应按《智能建筑工程质量验收规范》（GB 50339—2013）各章规定的合理周期对系统进行连续不中断试运行。并应填写试运行记录和提供试运行报告。

四、智能建筑分部（子分部）工程质量验收与评定

（1）各系统质量验收应包括以下内容：

1）工程实施及质量控制检查。

2）系统检测合格。

3）运行管理队伍组建完成，管理制度健全。

4）运行管理人员已完成培训，并具备独立上岗能力。

5）竣工验收文件资料完整。

6）系统检测项目的抽检和复核应符合设计要求。

7）观感质量验收应符合要求。

8）根据《智能建筑设计标准》（GB/T 50314）的规定，智能建筑的等级符合设计的等级要求。

（2）竣工质量验收评定与处理：

1）竣工验收评定分合格和不合格。

2）各系统竣工验收的各款全部符合要求，为各系统竣工验收合格，否则为不合格。

3）各系统竣工验收合格，为智能建筑工程竣工验收合格。

4）竣工验收发现不合格的系统或子系统时，建设单位应责成责任单位限期整改，直到重新验收合格；整改后仍无法满足安全使用要求的系统不得通过竣工验收。

第四节　通风与空调分部工程质量验收与评定

通风与空调工程施工质量的验收，除应符合规范的规定外，还应按照被批准的设计图纸、合同约定的内容和相关技术标准的规定进行。施工图纸修改必须有设计单位的设计变更通知书或技术核定签证。承担通风与空调工程项目的施工企业，应具有相应工程施工承包的资质等级及相应质量管理体系。施工企业承担通风与空调工程施工图纸深化设计及施工时，还必须具有相应的设计资质及其质量管理体系，并应取得原设计单位的书面同意或签字认可。

通风与空调工程所使用的主要原材料、成品、半成品和设备的进场，必须对其进行验收。验收应经监理工程师认可，并应形成相应的质量记录。

通风与空调工程的施工，应把每一个分项施工工序作为工序交接检验点，并形成相应的质量记录。

通风与空调工程施工过程中发现设计文件有差错的，应及时提出修改意见或更正建议，并形成书面文件及归档。

一、建筑通风与空调分部工程划分

当通风与空调工程作为建筑工程的分部工程施工时，其子分部与分项工程的划分应按表 7－22 的规定执行。当通风与空调工程作为单位工程独立验收时，子分部上升为分部，分项工程的划分同上。

表 7－22　　通风与空调分部工程的子分部划分

<table>
<tr><th>子分部工程</th><th colspan="2">分 项 工 程</th></tr>
<tr><td>送、排风系统</td><td rowspan="5">风管与配件制作
部件制作
风管系统安装
风管与设备防腐
风机安装
系统调试</td><td>通风设备安装，消声设备制作与安装</td></tr>
<tr><td>防、排烟系统</td><td>排烟风口、常闭正压风口与设备安装</td></tr>
<tr><td>除尘系统</td><td>除尘器与排污设备安装</td></tr>
<tr><td>空调系统</td><td>空调设备安装，消声设备制作与安装，风管与设备绝热</td></tr>
<tr><td>净化空调系统</td><td>空调设备安装，消声设备制作与安装，风管与设备绝热，高效过滤器安装，净化设备安装</td></tr>
<tr><td>制冷系统</td><td colspan="2">制冷机组安装，制冷剂管道及配件安装，制冷附屑设备安装，管道及设备的防腐与绝热，系统调试</td></tr>
<tr><td>空调水系统</td><td colspan="2">冷热水管道系统安装，冷却水管道系统安装，冷凝水管道系统安装，阀门及部件安装，冷却塔安装，水泵及附属设备安装，管道与设备的防腐与绝热，系统调试</td></tr>
</table>

通风与空调工程的施工应按规定的程序进行，并与土建及其他专业工种互相配合；与通风与空调系统有关的土建工程施工完毕后，应由建设或总承包、监理、设计及施工单位共同会检。会检的组织宜由建设、监理或总承包单位负责。

通风与空调工程分项工程施工质量的验收，应按规范对应分项的具体条文规定执行。子分部中的各个分项，可根据施工工程的实际情况一次验收或数次验收。

通风与空调工程中的隐蔽工程，在隐蔽前必须经监理人员验收及认可签证。

通风与空调工程中从事管道焊接施工的焊工，必须具备操作资格证书和相应类别管道焊接的考核合格证书。

通风与空调工程竣工的系统调试，应在建设和监理单位的共同参与下进行，施工企业应具有专业检测人员和符合有关标准规定的测试仪器。

通风与空调工程施工质量的保修期限，自竣工验收合格日起计算为两个采暖期、供冷期。在保修期内发生施工质量问题的，施工企业应履行保修职责，责任方承担相应的经济责任。

净化空调系统洁净室（区域）的洁净度等级应符合设计的要求。洁净度等级的检测应按规范规定，洁净度等级与空气中悬浮粒子的最大浓度限值（C_n）的规定，见表 7－23。

表 7－23　　洁净度等级及悬浮粒子浓度限值

洁净度等级	大于或等于表中粒径 D 的最大浓度 C_n（pc/m^3）					
	0.1μm	0.2μm	0.3μm	0.5μm	1.0μm	5.0μm
1	10	2	—	—	—	—
2	100	24	10	4	—	—
3	1000	237	102	35	8	—
4	10000	2370	1020	352	83	—
5	100000	23700	10200	3520	832	29
6	1000000	237000	102000	35200	8320	293

续表

洁净度等级	大于或等于表中粒径 D 的最大浓度 C_n（pc/m³）					
	0.1μm	0.2μm	0.3μm	0.5μm	1.0μm	5.0μm
7	—	—	—	352000	83200	2930
8	—	—	—	3520000	832000	29300
9	—	—	—	35200000	8320000	293000

注　1. 本表仅表示了整数值的洁净度等级（N）悬浮粒子最大浓度的限值。

2. 对于非整数洁净度等级，其对应于粒子粒径 D（μm）的最大浓度限值（C_n），应按下列公式计算求取。

$$C_n = 10^N \times \left(\frac{0.1}{D}\right)^{2.08}$$

3. 洁净度等级定级的粒径范围为 0.1～5.0μm，用于定级的粒径数不应大于 3 个，且其粒径的顺序级差不应小于 1.5 倍。

分项工程检验批验收合格质量应符合下列规定：

(1) 具有施工单位相应分项合格质量的验收记录。

(2) 主控项目的质量抽样检验应全数合格。

(3) 一般项目的质量抽样检验，除有特殊要求外，计数合格率不应小于 80%，且不得有严重缺陷。

二、风管系统

风管是采用金属、非金属薄板或其他材料制作而成，用于空气流通的管道。风道采用混凝土、砖等建筑材料砌筑而成，用于空气流通的通道。通风工程是送风、排风、除尘、气力输送以及防、排烟系统工程的统称。风管配件是风管系统中的弯管、三通、四通、各类变径及异形管、导流叶片和法兰等。通风、空调风管系统中的各类风口、阀门、排气罩、风帽、检查门和测定孔等称为风管部件。

(一) 风管制造

对风管制作质量的验收，应按其材料、系统类别和使用场所的不同分别进行，主要包括风管的材质、规格、强度、严密性与成品外观质量等内容。

风管制作质量的验收，按设计图纸与《通风与空调工程施工质量验收规范》（GB 50243—2002）的规定执行。工程中所选用的外购风管，还必须提供相应的产品合格证明文件或进行强度和严密性的验证，符合要求的方可使用。

通风管道规格的验收，风管以外径或外边长为准，风道以内径或内边长为准。通风管道的规格宜按照规定。圆形风管应优先采用基本系列。非规则椭圆型风管参照矩形风管，并以长径平面边长及短径尺寸为准。

风管系统按其系统的工作压力划分为三个类别，其类别划分应符合表 7-24 的规定。

表 7-24　风管系统类别划分

系统类别	系统工作压力 P/Pa	密封要求
低压系统	$P \leq 500$	接缝和接管连接处严密
中压系统	$500 < P \leq 1500$	接缝和接管连接处增加密封措施
高压系统	$P > 1500$	所有的拼接缝和接管连接处，均应采取密封措施

镀锌钢板及各类含有复合保护层的钢板，应采用咬口连接或铆接，不得采用影响其保护层防腐性能的焊接连接方法。

风管的密封，应以板材连接的密封为主，可采用密封胶嵌缝和其他方法密封。密封胶性能应符合使用环境的要求，密封面宜设在风管的正压侧。

（二）风管部件与消声器制作

一般风量调节阀按设计文件和风阀制作的要求进行验收，其他风阀按外购产品质量进行验收。

1. 主控项目

（1）手动单叶片或多叶片调节风阀的手轮或扳手，应以顺时针方向转动为关闭，其调节范围及开启角度指示应与叶片开启角度相一致。

（2）用于除尘系统间歇工作点的风阀，关闭时应能密封。

检查数量：按批抽查10%，不得少于1个。

检查方法：手动操作、观察检查。

（3）电动、气动调节风阀的驱动装置，动作应可靠，在最大工作压力下工作正常。

检查数量：按批抽查10%，不得少于1个。

检查方法：核对产品的合格证明文件、性能检测报告，观察或测试。

（4）防火阀和排烟阀（排烟口）必须符合有关消防产品标准的规定，并具有相应的产品合格证明文件。

检查数量：按种类、批抽查10%，不得少于2个。

检查方法：核对产品的合格证明文件、性能检测报告。

（5）防爆风阀的制作材料必须符合设计规定，不得自行替换。

检查数量：全数检查。

检查方法：核对材料品种、规格，观察检查。

（6）净化空调系统的风阀，其活动件、固定件以及紧固件均应采取镀锌或作其他防腐处理（如喷塑或烤漆）；阀体与外界相通的缝隙处，应有可靠的密封措施。

检查数量：按批抽查10%，不得少于1个。

检查方法：核对产品的材料，手动操作、观察。

（7）工作压力大于1000Pa的调节风阀，生产厂应提供（在1.5倍工作压力下能自由开关）强度测试合格的证书（或试验报告）。

检查数量：按批抽查10%，不得少于1个。

检查方法：核对产品的合格证明文件、性能检测报告。

（8）防排烟系统柔性短管的制作材料必须为不燃材料。

检查数量：全数检查。

检查方法：核对材料品种的合格证明文件。

（9）消声弯管的平面边长大于800mm时，应加设吸声导流片；消声器内直接迎风面的布质覆面层应有保护措施；净化空调系统消声器内的覆面应为不易产尘的材料。

检查数量：全数检查。

检查方法：观察检查、核对产品的合格证明文件。

2. 一般项目

(1) 手动单叶片或多叶片调节风阀应符合下列规定：

1) 结构应牢固，启闭应灵活，法兰应与相应材质风管的相一致。

2) 叶片的搭接应贴合一致，与阀体缝隙应小于2mm。

3) 截面面积大于1.2m^2的风阀应实施分组调节。

检查数量：按类别、批抽查10%，不得少于1个。

检查方法：手动操作，尺量、观察检查。

(2) 止回风阀应符合下列规定：

1) 启闭灵活，关闭时应严密。

2) 阀叶的转轴、铰链应采用不易锈蚀的材料制作，保证转动灵活、耐用。

3) 阀片的强度应保证在最大负荷压力下不弯曲变形。

4) 水平安装的止回风阀应有可靠的平衡调节机构。

检查数量：按类别、批抽查10%，不得少于1个。

检查方法：观察、尺量，手动操作试验与核对产品的合格证明文件。

(3) 插板风阀应符合下列规定：

1) 壳体应严密，内壁应作防腐处理。

2) 插板应平整，启闭灵活，并有可靠的定位固定装置。

3) 斜插板风阀的上下接管应成一直线。

检查数量：按类别、批抽查10%，不得少于1个。

检查方法：手动操作，尺量、观察检查。

(4) 三通调节风阀应符合下列规定：

1) 拉杆或手柄的转轴与风管的结合处应严密。

2) 拉杆可在任意位置上固定，手柄开关应标明调节的角度。

3) 阀板调节方便，并不与风管相碰擦。

检查数量：按类别、批分别抽查10%，不得少于1个。

检查方法：观察、尺量，手动操作试验。

(5) 风量平衡阀应符合产品技术文件的规定。

检查数量：按类别、批分别抽查10%，不得少于1个。

检查方法：观察、尺量，核对产品的合格证明文件。

(6) 风罩的制作应符合下列规定：

1) 尺寸正确、连接牢固、形状规则、表面平整光滑，其外壳不应有尖锐边角。

2) 槽边侧吸罩、条缝抽风罩尺寸应正确，转角处弧度均匀、形状规则，吸入口平整，罩口加强板分隔间距应一致。

3) 厨房锅灶排烟罩应采用不易锈蚀材料制作，其下部集水槽应严密不漏水，并坡向排放口，罩内油烟过滤器应便于拆卸和清洗。

检查数量：每批抽查10%，不得少于1个。

检查方法：尺量、观察检查。

(7) 风帽的制作应符合下列规定：

1）尺寸应正确，结构牢靠，风帽接管尺寸的允许偏差同风管的规定一致。

2）伞形风帽伞盖的边缘应有加固措施，支撑高度尺寸应一致。

3）锥形风帽内外锥体的中心应同心，锥体组合的连接缝应顺水，下部排水应畅通。

4）筒形风帽的形状应规则、外筒体的上下沿口应加固，其不圆度不应大于直径的2%。伞盖边缘与外筒体的距离应一致，挡风圈的位置应正确。

5）三叉形风帽三个支管的夹角应一致，与主管的连接应严密。主管与支管的锥度应为3°～4°。

检查数量：按批抽查10%，不得少于1个。

检查方法：尺量、观察检查。

（8）矩形弯管导流叶片的迎风侧边缘应圆滑，固定应牢固。导流片的弧度应与弯管的角度相一致。导流片的分布应符合设计规定。当导流叶片的长度超过1250mm时，应有加强措施。

检查数量：按批抽查10%，不得少于1个。

检查方法：核对材料，尺量、观察检查。

（9）柔性短管应符合下列规定：

1）应选用防腐、防潮、不透气、不易霉变的柔性材料。用于空调系统的应采取防止结露的措施；用于净化空调系统的还应是内壁光滑、不易产生尘埃的材料。

2）柔性短管的长度，一般宜为150～300mm，其连接处应严密、牢固可靠。

3）柔性短管不宜作为找正、找平的异径连接管。

4）设于结构变形缝的柔性短管，其长度宜为变形缝的宽度加100mm及以上。

检查数量：按数量抽查10%，不得少于1个。

检查方法：尺量、观察检查。

（10）消声器的制作应符合下列规定：

1）所选用的材料，应符合设计的规定，如防火、防腐、防潮和卫生性能等要求。

2）外壳应牢固、严密，其漏风量应符合规范规定。

3）充填的消声材料，应按规定的密度均匀铺设，并应有防止下沉的措施。消声材料的覆面层不得破损，搭接应顺气流，且应拉紧，界面无毛边。

4）隔板与壁板结合处应紧贴、严密；穿孔板应平整、无毛刺，其孔径和穿孔率应符合设计要求。

检查数量：按批抽查10%，不得少于1个。

检查方法：尺量、观察检查，核对材料合格的证明文件。

（11）检查门应平整、启闭灵活、关闭严密，其与风管或空气处理室的连接处应采取密封措施，无明显渗漏；净化空调系统风管检查门的密封垫料，宜采用成型密封胶带或软橡胶条制作。

检查数量：按数量抽查20%，不得少于1个。

检查方法：观察检查。

（12）风口的验收，规格以颈部外径与外边长为准，其尺寸的允许偏差值应符合表7-25的规定。风口的外表装饰面应平整、叶片或扩散环的分布应匀称、颜色应一致、无明显的划伤和压痕；调节装置转动应灵活、可靠，定位后应无明显自由松动。

检查数量：按类别、批分别抽查5%，不得少于1个。

检查方法：尺量、观察检查，核对材料合格的证明文件与手动操作检查。

表7-25　　风口尺寸允许偏差　　单位：mm

圆形风口			
直径	≤250	>250	
允许偏差	0～-2	0～-3	
矩形风口			
边长	<300	300～800	>800
允许偏差	0～-1	0～-2	0～-3
对角线长度	<300	300～500	>500
对角线长度之差	≤1	≤2	≤3

三、通风与空调设备安装

通风与空调设备应有装箱清单、设备说明书、产品质量合格证书和产品性能检测报告等随机文件，进口设备还应具有商检合格的证明文件。

设备安装前，应进行开箱检查，并形成验收文字记录。参加人员为建设、监理、施工和厂商等方单位的代表。设备就位前应对其基础进行验收，合格后方能安装。设备的搬运和吊装必须符合产品说明书的有关规定，并应做好设备的保护工作，防止因搬运或吊装而造成设备损伤。

1. 主控项目

(1) 通风机的安装应符合下列规定：

1) 型号、规格应符合设计规定，其出口方向应正确。

2) 叶轮旋转应平稳，停转后不应每次停留在同一位置上。

3) 固定通风机的地脚螺栓应拧紧，并有防松动措施。

检查数量：全数检查。

检查方法：依据设计图核对、观察检查。

(2) 通风机传动装置的外露部位以及直通大气的进出口，必须装设防护罩（网）或采取其他安全设施。

检查数量：全数检查。

检查方法：依据设计图核对、观察检查。

(3) 空调机组的安装应符合下列规定：

1) 型号、规格、方向和技术参数应符合设计要求。

2) 现场组装的组合式空气调节机组应做漏风量的检测，其漏风量必须符合现行国家标准《组合式空调机组》(GB/T 14294) 的规定。

检查数量：按总数抽检20%，不得少于1台。净化空调系统的机组，1～5级全数检查，6～9级抽查50%。

检查方法：依据设计图核对，检查测试记录。

(4) 除尘器的安装应符合下列规定：

1）型号、规格、进出口方向必须符合设计要求。

2）现场组装的除尘器壳体应做漏风量检测，在设计工作压力下允许漏风率为5%，其中离心式除尘器为3%。

3）布袋除尘器、电除尘器的壳体及辅助设备接地应可靠。

检查数量：按总数抽查20%，不得少于1台；接地全数检查。

检查方法：按图核对、检查测试记录和观察检查。

（5）高效过滤器应在洁净室及净化空调系统进行全面清扫和系统连续试车12h以上后，在现场拆开包装并进行安装；安装前需进行外观检查和仪器检漏，目测不得有变形、脱落、断裂等破损现象；仪器抽检检漏应符合产品质量文件的规定；合格后立即安装，其方向必须正确，安装后的高效过滤器四周及接口，应严密不漏；在调试前应进行扫描检漏。

检查数量：高效过滤器的仪器抽检检漏按批抽5%，不得少于1台。

检查方法：观察检查、按规定扫描检测或查看检测记录。

（6）净化空调设备的安装还应符合下列规定：

1）净化空调设备与洁净室围护结构相连的接缝必须密封。

2）风机过滤器单元（FFU与FMU空气净化装置）应在清洁的现场进行外观检查，目测不得有变形、锈蚀、漆膜脱落、拼接板破损等现象；在系统试运转时，必须在进风口处加装临时中效过滤器作为保护。

检查数量：全数检查。

检查方法：按设计图核对、观察检查。

（7）静电空气过滤器金属外壳接地必须良好。

检查数量：按总数抽查20%，不得少于1台。

检查方法：核对材料、观察检查或电阻测定。

（8）电加热器的安装必须符合下列规定：

1）电加热器与钢构架间的绝热层必须为不燃材料；接线柱外露的应加设安全防护罩。

2）电加热器的金属外壳接地必须良好。

3）连接电加热器的风管的法兰垫片，应采用耐热不燃材料。

检查数量：按总数抽查20%，不得少于1台。

检查方法：核对材料、观察检查或电阻测定。

（9）干蒸汽加湿器的安装，蒸汽喷管不应朝下。

检查数量：全数检查。

检查方法：观察检查。

（10）过滤吸收器的安装方向必须正确，并应设独立支架，与室外的连接管段不得泄漏。

检查数量：全数检查。

检查方法：观察或检测。

2. 一般项目

（1）通风机的安装应符合下列规定：

1）通风机的安装，应符合表7-26的规定，叶轮转子与机壳的组装位置应正确；叶轮进风口插入风机机壳进风口或密封圈的深度，应符合设备技术文件的规定，或为叶轮外径值的 1/100。

表 7-26　　通风机安装的允许偏差

项次	项　目		允许偏差	检 验 方 法
1	中心线的平面位移		10mm	经纬仪或拉线和尺量检查
2	标高		±10mm	水准仪或水平仪、直尺、拉线和尺量检查
3	皮带轮轮宽中心平面偏移		1mm	在主、从动皮带轮端面拉线和尺量检查
4	传动轴水平度		纵向 0.2/1000 横向 0.3/1000	在轴或皮带轮 0°和 180°的两个位置上，用水平仪检查
5	联轴器	两轴芯径向位移	0.05mm	在联轴器互相垂直的四个位置上，用百分表检查
		两轴线倾斜	0.2/1000	

2）现场组装的轴流风机叶片安装角度应一致，达到在同一平面内运转，叶轮与筒体之间的间隙应均匀，水平度允许偏差为 1/1000。

3）安装隔振器的地面应平整，各组隔振器承受荷载的压缩量应均匀，高度误差应小于 2mm。

4）安装风机的隔振钢支、吊架，其结构形式和外形尺寸应符合设计或设备技术文件的规定；焊接应牢固，焊缝应饱满、均匀。

检查数量：按总数抽查 20%，不得少于 1 台。

检查方法：尺量、观察或检查施工记录。

(2) 组合式空调机组及柜式空调机组的安装应符合下列规定：

1）组合式空调机组各功能段的组装，应符合设计规定的顺序和要求；各功能段之间的连接应严密，整体应平直。

2）机组与供回水管的连接应正确，机组下部冷凝水排放管的水封高度应符合设计要求。

3）机组应清扫干净，箱体内应无杂物、垃圾和积尘。

4）机组内空气过滤器（网）和空气热交换器翅片应清洁、完好。

检查数量：按总数抽查 20%，不得少于 1 台。

检查方法：观察检查。

(3) 空气处理室的安装应符合下列规定：

1）金属空气处理室壁板及各段的组装位置应正确，表面平整，连接严密、牢固。

2）喷水段的本体及其检查门不得漏水，喷水管和喷嘴的排列、规格应符合设计的规定。

3）表面式换热器的散热面应保持清洁、完好。当用于冷却空气时，在下部应设有排水装置，冷凝水的引流管或槽应畅通，冷凝水不外溢。

4）表面式换热器与围护结构间的缝隙，以及表面式热交换器之间的缝隙，应封堵严密。

5）换热器与系统供回水管的连接应正确，且严密不漏。

检查数量：按总数抽查 20%，不得少于 1 台。

检查方法：观察检查。

(4) 单元式空调机组的安装应符合下列规定：

1）分体式空调机组的室外机和风冷整体式空调机组的安装，固定应牢固、可靠；除应满足冷却风循环空间的要求外，还应符合环境卫生保护有关法规的规定。

2）分体式空调机组的室内机的位置应正确、并保持水平，冷凝水排放应畅通。管道穿墙处必须密封，不得有雨水渗入。

3）整体式空调机组管道的连接应严密、无渗漏，四周应留有相应的维修空间。

检查数量：按总数抽查 20%，不得少于 1 台。

检查方法：观察检查。

（5）除尘设备的安装应符合下列规定：

1）除尘器的安装位置应正确、牢固平稳，允许误差应符合表 7-27 的规定。

表 7-27　　除尘器安装允许偏差和检验方法

项次	项　目		允许偏差/mm	检 验 方 法
1	平面位移		≤10	用经纬仪或拉线、尺量检查
2	标高		±10	用水准仪、直尺、拉线和尺量检查
3	垂直度	每米	≤2	吊线和尺量检查
		总偏差	≤10	

2）除尘器的活动或转动部件的动作应灵活、可靠，并应符合设计要求。

3）除尘器的排灰阀、卸料阀、排泥阀的安装应严密，并便于操作与维护修理。

检查数量：按总数抽查 20%，不得少于 1 台。

检查方法：尺量、观察检查及检查施工记录。

（6）现场组装的静电除尘器的安装，还应符合设备技术文件及下列规定：

1）阳极板组合后的阳极排平面度允许偏差为 5mm，其对角线允许偏差为 10mm。

2）阴极小框架组合后主平面的平面度允许偏差为 5mm，其对角线允许偏差为 10mm。

3）阴极大框架的整体平面度允许偏差为 15mm，整体对角线允许偏差为 10mm。

4）阳极板高度小于或等于 7m 的电除尘器，阴、阳极间距允许偏差为 5mm。阳极板高度大于 7m 的电除尘器，阴、阳极间距允许偏差为 10mm。

5）振打锤装置的固定，应可靠；振打锤的转动，应灵活。锤头方向应正确；振打锤头与振打砧之间应保持良好的线接触状态，接触长度应大于锤头厚度的 0.7 倍。

检查数量：按总数抽查 20%，不得少于 1 组。

检查方法：尺量、观察检查及检查施工记录。

第五节　电梯分部工程质量验收与评定

电梯安装工程指的是电梯生产单位出厂后的产品，在施工现场装配成整机至交付使用的过程。电梯安装的中项工程在履行质量检验的基础上，由监理单位（或建设单位）、土建施工单位、安装单位等几方共同对安装工程的质量控制资料、隐蔽工程和施工检查记录等档案材料进行审查，对安装工程进行普查和整机运行考核，并对主控项目全验和一般项目抽验，根据规范以书面形式对电梯安装工程质量的检验结果作出评定确认。

电梯安装前，应由监理单位（或建设单位）、土建施工单位、安装单位共同对电梯井道和机房（如果有）按规范的要求进行检查，对电梯安装条件作出确认。

一、电梯安装工程质量控制及验收

1. 质量控制

安装单位施工现场的质量管理应具有完善的验收标准、安装工艺及施工操作规程，具有健全的安装过程控制制度。

电梯安装工程施工质量控制应符合下列规定：

（1）电梯安装前应按规范进行土建交接检验，可按表 7-28 记录。

表 7-28　　土建交接检验记录表

工程名称			
安装地点			
产品合同号/安装合同号		梯号	
施工单位		项目负责人	
安装单位		项目负责人	
监理（建设单位）		监理工程师/项目负责人	
执行标准名称及编号			
检验项目		检验结果	
		合格	不合格
主控项目			
一般项目			
验收结论			
参加验收单位	施工单位	安装单位	监理（建设）单位
	项目负责人： 年　月　日	项目负责人： 年　月　日	监理工程师： （项目负责人） 年　月　日

（2）电梯安装前应按规范进行电梯设备进场验收，可按表 7－29 记录。

表 7－29　　设备进场验收记录表

工程名称			
安装地点			
产品合同号/安装合同号		梯号	
施工单位		项目负责人	
安装单位		项目负责人	
监理（建设单位）		监理工程师/项目负责人	
执行标准名称及编号			
检验项目		检验结果	
		合格	不合格
主控项目			
一般项目			
验收结论			
参加验收单位	电梯供应商	安装单位	监理（建设）单位
	项目负责人： 年　月　日	项目负责人： 年　月　日	监理工程师： （项目负责人） 年　月　日

2. 质量验收

电梯安装工程质量验收应符合下列规定：

（1）参加安装工程施工和质量验收人员应具备相应的资格。

（2）承担有关安全性能检测的单位，必须具有相应资质。仪器设备应满足精度要求，并应在检定有效期内。

（3）分项工程质量验收均应在电梯安装单位自检合格的基础上进行。

（4）分项工程质量应分别按主控项目和一般项目检查验收。

（5）隐蔽工程应在电梯安装单位检查合格后，于隐蔽前通知有关单位检查验收，并形成验收文件。

二、电梯分部工程验收评定

（1）分项工程质量验收合格应符合下列规定：

1）各分项工程中的主控项目应进行全验，一般项目应进行抽验，且均应符合合格质量规定，可按表7-30记录。

表7-30　　　　分项工程质量验收记录表

工程名称			
安装地点			
产品合同号/安装合同号		梯号	
施工单位		项目负责人	
安装单位		项目负责人	
监理（建设单位）		监理工程师/项目负责人	
执行标准名称及编号			
检验项目		检验结果	
主控项目		合格	不合格
一般项目			
验收结论			
参加验收单位	安装单位	监理（建设）单位	
	项目负责人： 年　月　日	监理工程师： （项目负责人） 年　月　日	

2）应具有完整的施工操作依据、质量检查记录。

（2）分部（子分部）工程质量验收合格应符合下列规定：

1）子分部工程所含分项工程质量均应验收合格且验收记录应完整，子分部可按表7－31记录。

表7－31　　子分部工程质量验收记录表

工程名称			
安装地点			
产品合同号/安装合同号		梯号	
安装单位		项目负责人	
监理（建设单位）		监理工程师/项目负责人	
序号	分项工程名称	检验结果	
		合格	不合格
验收结论			
参加验收单位	安装单位	监理（建设）单位	
	项目负责人： 年　月　日	监理工程师： （项目负责人） 年　月　日	

2）分部工程所含子分部工程的质量均应验收合格，分部工程质量验收可按表 7-32 记录汇总。

3）质量控制资料应完整。

4）观感质量应符合规范要求。

表 7-32　　分部工程质量验收记录表

<table>
<tr><td>工程名称</td><td colspan="4"></td></tr>
<tr><td>安装地点</td><td colspan="4"></td></tr>
<tr><td colspan="2">监理（建设单位）</td><td></td><td>监理工程师/项目负责人</td><td></td></tr>
<tr><td colspan="3" rowspan="2">子分部下工程名称</td><td colspan="2">检验结果</td></tr>
<tr><td>合格</td><td>不合格</td></tr>
<tr><td>合同号</td><td>梯号</td><td>安装单位</td><td></td><td></td></tr>
<tr><td></td><td></td><td></td><td></td><td></td></tr>
<tr><td></td><td></td><td></td><td></td><td></td></tr>
<tr><td></td><td></td><td></td><td></td><td></td></tr>
<tr><td></td><td></td><td></td><td></td><td></td></tr>
<tr><td></td><td></td><td></td><td></td><td></td></tr>
<tr><td></td><td></td><td></td><td></td><td></td></tr>
<tr><td></td><td></td><td></td><td></td><td></td></tr>
<tr><td></td><td></td><td></td><td></td><td></td></tr>
<tr><td></td><td></td><td></td><td></td><td></td></tr>
<tr><td></td><td></td><td></td><td></td><td></td></tr>
<tr><td></td><td></td><td></td><td></td><td></td></tr>
<tr><td></td><td></td><td></td><td></td><td></td></tr>
<tr><td></td><td></td><td></td><td></td><td></td></tr>
<tr><td></td><td></td><td></td><td></td><td></td></tr>
<tr><td></td><td></td><td></td><td></td><td></td></tr>
<tr><td></td><td></td><td></td><td></td><td></td></tr>
<tr><td></td><td></td><td></td><td></td><td></td></tr>
<tr><td></td><td></td><td></td><td></td><td></td></tr>
<tr><td colspan="5">验收结论</td></tr>
<tr><td colspan="5">监理（建设）单位</td></tr>
<tr><td colspan="5">总监理工程师：
（项目负责人）
年　月　日</td></tr>
</table>

（3）当电梯安装工程质量不合格时，应按下列规定处理：

1）经返工重做、调整或更换部件的分项工程，应重新验收。

2）通过以上措施仍不能达到规范要求的电梯安装工程，不得验收合格。

三、自动扶梯、自动人行道安装工作工程质量验收

1. 设备进场验收

（1）主控项目。必须提供以下资料：

1）技术资料：

a. 梯级或踏板的型式试验报告复印件，或胶带的断裂强度证明文件复印件。

b. 公共交通型自动扶梯、自动人行道应有扶手带的断裂强度证书复印件。

2）随机文件：

a. 土建布置图。

b. 产品出厂合格证。

（2）一般项目：

1）随机文件还应提供装箱单、安装、使用维护说明书、动力电路和安全电路的电气原理图。

2）设备零部件应与装箱单内容相符。设备外观不应存在明显的损坏。

2. 土建交接检验

（1）主控项目。自动扶梯的梯级或自动人行道的踏板或胶带上空，垂直净高度严禁小于2.3m。在安装之前，井道周围必须设有保证安全的栏杆或屏障，其高度严禁小于1.2m。

（2）一般项目。土建工程应按照土建布置图进行施工，且其主要尺寸允许误差应为：提升高度－15～＋15mm；跨度0～＋15mm。

根据产品供应商的要求应提供设备进场所需的通道和搬运空间。在安装之前，土建施工单位应提供明显的水平基准线标识。电源零线和接地线应始终分开。接地装置的接地电阻值不应大于4Ω。

3. 整机安装验收

（1）主控项目。

1）在下列情况下，自动扶梯、自动人行道必须自动停止运行，且第i款至第k款情况下的开关断开的动作必须通过安全触点或安全电路来完成。

a. 无控制电压。

b. 电路接地的故障。

c. 过载。

d. 控制装置在超速和运行方向非操纵逆转下动作。

e. 附加制动器（如果有）动作。

f. 直接驱动梯级、踏板或胶带的部件（如链条或齿条）断裂或过分伸长。

g. 驱动装置与转向装置之间的距离（无意性）缩短。

h. 梯级、踏板或胶带进入梳齿板处有异物夹住，且产生损坏梯级、踏板或胶带支撑结构。

i. 无中间出口的连接安装的多台自动扶梯、自动人行道中的一台停止运行。

j. 扶手带入口保护装置动作。

k. 梯级或踏板下陷。

2）应测量不同回路导线对地的绝缘电阻。测量时，电子组件应断开。导体之间和导体对地之间的绝缘电阻应大于1000Ω/V，且其值必须大于下列情况：

a. 动力电路和电气安全装置电路0.5MΩ。

b. 其他电路（控制、照明、信号等）0.25MΩ。

（2）一般项目。

1）整机安装检查应符合下列规定：

a. 梯级、踏板、胶带的楞齿及梳齿板应完整、光滑。

b. 在自动扶梯、自动人行道入口处应设置使用须知的标牌。

c. 内盖板、外盖板、围裙板、扶手支架、扶手导轨、护壁板接缝应平整。接缝处的凸台不应大于0.5mm。

d. 梳齿板梳齿与踏板面齿槽的啮合深度不应小于6mm。

e. 梳齿板梳齿与踏板面齿槽的间隙不应小于4mm。

f. 围裙板与梯级、踏板或胶带任何一侧的水平间隙不应大于4mm，两边的间隙之和不应大于7mm。当自动人行道的围裙板设置在踏板或胶带之上时，踏板表面与围裙下端之间的垂直间隙不应大于4mm。当踏板或胶带有横向摆动时，踏板或胶带的侧边与围裙板垂直投影之间不得产生间隙。

g. 梯级间或踏板间的间隙在工作区段内的任何位置，从踏面测得的两个相邻梯级或两个相邻踏板之间的间隙不应大于6mm。在自动人行道过渡曲线区段，踏板的前缘和相邻踏板的后缘啮合，其间隙不应大于8mm。

h. 护壁板之间的空隙不应大于4mm。

2）性能试验应符合下列规定：

a. 在额定频率和额定电压下，梯级、踏板或胶带沿运行方向空载时的速度与额定速度之间的允许偏差为±5%。

b. 扶手带的运行速度相对梯级、踏板或胶带的速度允许偏差为0～+2%。

3）自动扶梯、自动人行道制动试验应符合下列规定：

a. 自动扶梯、自动人行道应进行空载制动试验，制停距离应符合表7-33的规定。

表7-33　制停距离

额定速度/(m/s)	制停距离范围/m	
	自动扶梯	自动人行道
0.5	0.20～1.00	0.20～1.00
0.65	0.30～1.30	0.30～1.30
0.75	0.35～1.50	0.35～1.50
0.90	—	0.40～1.70

注　若速度在上述数值之间，制停距离用插入法计算。制停距离应从电气制动装置动作开始测量。

b. 自动扶梯应进行载有制动载荷的制停距离试验（除非制停距离可以通过其他方法检验），制动载荷应符合表 7-34 的规定，制停距离应符合表 7-33 的规定；对自动人行道，制造商应按表 7-34 规定的制动载荷计算制停距离，且制停距离应符合表 7-33 的规定。

表 7-34　制动载荷

梯级、踏板或胶带的名义宽度/m	自动扶梯每个梯级上的载荷/kg	自动人行道第 0.4m 长度上的载荷/kg
$z \leqslant 0.6$	60	50
$0.6 < z \leqslant 0.8$	90	75
$0.8 < z \leqslant 1.1$	120	100

注　1. 自动扶梯受载的梯级数量由提升高度除以最大可见梯级踢板高度求得，在试验时允许将总制动载荷分布在所求得的 2/3 的梯级上。
2. 当自动人行道倾斜角度不大于 6°，踏板或胶带的名义宽度大于 1.1m 时，宽度每增加 0.3m，制动载荷应在每 0.4m 长度上增加 25kg。
3. 当自动人行道在长度范围内有多个不同倾斜角度（高度不同）时，制动载荷应仅考虑到那些能组合成最不利载荷的水平区段和倾斜区段。

4）电气装置还应符合下列规定：主电源开关不应切断电源插座、检修和维护所必需的照明电源。配线应符合规范规定。

5）观感检查应符合下列规定：

a. 上行和下行自动扶梯、自动人行道，梯级、踏板或胶带与围裙板之间应无刮碰现象（梯级、踏板或胶带上的导向部分与转裙板接触除外），扶手带外表面应无刮痕。

b. 对梯级（踏板或胶带）、梳齿板、扶手带、护壁板、围裙板、内外盖板、前沿板及活动盖板等部位的外表面应进行清理。

思考与训练

一、单选题

1. 根据《机械设备安装工程施工及验收通用规范》（GB 50231—2009），机械设备的负荷试运转应由（　　）单位负责。

A. 施工　　B. 建设　　C. 设备制造　　D. 设计

2. 管道法兰、焊缝及其他链接件的设置应（　　）。

A. 便于检修　　B. 紧贴墙壁　　C. 靠近楼板　　D. 紧贴管架

3. 直接埋地敷设的照明电缆，应选用（　　）。

A. VV　　B. VV22　　C. VV59　　D. YJV32

4. 室内卫生间埋地排水管道隐蔽前施工单位必须做（　　）。

A. 压力试验　　B. 灌水试验　　C. 通球试验　　D. 稳定性试验

5. 下列建筑电气产品中，属于用电设备的是（　　）。

A. 照明配电器　　B. 电容补偿柜　　C. 电加热器　　D. 不间断电源

6. 电梯的主要参数是（　　）。

A. 额定载重量和额定速度　　B. 提升高度和楼层间距
C. 提升高度和额定载重量　　D. 楼层间距和额定速度

7. 关于高层建筑管道安装的避让原则的说法，正确的是（　　）。
A. 给水让排水　　B. 大管让小管
C. 水管让电缆套管　　D. 钢质管让塑料管

8. 按压力管道安装许可类别及级别划分，燃气管道属于（　　）。
A. 工业管道　　B. 油气管道　　C. 公用管道　　D. 动力管道

9. 检查埋地管道防腐蚀结构涂层施工质量，不能采用目视检查的是（　　）。
A. 针孔　　B. 气泡　　C. 粘接力　　D. 透底

10. 采暖管道冲洗完毕后，应（　　）、加热，进行试运行和调试。
A. 试压　　B. 通水　　C. 通球　　D. 灌水

11. 建筑安装工程分部工程划分的原则是（　　）。
A. 按主要工种、材料来确定　　B. 按设备类别来确定
C. 按专业性质、建筑部位来确定　　D. 按施工工艺来确定

二、多选题

1. 利用建筑物底板内钢筋作为接地体时，整个接地系统完工后，应抽检系统的（　　）。
A. 钢筋的直径　　B. 钢筋焊接点　　C. 绝缘电阻值
D. 导通状况　　E. 接地电阻值

2. 设备基础验收时，提供的移交资料包括（　　）。
A. 基础结构外形尺寸、标高、位置的检查记录
B. 隐蔽工程验收记录
C. 设计变更及材料代用证件
D. 设备基础施工方案
E. 设备基础质量合格证明书

3. 关于阀门的安装要求，正确的说法有（　　）。
A. 截止阀门安装时应按介质流向确定其安装方向
B. 阀门与管道以螺纹方式连接时，阀门应处于关闭状态
C. 阀门与管道以焊接连接时，阀门应处于关闭状态
D. 闸阀与管道以法兰方式连接时，阀门应处于关闭状态
E. 安全阀应水平安装以方便操作

4. 工业安装工程分项工程质量验收记录填写的主要内容有（　　）。
A. 检验项目　　B. 施工单位检验结果
C. 设计单位验收结论　　D. 监理单位验收结论
E. 建设单位验收结论

5. 高层建筑排水通气管的安装要求有（　　）。
A. 通气管应高出斜顶屋面 0.3m
B. 在经常有人停留的平顶屋面，通气管应高出屋面 2m
C. 通气管应与风道或烟道连接

D. 通气管应按防雷要求设置防雷装置

E. 高出屋顶的通气管高度必须大于最大积雪高度

6. 风管制作安装完成后，必须对风管的（　　）进行严密性检验。

A. 板材　　B. 咬口缝　　C. 铆接孔　　D. 法兰翻边

E. 管段接缝

7. 下列建筑安装工程检验项目，属于主控项目的检验内容有（　　）。

A. 管道接口外露油麻　　B. 管道压力试验

C. 风管系统测定　　D. 电梯保护装置

E. 卫生器具启动灵敏

第八章

单位工程质量验收与评定实例

第一节 工程实例背景资料

一、工程项目概况

本工程为广东省×××“城中村”全面改造项目一期工程，净用地面积为4229m²，为二类高层塔式居住建筑，地上17层地下1层，建筑耐火等级为二级，地下室耐火等级为一级。屋面防水等级为Ⅱ级，地下室防水等级为二级。总建筑面积为8780m²，分为A、B、C三种户型，共计130套，建筑高度为49.7m（室外西北地面到17层屋面）。

建筑抗震设防分类按标准设防类，建筑场地土为Ⅱ类场地土；抗震设防烈度为Ⅶ度，设计地震基本加速度值为0.10g，设计地震分组为第一组。场地地基土以新近堆积填土和第四系全新统冲洪积相（Q4）沉积的混合土、粉质黏土、碎石土为主。

本工程由×××股份有限公司投资兴建，设计单位为广州×××建筑工程设计有限公司，监理单位为广东×××建设监理有限公司，施工单位为广州×××建筑安装工程有限公司。

二、建筑设计

1. 场地概况

拟建场地位于广州市珠江南岸，紧邻国际会展中心，地铁4号线与地铁8号线在村东南侧交汇，西起琶洲塔公园，北到阅江路，东面至新东路。属山麓冲洪积斜坡堆积地貌。场地原始地形为台阶状坡地，西高东低、总高差6m。

2. 人防设计

地下室均为平站结合的防空地下室，工程类别：乙类，防护等级：常六级，防化等级：丙级，战时用途为二等人员掩蔽工程，掩蔽人数为300人，平时用途为设备用房及自行车库。

地下室为钢筋混凝土自防水，墙体抗渗等级为五级。

3. 消防设计

（1）建筑类别为二类高层塔式居住建筑，每层8户，主体建筑耐火等级为二级，地下室耐火等级为一级。

（2）各层为一个防火分区。电井和水管井开向走道的门采用丙级防火门。

（3）建筑设一部疏散楼梯、两部客梯，其中一部兼为消防电梯，楼梯直通屋面，为防烟楼梯间及前室，疏散门采用乙级防火门，疏散梯体段净宽1100mm，满足人流疏散要求。电梯间与楼梯间共享前室，且前室与楼梯间均可自然通风和采光。消防电梯通达地下一层。从首层到顶层运行时间不超过60s。内走廊自然采光和通风。踏步高宽比满足住宅设计及消防设计规范。

(4) 地下室与上部建筑疏散楼梯在一层位置利用125mm厚C20钢筋混凝土墙隔开，分隔材料要求耐火极限为3h。通向地下室部位设甲级防火门，并向疏散方向开启。

(5) 管道井、烟气道等竖向管道井分别独立设置，井壁为耐火极限不低于1h的不燃烧体，其上安装的检修门为丙级防火检修门，其电缆井、管道井应每隔2～3层在楼板处用相当于楼板耐火极限的不燃烧体作防火分隔。电缆井、管道井与房间、走道等相连通的孔洞，其空隙应采用不燃烧材料填塞密实。

(6) 建筑出入口上部设防火挑檐，各部位装修材料的燃烧性能等级：顶棚墙面为B_1，其他装饰材料为B_2。

4. 节能设计

本工程建设地点位于广东省广州市，地处中国大陆南部，属南亚热带典型的季风海洋气候，为无采暖无空调一般建筑工程。

5. 环境保护设计

环境保护及污染防治设施与主体工程同时设计、同时施工、同时使用，采用雨、污分流制；废水、污水经处理达标后，用密封管道排入城市下水道；充分利用地形地貌，尽量不破坏生态环境；设置一定的绿地，保证环保部门规定绿化率。

6. 装修材料

采用90系列塑钢透明玻璃推拉窗，内门采用实木门。有防火要求的门为防火门，见门窗表；楼梯间、配套设施用房水泥石屑地面，卫生间采用防滑地砖铺地；卫生间、清洁间墙面贴2100mm高瓷砖墙裙，其余墙面均采用双飞粉罩面；卫生间采用塑料条形扣板吊顶，顶棚均采用双飞粉罩面；内装修详见室内装修用料表，如需进行二次装修的则需由专业公司绘制装修施工图。

三、结构设计

(一) 自然条件

1. 基本风压

基本风压$W_0=0.65kN/m^2$（50年一遇）。

2. 地震烈度

场地所在地区抗震设防烈度为Ⅶ度，设计基本地震加速度0.10g，特征周期值为0.35s，设计地震分组为第一组，建筑场地土为Ⅱ类场地土。

3. 工程地质条件

根据广州×××建筑工程设计有限公司编制的《×××“城中村”全面改造项目岩土工程勘察报告》揭露，拟建场地为人工填土层，填土松散，承载力低。场地地形较平坦，不存在不利地形地貌。未发现滑坡、塌陷、土洞、活动断裂等不良地质现象，自然状态下属稳定场地，可作拟建工程建筑场地。

场地岩土层有第四系人工填土层（Q_4^{ml}）、冲积层淤泥质土（Q_4^{al}），残积层粉质黏土（Q_4^{el}），下伏基岩为白垩系下统大朗山组黄花岗段粉砂岩、砾岩（K_2d^2）。自上至下分述如下：

（1）人工填土层（Q_4^{ml}），层序号为①。分布于整个场地。层厚 1.10～2.70m，平均 1.13m。靠南部填土层厚度相对较厚。

（2）冲积层（Q_4^{al}），层序号为②。淤泥质土，层厚 1.40m，层顶埋深 2.50m。

（3）残积层（Q_4^{el}），层序号为③。

1）可塑状粉质黏土，层序号为③1。层厚 2.60～7.00m，平均 4.90m。层顶埋深 1.10～4.70m。

2）硬塑状粉质黏土，层序号为③2。层厚 1.00～3.10m，平均 2.20m。

（4）白垩系下统大朗山组黄花岗段（K_2d^2）粉砂岩、砾岩，层序号为④：

1）全风化带，层序号为④1。为全风化粉砂岩，分布于少数钻孔。层厚 0.70～3.70m，平均 1.67m。

2）强风化带，层序号为④2。以强风化粉砂岩为主，少量为强风化砾岩。层厚 1.20～3.80m，平均 2.40m。层顶埋深 3.80～6.50m。

3）中风化带，层序号为④3。主要为中风化粉砂岩，于 ZK11 孔为中风化砾岩。层厚 0.50～2.90m，平均 1.26m。层顶埋深 4.80～7.30m。

4）微风化粉砂岩，层序号为④4。岩性为微风化砾岩为主，部分为微风化粉砂岩，揭露层厚 3.0～8.07m。层顶埋深 7.20～15.90m。

（二）基础方案

根据地勘报告、场地工程、水文地质条件、地形地貌及上部建筑物特征，地基基础方案如下。

1. 地基基础方案

地基基础方案建议采用钢筋混凝土桩结合筏板。从成桩质量、单桩承载力高低、施工可行性、工期等几方面分析比较，大直径人工挖孔灌注桩基础方案相对更适宜于本工程。

2. 单桩竖向承载力估算

用大直径人工挖孔灌注桩，桩顶标高为 10.35m。桩直径 1200～1600mm（护壁厚 0.15m），桩端持力层宜选④4 层，有效桩长约 7～15m。同时考虑大直径桩尺寸效应，单桩极限承载力标准值 Q_{uk}=6600kN（单桩承载力特征值为 3300kN），最终设计使用的单桩承载力应以静荷载试验为准。

（三）结构型式

1. 结构概述

结构型式为现浇钢筋混凝土剪力墙结构；建筑面积为 8780.40m^2（其中地下部分为 487m^2）；建筑层数为 17 层；建筑高度为 50.60m（不含电梯机房）；抗震设防分类标准为标准设防类，剪力墙抗震等级为二级，砌体质量控制等级为 B 级。

一层商铺部分与主体建筑设缝分开，为短肢剪力墙结构，最后施工。

2. 主要构件尺寸

剪力墙厚：250mm、200mm。

梁高度：250mm×400mm，250mm×500mm，200mm×400mm，200mm×300mm。

人防地下室顶板厚：250mm。

1～3 层及屋面板厚：120mm；其他层楼面板厚 100mm。

筏板厚：600mm。

地基梁尺寸：600mm×1500mm。

3. 主要结构材料

(1) 混凝土强度等级：

1) 垫层：C15。

基顶至10层剪力墙、梁、板为C35。

10～17层剪力墙、梁、板为C30。

17层以上剪力墙、梁、板为C25。

2) 桩基础为C35；钢筋混凝土楼梯为C30。

3) 构造柱、圈梁及非结构构件为C25。

(2) 钢筋：一般直径不大于12mm时为Ⅰ级钢；直径大于12mm时为Ⅲ级钢。

(3) 砌体材料：1～4层M10混合砂浆，4层及以上M7.5混合砂浆砌筑。砌体采用成型后自重不大于3.0kN/m^{2}轻质墙体材料。强度值不小于M5.0。

(4) 焊条：E43×× (HB235钢筋)、E50×× (HB335钢筋)。

(四) 基础设计说明

根据甲方提供的地勘报告中揭露土层的情况，结合建筑上部结构形式及场地现状，通过对场地地基土工程特征的分析，经多方案比较决定采用如下基础形式：采用大直径人工挖孔灌注桩结合梁式筏板的基础形式，总桩数为246根，桩顶标高为10.35m。桩径1200～1600mm (护壁厚0.15m)，桩端持力层为③层细粒混合土层，端阻值3600kPa，有效桩长约7～15m。同时考虑大直径桩尺寸效应，单桩承载力特征值为3300kN，最终设计使用的单桩承载力应以静荷载试验为准。沿地梁下布置桩，筏板厚度为600mm。

第二节　基础工程质量控制

一、施工测量质量控制

(一) 施工测量质量控制要求

(1) 测量员将建筑平面上所设计的建(构)筑物的位置，按照设计要求测设到施工现场，并正确的定位到地面。

(2) 审查施工单位的放线测量方案，提出预防性要求。

(3) 对施工单位提交的测量放线成果进行复验。

(二) 施工测量质量控制措施

(1) 测量所用的仪器和钢尺，必须根据国家的《中华人民共和国计量法实施细则》规定，在使用前7～10d送当地计量器具检定部门进行检定，检定合格方可使用，施工单位向监理工程师提交检定合格的证明。

(2) 根据《光学经纬仪检定规程》(JJG 414—2003) 和《水准仪检定规程》(JJG 425—2003) 的规定，经纬仪和水准仪的检定周期根据使用情况，前者为1～3年，后者为1～2年。在该检定周期内，每2～3个月还需对主要轴线关系进行检校，以保证观测的精度。

(3) 根据《钢卷尺检定规程》(JJG 4—2015) 钢尺的检定周期为1年。本工程应使用一级钢尺。

(4) 建设单位、施工单位和监理人员共同在现场，对作为定位依据的原始点位置进行交验，以防发生差错。施工单位对所交的控制点进行校测，校测无误并经监理工程师批准后方可使用。

(5) 根据场地情况、设计和施工要求，按照便于控制、全面又能长期保留的原则，审核施工单位控制网点测设方案。施工单位按监理工程师批准的方案测设场地平面控制网。施工单位测设完毕并自检合格后，向监理工程师提交验线申报表，同时提交整体网形的闭合校核和局部校核资料。监理工程师在分析施工单位提交的测设资料的同时还应实地校测验线，验线合格后，方允许其正式使用该场地控制网。

(6) 建筑物基础放线的检查。检查龙门板的设置是否符合要求，轴线尺寸是否符合设计和规范要求，投测容许误差为±5mm，轴线钉的间距相对误差不超过1/2000。

(7) 轴线控制桩和引桩的测设。引桩是向上层投测的依据，在高层建筑物施工中必须进行轴线控制桩和引桩的测设。为保证引桩的精度，一般都应先测设引桩，再根据引桩测设轴线桩。

(8) 检查基础测量中垫层中心线的投测和基础皮数杆（线杆）的设置，符合要求予以确认，不符合要求再要求施工单位重测。

(9) 检查轴线位置是否准确。在高层建筑物施工中，为了保证建筑物轴线位置的准确，可用经纬仪把轴线控制点投测到基础底板上作为建筑物的内控点，然后根据内控点投测上来的点，在楼板上分间弹线。其轴线间相对误差不得大于1/2000，投点容许误差为±5mm。

(10) 沉降观测点设置。施工单位应按设计和规范要求设置建筑物的沉降观测点，在施工过程中观测次数和时间按设计和规范要求进行。第一次观测应在观测点安设稳固后及时进行，高层建筑每结构层观测一次，整个施工期间观测次数不得少于5次。根据观测资料填好沉降观测成果表，绘制观测点平面位置图，签字盖章妥为保存。

二、基础工程质量控制

(一) 桩基、独立柱基工程质量控制

1. 桩基工程特点

本工程基础主要为人工挖孔灌注桩，共计246根桩，桩净长不得小于7～15m，相邻桩孔底标高之差不得大于其净距的两倍，桩端支承于中风化泥质粉砂岩，桩端阻力特征值为3600kPa，要求桩身全断面嵌入完整岩层内不少于1.5m。当岩层表面倾斜时，嵌岩深度起算面以坡下方为准。要求每根桩都要进行探岩工作，以确定桩端嵌岩位置，要求每个桩端以下要有不小于5m厚的完整基岩作为桩端持力层的厚度，且在桩端应力扩散范围内无岩体临空面存在。本工程基础、竖壁、地下室底板采用C30补偿收缩抗渗混凝土；钢筋Ⅲ级、Ⅱ级、Ⅰ级；混凝土保护层：基础底板40mm，墙25mm，地梁30mm。

桩身直径1000mm，桩身混凝土均为C35，桩的保护层厚度50mm，桩护壁采用C20混凝土，承台采用C40混凝土，保护层厚度50mm，桩钢筋笼主筋全长配置，每隔2m设一道焊接加劲箍筋。

2. 桩基工程质量控制要求

（1）审查施工单位桩基施工方案，有效控制基础质量，保证施工合理性和安全性要求。

（2）审查施工单位施工质量控制方案，确保检验批、分项工程和分部工程合格。

3. 桩基工程质量控制措施

（1）施工前应由监理工程师组织施工图技术交底会。

（2）根据设计图纸会审和技术交底会议要求，编制施工技术方案提交监理工程师审查，审查并经总监理工程师批准后方能组织实施。

（3）复核桩位放线结果，准确无误方可开挖。开挖过程中，监理工程师对工程质量进行跟踪监理。

（4）桩孔开挖完成后，施工单位在对开挖质量自检合格的基础上，报监理工程师会同勘察、设计和建设单位进行检查验收，合格予以签字确认，不合格的在整改合格后再验收确认。

（5）施工单位做好隐蔽工程验收记录资料，交监理工程师、建设单位、勘察、设计单位签字，并各发一份保存。

（6）桩基混凝土浇筑前，必须经现场监理工程师签署桩基混凝土浇灌令，否则，混凝土不能开盘浇筑。

（7）桩身混凝土浇筑过程中，现场监理人员对混凝土浇筑质量进行旁站监理，随机抽取混凝土试块。

（8）桩基施工完成后，应委托有资质的检测单位进行成桩检测。

（9）召开有施工单位、设计单位、建设单位和监理单位参加的桩基验收会议。形成验收资料，各方签字后各执一份保存。

4. 桩基工程质量标准和控制要求

（1）质量标准：

1）本工程在基桩开挖中应按设计采用钢筋混凝土护壁。

2）桩位允许偏差±50mm；桩径允许偏差＋50mm；垂直度允许偏差小于0.5%；沉渣厚度不大于50mm。

3）设计桩顶标高：施工中桩顶标高至少要比设计标高高出0.5m。

4）混凝土坍落度：水下灌注160～220mm，干施工70～100mm。

5）混凝土充盈系数大于1。

6）钢筋笼安装深度允许偏差±100mm，主筋间距允许偏差±10mm，箍筋间距允许偏差±20mm，钢筋笼直径允许偏差±10mm。

（2）质量控制要求：

1）施工前应做好场地的平整工作，对不利于施工机械运行的松软场地应进行适当处理。如在雨季施工，必须采取有效的排水措施。

2）施工前应复核测量基线、水准基准点及桩位。桩基轴线的定位及施工地区附近地区所设的水准基准点应设在不受桩基施工影响处。

3）施工前必须试成孔，数量不少于2个，以便核对地质资料，检验所选设备、施工工艺以及技术要求是否适宜；如果出现缩径、坍孔、回淤、贯入度不能满足设计要求时，应拟定补救技术措施，或重新考虑施工工艺。

4）在杂填土地区施工时，应预先进行钎探，并将探明在桩位处的石块、旧混凝土块等障碍物挖除，或采取其他处理措施。非均匀配筋排桩的钢筋笼在绑扎、吊装和埋设时，应保证钢筋笼的安装方向和设计方向一致。

5）桩帽施工前，应将桩顶浮浆凿除清理干净，桩顶以上出露的钢筋长应达到设计要求的 40d（d 为钢筋直径）。

6）混凝土桩的质量检测宜按下列规定进行：采用静载荷试验方法检验桩基承载力，检验桩数不少于总数的 1%，且不少于 3 根。采用低应变动测法检测桩身完整性，检测数量不宜少于总桩数的 20%，且不应少于 10 根；当根据低应变动测法判定的桩身缺陷可能影响桩的水平承载力时，应采用钻芯法补充检测，检测数量不应少于总桩数的 2%，且不得少于 3 根。

7）钢筋笼吊放应符合下列规定：

a. 在钢筋笼的上、中、下部的同一横截面上应对称设置 4 个钢筋“耳环”或混凝土垫块，并应在吊放前进行垂直校正。

b. 钢筋笼吊装施工时应对准孔位轻放、慢放。严禁高起猛落，强行下放，防止倾斜、弯折或碰撞孔壁。

c. 钢筋笼就位后，顶面和底面标高误差不应大于 50mm。

d. 混凝土灌注时，不应出现上拱或下落现象。

8）混凝土灌注应符合下列规定：

a. 桩孔挖至设计深度后，应迅速扩大桩头，清理孔底，及时验收后随即灌注混凝土。

b. 混凝土粗骨料不宜大于 50mm，并不得大于钢筋最小净距的 1/3，细骨料应选用干净的中、粗砂。

c. 混凝土入孔应采用导管或串筒，严禁直接抛下，每根桩要留置至少一组试块；施工时要记录实际浇筑混凝土量。

d. 当桩孔内水深超过 10cm 时，应采取水下混凝土灌注方法施工。

e. 每根桩的混凝土灌注应连续进行，不能间断；混凝土浇筑时必须振捣密实，严禁出现漏振和过振。在桩顶标高下 4m 时，应采用棒式振捣器捣实。

f. 灌注时混凝土温度不应低于 3℃；环境温度高于 30℃时，应根据具体情况对混凝土采取缓凝措施。

5. 桩基工程质量控制点

（1）进入持力层深度的控制：第一根桩开挖完毕时，提请监理单位、设计单位、勘测单位等有关人员验收评定。

（2）浇筑混凝土前，每个孔底必须清理干净，经监理工程师验收并下达混凝土浇筑令后才能开始浇筑。

（3）柱基础土方开挖前，根据基础施工测量方案将轴线网测设到所要进行施工的地坪面上，确定好柱基础平面位置，再根据基础埋置深度划好开挖线，自检合格后报监理人员验收确认。

（4）浇筑基础前应进行验槽，轴线、基坑尺寸和土质符合要求，并通过勘测、设计、建设、检测及监理签字确认后才能进行下道工序施工。

（5）混凝土应分层浇筑，振捣要密实，并应连续浇筑。

（6）基础上插筋、埋件、预留孔等要保证位置正确。

（7）浇筑终凝后混凝土外露部分应按规范进行养护。拆除模板后要经监理工程师检查验收。基础各分项工程质量验收合格率控制为100%。

第三节　主体工程质量管理

主体工程要着重抓好模板工程、钢筋工程、混凝土工程、砌体工程及养护等分项工程的质量控制环节，确保工程质量。

一、模板工程质量管理

1. 基本规定

（1）保证工程结构和构件各部分形状尺寸和相互位置的正确性。

（2）具有足够的承载力、刚度和稳定性，能可靠地承受新浇筑混凝土的自重和侧压力，以及施工过程中所产生的荷载。

（3）构造简单、装拆方便，并利于钢筋的绑扎、安装和混凝土浇筑振捣及养护要求。

（4）模板接缝要严密，与混凝土的接触面应涂隔离剂，接缝不应漏浆。

（5）模板及其支架拆除的顺序及安全措施应按施工技术方案执行。

2. 质量控制标准

（1）安装现浇结构的上层模板及其支架时，下层楼板应具有承受上层荷载的能力，或加设支架；上下层支架的立柱应对准，并铺设垫板。

（2）模板接缝不应漏浆，在浇筑混凝土前，木模板应浇水湿润，但模板内不应有积水。

（3）模板与混凝土的接触面应清理干净并涂刷隔离剂，在涂刷模板隔离剂时，不得沾污钢筋和混凝土接槎处，不得采用影响结构性能或妨碍装饰工程施工的隔离剂。

（4）浇筑混凝土前模板内的杂物应清理干净。

（5）对清水混凝土工程及装饰混凝土工程，应使用能达到设计效果的模板。

（6）用作模板的地坪、胎模等应平整光洁，不得产生影响构件质量的下沉、裂缝、起砂或起鼓。

（7）对跨度不小于4m的现浇混凝土梁、板，模板应按设计要求起拱，设计无具体要求时，起拱高度宜为跨度的1/1000～3/1000。

（8）固定在模板上预埋件、预留孔和预留洞均不得遗漏，且应安装牢固，其允许偏差：预埋钢板、预埋管预留孔中心线位置3mm；插筋中心线位置5mm、外露长度＋10mm，0；预埋螺栓中心线位置2mm、外露长度＋10mm，0；预留洞中心线位置10mm、尺寸＋10mm，0。

（9）现浇结构模板安装的允许偏差：轴线位置5mm；底板上表面标高±5mm；截面内部尺寸基础±10mm、柱、墙、梁＋4，－5mm；层高垂直度6mm（不大于5m时）；相邻两板表面高低差 2mm；表面平整度 5mm。

（10）预制构件模板的安装允许偏差应符合规范要求。

3. 模板工程质量控制措施

（1）模板工程安装完毕，应在自检合格后，报请现场监理人员按设计图纸和施工验收规范对模板位置、标高尺寸及模板的拼缝进行检查验收。

（2）在涂刷脱模剂前应清除模板表面垃圾，脱模剂要涂刷均匀，防止漏刷。严禁用废机油代替脱模剂。

（3）严格控制脱模时间，拆除模板时间应按混凝土特点和所达到的强度确定。承重侧模应在混凝土强度能保证其表面及棱角不因拆模而受到损坏方可拆除；承重底模应在混凝土强度达到下列要求时始能拆除：跨度不大于 2m 的板不小于 50%，跨度不大于 8m 的板及梁、拱、壳不小于 75%，跨度大于 8m 时达到 100%。悬臂构件不小于 100%。

（4）各种现浇构件的模板拆除必须在监理人员同意后才能进行。拆除后的混凝土构件必须经过现场监理人员的检查验收确认。

二、钢筋工程质量控制

（一）质量控制内容

（1）用于工程的钢筋必须符合设计图纸和施工规范的要求。

（2）搞清钢筋的品种、规格、绑扎要求以及结构中某些部位配筋的特殊处理。

（3）掌握有关图纸会审记录及设计变更内容，并及时在相应的结构图上标明，避免因遗忘造成失误。

（4）所有进场钢筋必须有出厂质量证明书或材质报告，钢筋表面或每捆（盘）钢筋均应有标志。钢筋性能要符合设计和规范要求，进场钢筋应按批号及规格分批检验。检验内容包括表面、外观检查，并按规范取样作物理力学试验。

（5）及时将验收合格的钢材运进堆场，架空堆放整齐，挂上标签，并采取有效措施，避免锈蚀和油污。

（6）钢筋下料、加工应根据图纸和规范进行钢筋翻样，并就钢筋下料、加工对钢筋工进行详细技术交底。

（7）焊工必须具有岗位证书。在正式焊接前，必须根据施工现场条件进行试焊，检查合格后，方可批准上岗。钢筋焊接接头应符合规范要求，并根据《钢筋焊接接头试验方法》（JGJ/T 27—2014）的有关规定，抽取焊接接头试样进行检验。

（8）钢筋绑扎完毕，施工单位自检合格后填报钢筋工程隐蔽验收单。

（9）钢筋验收时，应对照结构施工图，检查所绑扎钢筋的规格、数量、间距、搭接长度、接头设置等项内容。同时还要着重检查以下构造措施：

1）框架节点箍筋加密区的箍筋及梁上有集中荷载作用处的附加吊筋或箍筋不得漏放。

2）具有双层配筋的厚板和墙板应要求设置撑筋或拉钩。

3）控制保护层的垫块强度、厚度、位置，保证其符合要求。

4）预埋件、预留洞的位置要正确，固定要可靠，孔洞周边钢筋加固应符合规范要求。

（二）质量控制措施

（1）对进场钢筋查验生产许可证、准用证及产品合格证，严格执行见证取样送样制度，严禁使用不合格钢筋。

（2）钢筋绑扎时要对规格、数量、位置及锚固长度、接头位置进行校正，严格做好钢筋隐蔽工程验收。

（3）混凝土浇筑前，应仔细检查垫块、钢筋限位脚撑设置情况，发现问题及时纠正。

（4）钢筋需要接长时，其连接方式应优先采用焊接。应根据不同的钢筋品种和不同的使用范围选择不同的焊接方法。

（三）钢筋质量标准和要求

1. 一般规定

（1）当钢筋的品种、级别或规格需作变更时，应办理设计变更文件。

（2）在浇筑混凝土前，应进行钢筋隐蔽工程验收，验收内容包括：

1）纵向受力钢筋的品种、规格、数量、位置等。

2）钢筋的连接方式、接头位置、数量、接头面积百分率等。

3）箍筋、横向钢筋的品种、规格、数量、间距等。

4）预埋件的规格、数量、位置等。

2. 原材料

（1）钢筋进场时，应按《钢筋混凝土用热轧带肋钢筋》（GB 1499.2—2007）等的有关规定抽取试件作力学性能试验，其质量必须符合有关标准的规定。

检查数量：按进场的批次和产品的抽样检验方案确定；检验方法：检查产品合格证、出厂检验报告和进场复验报告。

（2）对有抗震设防要求（本工程设计为七级抗震）的框剪结构，其纵向受力钢筋的强度应符合设计要求。

（3）当发现钢筋脆断、焊接性能不良或力学性能显着不正常等现象时，应对该批钢筋进行化学成分检验或其他专项检验。

检查方法：检查化学成分等专项检验报告。

（4）钢筋应平直、无损伤，表面不得有裂纹、油污、颗粒状或片状老锈。

检查数量：进场时和使用前全数检查。

检验方法：观察。

3. 钢筋加工

（1）受力钢筋的弯钩和弯折应符合下列规定：

1）HPB235 级钢筋末端应作 180°弯钩，其弯弧内径不应小于钢筋直径的 2.5 倍，弯钩的弯后平直部分长不应小于钢筋直径的 3 倍。

2）当设计要求钢筋末端需作 135°弯钩时，HRB335 级、HRB400 级钢筋的弯弧内直径不应小于钢筋直径的 4 倍，弯钩的弯后平直部分长度应符合设计要求。

3）钢筋作不大于 90°的弯折时，弯折处的弯弧内直径不应小于钢筋直径的 5 倍。

检查数量：按每工作班同一类型钢筋、同一加工设备抽查不应少于 3 件。

检查方法：钢尺检查。

（2）除焊接封闭环式钢筋外，箍筋的末端应作弯钩，弯钩形式应符合设计要求；当设计无具体要求时，应符合下列规定：

1）箍筋弯钩的弯弧内直径除应满足上一项关于钢筋弯钩的规定外，尚应不小于受力钢筋直径。

2）箍筋弯钩的弯折角度：对一般结构不宜小于 90°；对有抗震等要求的结构，应为 135°。

3）箍筋弯后平直部分长度：对一般结构，不宜小于箍筋直径的 5 倍；对有抗震等要求的结构，不应小于箍筋直径的 10 倍。

检查数量：按每工作班同一类型、同一加工设备抽查不应少于 3 件。

检验方法：钢尺检查。

（3）钢筋调直宜采用机械方法，也可采用冷拉方法。当采用冷拉方法调直钢筋时，HPB235 级钢筋的冷拉率不宜大于 4%，HRB335 级、HRB400 级、RRB400 级钢筋的冷拉率不宜大于 1%。

检查数量：按每工作班同一类型、同一加工设备抽查不应少于 3 件。

检验方法：观察，钢尺检查。

（4）钢筋加工的形状、尺寸应符合设计要求。允许偏差：受力钢筋顺长度方向全长的净尺寸±10mm；弯起钢筋的弯折位置±20mm；箍筋内净尺寸±5mm。

检查数量：按每工作班同一类型、同一加工设备抽查不应少于 3 件。

检验方法：钢尺检查。

4. 钢筋连接

（1）纵向受力钢筋的连接方式应符合设计要求。

检查数量：全数检查。

检验方法：观察。

（2）按《钢筋机械连接通用技术规程》（JGJ 107—2010）、《钢筋焊接及验收规程》（JGJ 18—2012）的规定，抽取钢筋机械连接接头、焊接接头试件作力学性能检验，其质量应符合有关规程的规定。

检查数量：按有关规程确定。

检验方法：检查产品合格证、接头力学性能试验报告。

（3）钢筋的接头应设置在受力较小处。同一纵向受力钢筋不宜设置 2 个或 2 个以上接头。接头末端至钢筋弯起点的距离不应小于钢筋直径的 10 倍。

检查数量：全数检查。

检验方法：观察，钢尺检查。

（4）按《钢筋机械连接通用技术规程》（JGJ 107—2010）、《钢筋焊接及验收规程》（JGJ 18—2012）的规定，对钢筋机械连接接头、焊接接头的外观进行检查，其质量应符合有关规程的规定。

检查数量：按有关规程确定。

检验方法：观察。

（5）当受力钢筋采用机械连接接头或焊接接头时，设置在同一构件内的接头宜相互错开。

纵向受力钢筋机械连接接头及焊接接头连接区段的长度为 35d（d 为纵向受力钢筋的

较大直径）且不小于 500mm，凡接头中点位于该连接区段长度内的接头均属于同一连接区段。同一连接区段内，纵向受力钢筋机械连接及焊接的接头面积百分率为该区段内有接头的纵向受力钢筋截面面积与全部纵向受力钢筋截面面积的比值。该百分率应符合设计要求；当设计无要求时，应符合下列规定：

1）在受拉区不宜大于 50%。

2）接头不宜设置在有抗震设防要求的框架梁端、柱端的箍筋加密区；当无法避开时，对等强度高质量机械连接接头，不应大于 50%。

3）直接承受动力荷载的结构构件中，不宜采用焊接接头；当采用机械连接接头时，不应大于 50%。

检查数量：在同一检验批内，对梁、柱和独立基础，应抽查构件数量的 10%，且不少于 3 件；对墙和板，应按有代表性的自然间抽查 10%，且不少于 3 间；对大间结构，墙可按相邻轴线间高度 5m 左右划分检查面，板可按纵横轴线划分检查面，抽查 10%，且均不少于 3 面。

检验方法：观察，钢尺检查。

（6）同一构件中相邻纵向受力钢筋的绑扎搭接接头宜相互错开。绑扎搭接接头中钢筋的横向净距不小于钢筋直径，且不应小于 25mm。

钢筋绑扎搭接接头连接区段的长度为 $1.3l_1$（l_1为搭接长度），同一区段内纵向受拉钢筋搭接接头面积百分率应符合设计要求；当设计无具体要求时，应符合下列规定：

1）对梁、板及墙类构件，不宜大于 25%。

2）对柱类构件，不宜大于 50%。

3）当工程中确有必要增大接头面积百分率时，对梁类构件，不应大于 50%；对其他构件，可根据实际情况放宽。

纵向受力钢筋绑扎搭接接头的最小搭接长度应按《混凝土结构设计规范》（GB 50010—2010）的规定根据钢筋强度、外形、直径及混凝土强度等指标经计算确定，并根据钢筋搭接接头面积百分率等进行修正。

检查数量和检验方法同前一条的规定。

（7）在梁柱类构件的纵向受力钢筋搭接长度范围内，应按设计要求配置箍筋。当设计无要求时，应符合下列规定：

1）箍筋直径不应小于搭接钢筋较大直径的 0.25 倍。

2）受拉搭接区段的箍筋间距不应大于搭接钢筋较小直径的 5 倍，且不应大于 100mm。

3）受压搭接区段的箍筋间距不应大于搭接钢筋较小直径的 10 倍，且不应大于 200mm。

4）当柱中纵向受力钢筋直径大于 25mm 时，应在搭接接头两个端面外 100mm 范围内各设置两个箍筋，其间距宜为 50mm。

检查数量：同前一条规定。

检验方法：钢尺检查。

5. 钢筋安装

（1）钢筋安装时，受力钢筋的品种、级别、规格和数量必须符合设计要求。

检查数量：全数检查。

检验方法：观察，钢尺检查。

(2) 钢筋安装位置的允许偏差应符合表8-1的规定。

表8-1　　钢筋安装位置的允许偏差和检验方法

<table>
<tr><th colspan="3">项　目</th><th>允许偏差/mm</th><th>检验方法</th></tr>
<tr><td rowspan="2">绑扎钢筋网</td><td colspan="2">长、宽</td><td>±10</td><td>钢尺检查</td></tr>
<tr><td colspan="2">网眼尺寸</td><td>±20</td><td>钢尺量连续三档，取最大值</td></tr>
<tr><td rowspan="2">绑扎钢筋骨架</td><td colspan="2">长</td><td>±10</td><td>钢尺检查</td></tr>
<tr><td colspan="2">宽、高</td><td>±5</td><td>钢尺检查</td></tr>
<tr><td rowspan="5">受力钢筋</td><td colspan="2">间距</td><td>±10</td><td rowspan="2">钢尺量两端、中间各一点，取最大值</td></tr>
<tr><td colspan="2">排距</td><td>±5</td></tr>
<tr><td rowspan="3">保护层厚度</td><td>基础</td><td>±10</td><td>钢尺检查</td></tr>
<tr><td>柱、梁</td><td>±5</td><td>钢尺检查</td></tr>
<tr><td>板、墙、壳</td><td>±3</td><td>钢尺检查</td></tr>
<tr><td colspan="3">绑扎箍筋、横向钢筋间距</td><td>±20</td><td>钢尺量连续三档，取最大值</td></tr>
<tr><td colspan="3">钢筋弯起点位置</td><td>20</td><td>钢尺检查</td></tr>
<tr><td rowspan="2">预埋件</td><td colspan="2">中心线位置</td><td>5</td><td>钢尺检查</td></tr>
<tr><td colspan="2">水平高差</td><td>+3，0</td><td>钢尺和塞尺检查</td></tr>
</table>

注　1. 检查预埋件中心线位置时，应沿纵、横两个方向量测，并取其中的较大值。
2. 表中梁类、板类构件上部纵向受力钢筋保护层厚度的全合格点率应达到90%及以上，且不得有超过表中数值1.5倍的尺寸偏差。

检查数量：全数检查。

(四) 混凝土工程质量控制

1. 质量控制措施

(1) 制定并审核施工方案。根据工程的结构特点和施工现场的具体条件，制定施工方案，并审查有关混凝土工程所采取的组织措施和技术措施是否合理。审查中应特别注意混凝土生产、运输、浇筑顺序以及施工缝和设置。严寒或高温时的混凝土施工以及大体积混凝土的浇筑，应制定专门的施工方案，采取相应措施。

施工中采用现场拌制混凝土时，应对混凝土搅拌站、水泥库、砂石堆场等布置通盘考虑：砂石堆场应分隔，相互不混杂；有一定的储备量，能保证连续生产；砂石进场、卸料及称量方便。袋装水泥进库口与出库口应分开，避免运输路线交叉，使先进场的先使用。

使用商品混凝土时，应选择运距不太远、有生产许可证的商品混凝土站，并根据施工要求，提出在卸车地点的混凝土质量指标。

(2) 检查混凝土生产设备及施工准备情况：

1) 搅拌机的配备应能满足混凝土浇筑的需要，且应有备用搅拌机，搅拌机加水系统应准确可靠。

2) 原材料必须过磅，计量装置使用前应校验准确。

3) 混凝土的水平运输工具和垂直运输工具应满足浇筑数量的要求，运行应可靠。

4）振捣棒（器）性能可靠。

（3）控制原材料的使用：

1）不得使用含有害矿物质的骨料，避免发生碱骨料反应。

2）散装水泥要按品种分仓储存，袋装水泥要存放在离地面300mm以上的木搁板上，并按品种分批存放；其堆放高度不宜太高，入库、出库要详细记录品种和时间，并要采取有效措施，避免受潮结块。

3）砂、石要按品种、规格分别存放在不积水的平地上。外加剂要按不同品种分开储存，防止掺混，并应注意过期外加剂的失效问题。拌制混凝土用水，应符合相应的标准。

（4）审查混凝土配合比。根据结构设计对混凝土强度、耐久性、抗渗性的要求，对选定并已进场的原材料取样，进行混凝土配合比设计与试配，通过试配确定混凝土施工配合比。

（5）混凝土浇筑过程控制：

1）监理工程师在对钢筋、模板、水电暖工程以及混凝土浇筑准备等工作验收认可后，签署混凝土浇筑令，方可开盘浇筑。

2）检查混凝土的配合比，混凝土在运输过程中受时间和温度影响，和易性会降低，因此在浇捣地点要测量坍落度。在和易性降低后，要注意混凝土的振捣，避免出现蜂窝、空洞等振捣不密实现象。混凝土从搅拌机中卸出到浇筑完毕的延续时间，不得超过规范的规定；检查混凝土的浇筑、接槎和振捣。

3）混凝土的浇筑顺序和方法应事先周密考虑。对于大体积、大面积混凝土的浇筑，分层、分段要合理，层、段间要计划好，后一层、段的浇筑应在前一层、段的混凝土初凝前进行，振捣要插入到下一层。

4）浇筑竖向结构，要根据结构型式采用串筒、开门子洞等措施，以保证混凝土浇筑中不发生离析，并保证各部分浇筑密实。

5）浇筑钢筋及预埋件多的部位，应避免碰动钢筋及预埋件。

6）施工缝的留置位置应在混凝土浇筑前确定，要符合规范要求，并得到现场监理工程师的认可。在施工缝处继续浇筑混凝土时，应判断已浇筑的混凝土抗压强度是否达到$1.2N/mm^2$以上，并检查施工缝处凿毛、清理、接浆情况。

（6）混凝土浇筑完毕后，应派专人进行洒水养护，同时还要防止混凝土在硬化过程中受到冲击、振动及过早加载，在混凝土强度未达到$1.2N/mm^2$前，不允许在上面进行作业。

（7）混凝土拆模后，应检查其偏差是否超过规范要求。当发现混凝土表面存在蜂窝、麻面、露筋甚至孔洞时，施工单位不得自行修整，必须做好详细记录，报请监理工程师检查。然后，根据缺陷的严重程度，区别对待。进行影响结构性能的缺陷处理时，必须会同设计单位研究决定。

2. 质量控制标准

（1）一般规定：

1）结构构件的混凝土强度必须达到设计要求，应按《混凝土强度检验评定标准》（GB/T 50107—2010）的规定分批检验评定。

2）结构构件拆模、吊装及施工期间临时负荷时的混凝土强度，应根据同条件养护的标准尺寸试件的混凝土强度确定。

3）混凝土试件强度评定不合格时，可采用非破损或局部破损的检测方法，按有关规定对结构构件中的混凝土强度进行推定，并作为处理的依据。

（2）原材料：

1）水泥进场时应对其品种、级别、包装或散装仓号、出厂日期等进行检查，并应对其强度、安定性及其他必要的性能指标进行复验，其质量必须符合《硅酸盐水泥、普通硅酸盐水泥》（GB 175—1999）等的规定。在使用中对水泥质量有怀疑或水泥出厂超过3个月时，应进行复验，并按复验结果使用。钢筋混凝土，严禁使用含氯化物的水泥。

检查数量：按同生产厂家、同一等级、同一品种、同一批号且连续进场的水泥，袋装不超过200t为一批，散装不超过500t为一批，每批抽样不少于一次。检验方法：检查产品合格证、出厂检验报告和进场复验报告。

2）混凝土中掺用外加剂的质量及应用技术应符合《混凝土外加剂》（GB 8076—2008）、《混凝土外加剂应用技术规范》（GB 50119—2013）等和有关环境保护的规定。预应力混凝土结构中，严禁使用含氯化物的外加剂。钢筋混凝土结构中，当使用外加剂时，混凝土中氯化物的总量应符合《混凝土质量控制标准》（GB 50164—2011）的规定。

检查数量：按进场的批次和产品的抽样检验方案确定。检验方法：检查产品合格证、出厂检验报告和进场复验报告。

3）混凝土中氯化物和碱的总含量应符合《混凝土结构设计规范》（GB 50010—2010）和设计的要求。

检验方法：检查原材料试验报告和氯化物、碱的总含量计算书。

4）混凝土中掺用矿物掺合料的质量应符合《用于水泥和混凝土中的粉煤灰》（GB/T 1596—2005）等的规定。矿物掺合料的掺量应通过试验确定。

5）普通混凝土所用的粗、细骨料的质量应符合《普通混凝土用砂、石质量及检验方法标准》（JGJ 52—2006）、《建设用砂》（GB/T 14684—2011）和《建设用卵石、碎石》（GB/T 14685—2011）的规定。

混凝土用粗骨料的最大颗粒粒径不得超过构件截面最小尺寸的1/4，且不得超过钢筋最小净间距的3/4。混凝土实心板，骨料的最大粒径不宜超过板厚的1/3，且不得超过40mm。

检查数量：按进场的批次和产品的抽样方案确定。检验方法：检查进场复验报告。

3. 配合比设计

（1）混凝土应按《普通混凝土配合比设计规程》（JGJ 55—2011）的有关规定，根据混凝土强度等级、耐久性和工作性等要求进行配合比设计。

（2）首次使用的混凝土配合比应进行开盘鉴定，其工作性质应满足设计配合比的要求。开始生产时应至少留置一组标准养护试件，作为验证配合比的依据。

4. 混凝土施工

（1）结构混凝土的强度等级应符合设计要求。用于检查混凝土强度的试件，应在混凝土浇筑地点随机抽取。取样与试件留置应符合下列规定：

1）每拌制100盘且不超过$100m^3$的同配合比混凝土，取样不得少于一次。

2）当一次连续浇筑超过$1000m^3$时，同一配合比混凝土每$200m^3$取样不得少于一次。

3）每一楼层、同一配合比混凝土，取样不得少于一次。

4）每次取样应至少留置一组标准养护试件，同条件养护试件留置组数应根据实际需要确定。

检验方法：检查施工记录及试件强度试验报告。

5）对有抗渗要求的混凝土结构，其混凝土强度试件应在浇筑地点随机取样。同一工程、同一配合比的混凝土，取样不应少于一次，留置组数可根据实际需要确定。

（2）混凝土原材料每盘称量的偏差应符合下列规定：水泥、掺合料±2%；粗、细骨料±3%；水、外加剂±2%。

对原材料称量的检查每工作班抽查不应少于一次。

（3）混凝土运输、浇筑及间歇的全部时间不应超过混凝土的初凝时间。同一施工段的混凝土应连续浇筑，并应在底层混凝土初凝之前将上一层混凝土浇筑完毕。当底层混凝土初凝后浇筑上一层混凝土时，应按施工技术方案中对施工缝的要求进行处理。

（4）施工缝的位置应在混凝土浇筑前按设计要求和施工技术方案确定。施工缝的处理应按施工技术方案执行。

（5）后浇带的留置位置应按设计要求和施工技术方案确定。后浇带混凝土浇筑应按施工技术方案进行。

（6）混凝土浇筑完毕后，应按施工技术方案及时采取有效养护措施，并应符合下列规定：

1）浇筑完毕后的12h以内对混凝土加以覆盖并保湿养护。

2）浇水养护的时间不得少于7d，对掺用缓凝剂或有抗渗要求的混凝土，不得少于14d。

3）浇水次数应能保持混凝土处于湿润状态；混凝土养护用水应与拌制用水相同。

4）采用塑料布覆盖养护的混凝土，其敞露的全部表面应覆盖严密，并应保持塑料布内有凝结水。

5）混凝土强度达到$1.2N/mm^2$前，不得在其上踩踏或安装模板及支架。

（五）现浇结构质量控制标准

1. 一般规定

（1）现浇结构的外观质量缺陷，应由监理单位、施工单位等各方根据其对结构性能和使用功能影响的严重程度，按《混凝土结构工程施工质量验收规范》（GB 50204—2015）中表8.1.2的规定确定。

（2）现浇结构拆模后，应由监理单位、施工单位对外观质量和尺寸偏差进行检查，作出记录，并应及时按施工技术方案对缺陷进行处理。

2. 外观质量

（1）现浇结构的外观质量不应有严重缺陷。对已经出现的严重缺陷，应由施工单位提出技术处理方案，并经监理单位认可后进行处理。对经处理的部位，应重新检查验收。

（2）现浇结构的外观质量不宜有一般缺陷。对已经出现的一般缺陷，应由施工单位按技术处理方案进行处理，并重新检查验收。

3. 尺寸偏差

（1）现浇结构不应有影响结构性能和使用功能的尺寸偏差。混凝土设备基础不应有影响结构性能和设备安装的尺寸偏差。

对超过尺寸允许偏差且影响结构性能和安装使用功能的部位，应由施工单位提出技术处理方案，并经监理单位认可后进行处理。对经处理的部位，应重新检查验收。

（2）现浇结构拆模后的尺寸偏差应符合表 8-2 的规定。

表 8-2　　现浇结构尺寸允许偏差和检验方法

<table>
<tr><th colspan="3">项　目</th><th>允许偏差/mm</th><th>检 验 方 法</th></tr>
<tr><td rowspan="4">轴线位置</td><td colspan="2">基础</td><td>15</td><td rowspan="4">钢尺检查</td></tr>
<tr><td colspan="2">独立基础</td><td>10</td></tr>
<tr><td colspan="2">墙、柱、梁</td><td>8</td></tr>
<tr><td colspan="2">剪力墙</td><td>5</td></tr>
<tr><td rowspan="3">垂直度</td><td rowspan="2">层高</td><td>≤5m</td><td>8</td><td>经纬仪或吊线、钢尺检查</td></tr>
<tr><td>>5m</td><td>10</td><td>经纬仪或吊线、钢尺检查</td></tr>
<tr><td colspan="2">全高（H）</td><td>H/1000 且≤30</td><td>经纬仪、钢尺检查</td></tr>
<tr><td rowspan="2">标高</td><td colspan="2">层高</td><td>±10</td><td rowspan="2">水准仪或拉线、钢尺检查</td></tr>
<tr><td colspan="2">全高</td><td>±30</td></tr>
<tr><td colspan="3">截面尺寸</td><td>+8，−5</td><td>钢尺检查</td></tr>
<tr><td colspan="3">表面平整度</td><td>8</td><td>2m 靠尺和塞尺检查</td></tr>
<tr><td rowspan="3">预埋设施中心线位置</td><td colspan="2">预埋件</td><td>10</td><td rowspan="3">钢尺检查</td></tr>
<tr><td colspan="2">预埋螺栓</td><td>5</td></tr>
<tr><td colspan="2">预埋管</td><td>5</td></tr>
<tr><td colspan="3">预留洞中心线位置</td><td>15</td><td>钢尺检查</td></tr>
</table>

（六）预制构件施工质量控制标准

（1）进入现场的预制构件，其外观质量、尺寸偏差及结构性能应符合标准图或设计的要求。

（2）预制构件与结构之间的连接应符合设计要求。连接处钢筋或埋件采用焊接或机械连接时，接头质量应符合有关规程要求。

（3）承受内力的接头和拼缝，当其混凝土强度未达到设计要求时，不得吊装上一层结构构件；设计无具体要求时，应在混凝土强度不小于 $10N/mm^2$ 或具有足够的支承时方可吊装上一层结构构件。

已安装完毕的装配式结构，应在混凝土强度达到设计要求后，方可承受全部设计荷载。

（4）预制构件码放和运输时的支承位置和方法应符合标准图或设计的要求。

（5）预制构件吊装前，应按设计要求在构件和相应的支承结构上标志中心线、标高等控制尺寸，按标准图或设计文件校核预埋件及连接钢筋等，并作出标志。

（6）预制构件应按标准图或设计的要求吊装。起吊时绳索与构件水平面的夹角不宜小于45°，否则应采用吊架或经验算确定。

（7）预制构件安装就位后，应采取保证构件稳定的临时固定措施，并应根据水准点和轴线校正位置。

（8）装配式结构中的接头和拼缝应符合设计要求；设计无具体要求时，应符合下列规定：

1）对承受内力的接头和拼缝应采用混凝土浇筑，其强度等级应比构件混凝土强度等级提高一级。

2）对不承受内力的接头和拼缝应采用细石混凝土或砂浆浇筑，其强度等级不应低于C15或M15。

3）用于接头和拼缝的混凝土或砂浆，宜采取微膨胀措施和快硬措施，在浇筑过程中应振捣密实，并应采取必要的养护措施。

三、砌体工程质量控制

（一）设计内容和设计要求

（1）外墙、梯间墙采用200mm厚MU10多孔黏土砖和M5混合砂浆砌筑；厨房、卫生间、管道井采用120mm或100mm厚MU10混凝土轻质砌块和M5砂浆砌筑；内隔墙、分户墙采用200mm厚混凝土轻质砌块和M5混合砂浆砌筑。黏土空心砖容重不大于13.5kN/m，混凝土轻质砌块容重不大于7.5kN/m。砌体施工质量控制等级为B级。当采用砖砌体作填充墙时，应在剪力墙、柱与填充墙的交接处，沿高度每隔500mm，用Φ6钢筋与柱拉结，钢筋由剪力墙及柱的每边伸出。墙高度超过4m（120墙超过3m）时，应在墙体半高度设置与柱连接且沿墙全贯通的钢筋混凝土水平系梁，梁断面为墙厚×180mm，中置4Φ8钢筋及箍筋Φ6@200，梁纵向钢筋应锚入两端的钢筋混凝土柱或墙内。砌体墙内的门洞、窗洞或大于300的设备孔洞，其洞顶均须设过梁，除图中另有注明外，统一按洞口大小，二级荷载从《中南标图集》（04ZG313）中选用过梁。当洞顶至结构梁（或板）底高度小于上述选用过梁钢筋混凝土过梁高度时，过梁与结构梁（或板）浇成整体。

（2）所有内外墙除为钢筋混凝土墙或有地梁者外，在低于室内地平50mm处，均应设20mm厚1∶2水泥砂浆内掺相当于水泥重量5%防水剂的防潮层。

（3）内外墙构造柱及拉筋、圈梁、门窗洞过梁，除建筑图有说明外，做法均按结构图施工。

（4）内墙除注明外均应砌至楼板底。

（二）砌体工程质量控制措施

1. 现场实物检查

（1）原材料进场后，抽查砌块的外观质量和规格尺寸是否符合设计要求和标准规定及现场堆放是否符合要求。

（2）检查墙体砌筑后是否符合砌块排列图施工，查水平灰缝、竖直灰缝是否饱满。

（3）检查砌体纵横搭接处、临时间断处、后砌隔墙、临时施工洞处的咬砌、拉接构造。

（4）检查圈梁、芯柱设置部位及混凝土浇灌、钢筋绑扎和钢筋网片拉结质量，查混凝土灌实砌块孔洞部位的灌实质量。

（5）检查水电管线预埋质量。

（6）检查墙体隔热、保温、隔声处理。

2. 施工质量控制

（1）砌筑墙体时，小砌块生产龄期不应小于28d，并应清除表面污染和芯柱用小砌块孔洞底部的毛边，同时，剔除外观质量不合格的小砌块。

（2）框架填充内墙、围墙可使用合格品等级小砌块外，其他工程部位均应采用不低于一等品等级的小砌块。

（3）使用单排小砌块砌筑墙体时应对孔错缝搭砌，使用多排孔小砌块砌筑墙体时，应错缝搭砌，搭接长度不应小于120mm，墙体的个别部位不能满足上述要求时，应在灰缝中设置拉结钢筋或钢筋网片，但竖向通缝仍不得超过两皮小砌块，小砌块应底面朝上反砌于墙体上。

（4）小砌块的水平灰缝厚度和竖向灰缝宽度宜为10mm，但不小于8mm，也不应大于12mm，砌筑时一次铺灰长度不宜超过两块主规格块体的长度。

（5）对设计规定的洞口、管道、沟槽和预埋件，应在砌筑墙体时预留和预埋，不得随意打凿已砌好的墙体。

（6）严禁在小砌块墙体内混砌黏土砖或其他墙体材料，隔墙和填充墙顶面和上部结构接触处应用一皮实心混凝土砌块楔实，但房屋顶层内隔墙顶应离该处屋面板板底15mm，缝内用1∶3石灰砂浆或弹性腻子嵌塞；严禁使用断裂的小砌块或壁肋中有竖向裂缝的小砌块砌筑承重墙体。

（7）墙体中作为施工通道的临时洞口，其侧边离交接处的墙面不应小于600mm，并沿洞口的两侧每600mm各设Φ4点焊网片，同时，应在洞顶部设置钢筋混凝土过梁，填砌临时洞口的砌筑砂浆强度等级宜提高一级。

（8）砌筑芯柱部位的墙体，宜采用不封底的通孔小砌块，如采用半封底的小砌块，必须清除孔底部的毛边。

（9）芯柱应沿房屋全高贯通，并与各层圈梁浇筑成整体，若采用预制楼板时，在芯柱位置处的每层楼板应留缺口或浇筑一条现浇板带，以保证芯柱贯通。

（10）钢筋混凝土芯柱与墙体相接处，应沿柱高每隔600mm在水平灰缝内设置Φ4点焊网片，网片伸入墙内不得小于1000mm，对框架填充墙，应沿柱高每隔400mm预留2Φ6钢筋与填充墙拉结，钢筋伸入墙内的长度不小于1000mm，且每层至少有两道钢筋通长拉结，当为二级框架时，沿墙高用2Φ6，每隔400mm全部接通，单排孔混凝土小型砌块拉结筋应安放在专用留槽砌块中，用C20细石混凝土灌实。

（11）小砌块墙体与构造柱连接处应砌成马牙槎，从每层柱脚开始先退后进，形成200mm×200mm的凹凸槎口，柱墙间用2Φ6拉结筋拉结，间距400mm，每边伸入墙内应为1000mm。

（12）浇灌芯柱混凝土，应遵守下列的规定宜选用专用的小砌块灌孔混凝土，当采用普通混凝土时，其坍落度不应小于90mm。浇灌时，应遵守下列规定：清除洞口内的杂物，并用水冲洗；砌筑砂浆强度大于1MPa方可浇灌芯柱混凝土；芯柱混凝土的实际灌入量严禁小于计算需要量；在浇灌芯柱混凝土前应先注入适量与芯柱混凝土相同的去石水泥砂浆，再浇灌混凝土。

(13) 采用铺浆法砌筑时，铺浆长度不得超过750mm，施工期间气温超过30℃时，长度不得超过500mm。

(14) 240mm厚承重墙的每层墙的最上一皮砖，砖砌体的台阶水平面上及挑出层，应整砖丁砌。

(15) 在过梁的顶面不大于15mm。拱脚下面应伸入20mm，拱底应有1%的起拱。

(16) 砌体水平灰缝的砂浆饱满度，应按净面积计算不得低于90%；竖向灰缝饱满度不得小于80%，竖向凹槽部位应用砌筑砂浆填实；不得出现瞎缝、透明缝。抽检时，每检验批不应少于3处，每处检测3块，取其平均值。

(17) 底层室内地面以下或防潮层以下的砌体，应采用强度等级不低于C20的混凝土灌实小砌块的孔洞。

(18) 砌体转角处和纵横墙交接处应同时砌筑。临时间断处应砌成斜槎，斜槎水平投影长度不应小于高度的2/3。抽检时，每检验批抽20%接槎，且应不少于5处。

(19) 墙体的水平灰缝厚度要求同砖砌体要求。抽检时，每层楼的检测点不应少于3处，用尺量5皮小砌块的高度和2m砌体长度折算。

第四节　装饰工程质量管理

一、楼地面工程质量控制

（一）设计内容和设计要求

(1) 地面基层、垫层、面层施工应符合《建筑地面工程施工质量验收规范》(GB 50209—2010)。

(2) 楼地面防水做法应符合《屋面工程质量验收规范》(GB 50207—2012) 和《地下工程防水技术规范》(GB 50108—2008) 的相关章节。

(3) 穿楼板管道应事先预埋套管或做出混凝土翻边高出建筑面层50mm，用水房间管道安装后穿楼板之管道与套管之间，应填塞沥麻丝，密封膏封堵，防水层再行包封，其他房间用混凝土填实。

(4) 用水房间地面应向地漏或排水沟做不小于0.5%排水坡，且地面最高点低于同层地面20mm。

（二）质量控制措施

(1) 检查施工程序及工序是否合理，严格控制楼面施工荷载。楼板搁置时要保证搁置平稳，并按要求留设板缝。预制板楼面建议后浇层加设ϕ4钢筋网。

(2) 水泥砂浆施工严禁使用低于32.5级水泥，集料采用中砂，含泥量控制在3%以内。抹灰前要求基层清理干净无污染，并预先（提前1天）浇水湿润。

(3) 基底回填土要求分层夯实，控制平面平整度，并要求做环刀试验。混凝土垫层应保证其强度，厚度应不小于60mm，且不出现裂缝。

(4) 当楼地面施工出现泌水现象时，严禁在表面撒干水泥，宜用搅拌均匀的1∶1同标号水泥砂浆撒匀，并进行压光处理，压光 24h 后洒水养护。冬期施工要采取保温防护措施，防止面层受冻。

（5）踢脚部位基层要求清理干净，严禁混合砂浆或纸筋灰类混入。施工时应严格控制水泥砂浆水灰比。

（6）楼地面施工应控制好厨房、卫生间、阳台等部位的地面标高，并做好蓄水试验，待 24h 无渗漏方可施工面层，并做好各类记录。

（7）对过楼板的预留洞要求位置准确，严禁剔凿、断筋，孔洞堵灌应用细石混凝土浇灌密实。

（8）对大间地面应做好分格处理（安装分格条），尤其是下层有墙或梁的上部，应设置分格缝，以防止反作用力而产生裂缝。

（9）地面砂浆未达到终凝时间之内，不得在面上走人或堆放材料，以防破坏地面。

（三）质量要求

1. 基层铺设

（1）基层铺设前，其下一层表面应干净、无杂物和水。

（2）当垫层、找平层内埋设暗管时，管道应按设计要求予以稳固。

（3）基层的标高、坡度、厚度等应符合设计要求。基层表面应平整，其允许偏差应符合表 8-3 的规定。

表 8-3　　基层表面允许偏差和检验方法

项次	项　目	允许偏差/mm		检 验 方 法
		基土	混凝土垫层	
1	表面平整度	15	10	用 2m 靠尺和楔形塞尺检查
2	标高	0，－5	±20	用水准仪检查
3	坡度	不大于房间相应尺寸的 2/1000，且不大于 30		用坡度尺检查
4	厚度	在个别地方不大于设计厚度的 1/10		用钢尺检查

（4）水泥混凝土垫层采用的粗骨料最大粒径不应大于垫层厚度的 2/3；含泥量不应大于 2%；砂为中粗砂，其含泥量不应大于 3%。

（5）混凝土垫层表面允许偏差应符合表 4-3 的规定。

（6）铺设水泥砂浆面层时，混凝土垫层的强度不得低于 1.2MPa；表面应粗糙、洁净、湿润并不得有积水。铺设前宜涂刷界面处理剂。

2. 水泥砂浆面层

（1）水泥砂浆面层的厚度应符合设计要求的 20mm。

（2）水泥砂浆面层的体积比必须符合设计要求；且体积比应为 1∶2，强度等级不应小于 M15。

（3）面层与下一层应结合牢固，无空鼓、裂纹（空鼓面积不应大于 $400cm^2$，每自然间不多于 2 处可不计）。

（4）面层表面的坡度应符合设计要求，不得有倒泛水和积水现象。

（5）面层表面应洁净，无裂纹、脱皮、麻面、起砂等缺陷。

(6) 踢脚线与墙面应紧密结合，高度一致，出墙厚度均匀（局部空鼓长度不应大于300mm，且每自然间不多于2处可不计）。

(7) 楼梯踏步的宽度、高度应符合设计要求。楼层梯段相邻踏步高度差不应大于10mm，每踏步两端宽度差不应大于10mm；楼梯踏步的齿角应整齐，防滑条应顺直。

(8) 水泥砂浆面层的允许偏差应符合表8-4的规定。

表8-4　水泥砂浆面层的允许偏差和检验方法

项次	项　目	允许偏差/mm	检验方法
1	表面平整度	4	用2m靠尺和楔形塞尺检查
2	踢脚线上口平直	4	拉5m线和用钢尺检查
3	缝格平直	3	

二、门窗工程质量控制

(一) 门窗安装质量标准和要求

1. 设计内容和设计要求

(1) 空气渗透性能不应低于二级，综合性能不应低于Ⅱ级，外窗（保温、隔音）性能不应低于Ⅱ级。除注明外，外门立墙中，外窗立墙中。

(2) 门窗数量见门窗表，除注明外，木门、木装修均采用二级松木。

(3) 幕墙铝合金门窗采用断桥型材，根据设计图纸的要求由生产厂商提供材料、材质、规格和节点详图。经建设、监理、设计单位认可方能生产施工。门窗材料厚度、框料规格应满足相应国家标准规范的强度、抗风、抗渗等综合性能Ⅱ级指标。

(4) 门窗安装、固定均应符合《建筑装饰工程施工及验收规范》(GB 50210—2001)。

(5) 门窗除注明外，门垛尺寸均为100mm。

2. 铝合金窗质量要求

(1) 建筑外门的安装必须牢固。在砌体上安装门窗严禁用射钉固定。

(2) 金属门窗框和副框的安装必须牢固。预埋件的数量、位置、埋设方式与框的连接方式必须符合设计要求。

(3) 金属门窗扇必须安装牢固，并应开启灵活、关闭严密，无倒翘。推拉门窗必须有防脱落措施。

(4) 配件的型号、规格、数量应符合设计要求，安装应牢固，位置应正确，功能应满足使用要求。

(5) 门窗表面应洁净、平整、光滑、色泽一致，无锈蚀。大面应无划痕、碰伤。漆膜或保护层应连续。铝合金门窗推拉门扇开头力应不大于100N。

(6) 门窗框与墙体之间的缝隙应填嵌饱满，并采用密封胶密封。密封胶表面应光滑、顺直，无裂纹。

(7) 门窗扇的橡胶密封条或毛毡密封条应安装完好，不得脱槽。

(8) 有排水孔的，排水孔应畅通，位置和数量应符合设计要求。

(9) 门窗安装的留缝限值、允许偏差和检验方法应符合表8-5的规定。

表 8－5　　铝合金门窗安装的允许偏差和检验方法

项次	项　目		允许偏差/mm	检 验 方 法
1	门窗槽口宽度	≤1500mm	1.5	用钢尺检查
		＞1500mm	2.0	
2	门窗槽口对角线长度	≤2000mm	3.0	用钢尺检查
		＞2000mm	4.0	
3	门窗框的正、侧面垂直度		2.5	用垂直检测尺检查
4	门窗横框的水平度		2.0	用 1m 水平尺和塞尺检查
5	门窗横框标高		5.0	用钢尺检查
6	门窗竖向偏离中心		5.0	用钢尺检查
7	双层门窗内外框间距		4.0	用钢尺检查
8	推拉门窗扇与框搭接量		1.5	用钢直尺检查

3. 玻璃安装

(1) 玻璃的品种、规格、尺寸、色彩、图案和涂膜朝向应符合设计要求。单块玻璃大于 $1.5m^2$ 时应使用安全玻璃。

(2) 门窗玻璃裁割尺寸应正确。安装后的玻璃应牢固，不得有裂纹、损伤和松动。

(3) 玻璃的安装方法应符合设计要求。固定玻璃的钉子或钢丝卡的数量、规格应保证玻璃安装牢固。

(4) 密封条与玻璃、玻璃槽口的接触应紧密、平整。密封胶与玻璃、玻璃槽口的边缘应粘接牢固、接缝平齐。

(5) 带密封条的玻璃压条，其密封条必须与玻璃全部贴紧，压条与型材之间无明显缝隙，压条接缝应不大于 0.5mm。

(6) 玻璃表面应洁净，不得有腻子、密封胶、涂料等污渍。

(7) 门窗玻璃不应直接接触型材。单面镀膜玻璃的镀膜层及磨砂玻璃的磨砂面应朝向室内。

(8) 腻子应填抹饱满、粘接牢固；腻子边缘与裁口应平齐。固定玻璃的卡子不应在腻子表面显露。

4. 门窗玻璃、五金设计内容和设计要求

(1) 门窗玻璃除注明外，外门（窗）采用中空玻璃，构造为（6＋12＋6）mm 厚净白片，外门、落地窗和单块玻璃面积大于 $1.5m^2$ 的门（窗）应采用安全玻璃（钢化、夹层）。

(2) 一般门、窗五金均按标准及预算定额中规定配齐，选用中档水平，外门设定门器，门锁选用中档门锁，供应厂商在配套五金时必须保证其安全可靠、耐用。

(二) 质量控制措施

(1) 严格按规范要求操作，门、窗框安装前要先进行垂直吊线、测量对角线使相符后再进行固定。

(2) 门窗框的固定预埋件预留位置应距洞口 4 皮砖，中间距离不大于 70cm。

(3) 门窗材质、厚度必须满足设计要求，凡不符合要求的责令施工单位清退出场。

（4）门窗框固定连接件要符合设计要求，严禁直接固定在砖墙体上，应固定在预埋的混凝土预制块上。

（5）门窗固定前应检查校正其垂直度和对角线长度，窗框与墙体之间必须用发泡剂、矿棉或玻璃棉等软质材料分层填嵌，填嵌饱满牢固，不得使用水泥砂浆直接与铝合金门窗框直接接触填塞。

（6）门窗安装调整后应清除表面垃圾，然后进行密封膏、硅胶施工。硅胶要粗细均匀、厚薄一致，室外部分应饱满，做到不渗漏、不脱落。

（7）门窗规格型号尺寸应符合设计要求，门窗用五金应按门窗规格型号配套，嵌缝材料的品种应按设计要求选用。

（8）用后塞孔施工时，不得先立口后搞结构施工；安装后应注意成品保护，防止污染，防电焊火花烧伤面层。

三、抹灰工程质量控制

（一）抹灰工程质量标准和要求

（1）各抹灰层之间及抹灰层与基层之间必须粘接牢固，无脱层、空鼓，面层无爆灰和裂缝等缺陷。

（2）普通抹灰的表面应光滑、洁净、接槎平整，分格缝清晰。

（3）高级抹灰表面应光滑、洁净、颜色均匀、无抹纹，分格缝和灰线清晰美观。

（4）护角、孔洞、槽、盒周围抹灰表面应整齐、光滑；管道后面的抹灰表面应平整。

（5）室内墙面、柱面和门洞口的阳角做法应符合设计要求。设计无要求时，应采用1∶2水泥砂浆做暗护角，其高度不应低于2m，每侧宽度不应小于50mm。

（6）分格条（缝）的设置应符合设计要求，宽度和深度应均匀，表面应光滑，棱角整齐，横平竖直、通顺。

（7）有排水要求的部位应做滴水线（槽）。滴水线应整齐、顺直，内高外低，滴水槽的宽度和深度均不应小于10mm。

（8）外窗盘（台）向窗洞两边延伸长度应一致，宜等于窗盘（台）厚度；窗盘应粉出20mm以上的排水坡，并不得将抹灰粉至窗框下槛下口以上（俗称咬框子），必须以下口坐进2～3mm，并抽出20mm的圆弧；滴水槽应做成嵌条式滴水槽，并宜采用10mm×10mm两边倒斜口的嵌条。

（9）一般抹灰的允许偏差和检验方法必须符合表8-6的规定。

表8-6　　一般抹灰的允许偏差和检验方法

项次	项　目	允许偏差/mm		检验方法
		普通	高级	
1	立面垂直度	4	3	用2m垂直检测尺检查
2	表面平整度	4	3	用2m靠尺和塞尺检查
3	阴阳角方正	4	3	用直角检测尺检查
4	分格条（缝）直线度	4	3	拉5m线，不足5m拉通线，用钢直尺检查
5	墙裙、勒脚上口直线度	4	3	拉5m线，不足5m拉通线，用钢直尺检查

（二）抹灰工程质量控制措施

（1）应先做样板墙，再大面积施工。

（2）抹灰用原材料应符合质量要求，水泥的凝结时间和安定性复检应合格。门洞口与框之间的缝隙应先用水泥砂浆填塞严实，有一定强度后再用水泥砂浆找平。

（3）抹灰面的基层表面的尘土、污垢、油渍等应清除干净，并应洒水湿润。基层表面光滑者应凿毛，不同基层材料相接处应按设计和规范要求铺钉金属网。

（4）控制抹灰砂浆的品种、配合比（或强度）符合设计要求，抹灰砂浆必须有良好的和易性，并具有一定的粘结强度，严禁使用过夜灰。

（5）为加强抹灰层与基层的粘接，可先抹一层厚3mm掺10%的107胶的1∶1水泥砂浆，或在抹灰砂浆中掺入乳胶或107胶。

（6）为防止抹灰层起爆，要求石灰膏淋制熟化时间不少于15d；罩面用的磨细石灰粉的熟化时间不少于3d。

（7）控制砂子细度，不得用过细砂；水泥应采用同标号同批号的32.5级普通硅酸盐水泥。

（8）内墙抹灰应做五条线：阴阳角应呈横平竖直线、立墙与顶棚相交部位应竖直通线、门窗洞口交角应方正呈横平竖直线、踢脚板上口平直绶线与地面相交部位应竖直通线。

（9）各种砂浆抹灰层，在凝结前应防止快干、水冲、撞击、振动和受冻，在凝结后应采取措施防止玷污和损坏。水泥砂浆抹灰层应在湿润条件下养护。

（10）同一工程应选用同厂、同批涂料，涂料配制时配比要一致，施工时应严格执行操作规程。

第五节　电气工程质量控制

一、预留预埋工作要求

（1）应按设计图纸和规范要求，做好在板、梁和墙上的孔洞预留及安装构件的预埋，预留的位置、标高、尺寸和预埋件的规格应当正确和满足安装需要。

（2）所有暗敷保护管的材料、规格应符合设计和规范要求。

（3）在预留预埋施工前，施工单位应做出每层预留预埋布置图，并报监理人员审查，以便监理人员提前检查、核对，防止错漏。

（4）在预留、预埋施工时，凡属线管朝上管口，应用胶带封口，以防止雨水或混凝土落进管中，造成积水或堵塞。

（5）施工时，应有专人核对预埋线管的数量、位置及材料规格，并对施工质量进行自检。经自检合格后方报监理人员进行检查验收，报验时，应填写隐蔽工程验收记录，经双方复核无误并签字认可后方可封模。

（6）用作防雷引下线和接地体的结构钢筋应做标记，做到上下贯通。引下线焊接时应饱满，搭接焊缝长度足够并清除焊渣，室外防雷带防腐处理应满足要求。接地线穿越墙壁、楼板和地坪处应加套钢管或其他坚固的保护套管，钢筋套管应与接地线做电气连通。

（7）在混凝土浇筑过程中，电气人员应在现场配合，以防止预埋件移位或损坏。

二、电气设备、材料的质量控制

（1）电气设备、材料在订货前，应告知监理人员订货计划，并提供预选生产厂家的资质材料，包括生产厂家的生产许可证、产品信誉和产品质量状况，经监理人员确认后方可正式订货。

（2）重要电气设备在订货前或在生产过程中，在可能情况下监理人员可到生产厂家了解该厂情况并检查设备的制造情况和参与出厂检验。

（3）电气设备和材料到达现场，施工单位应及时通知监理人员对其进行外观检查并核对其合格证和数量，经检验通过方可进场。

（4）进场后的设备或材料，按规定需要抽检的，施工单位应协助监理人员进行取样送检。进场检验应有记录，确认符合规范规定，才能在施工中使用。

（5）对于照明配电箱（盘）、低压开关设备应符合下列规定：

1）有合格证和随带技术文件，有生产许可证编号和安全认证标志。不间断电源柜有出厂试验记录。

2）有铭牌，柜内电气组件无损坏丢失，涂层完整，无明显碰撞凹陷。

（6）开关、插座、接线盒和风扇及其附件，应符合下列规定：

1）有合格证、安全认证标志。

2）开关、插座的面板及接线盒的盒体完整、无碎裂、零件齐全，风扇无损坏，涂层完整，调速器等附件适配。

3）对开关、插座的电气和机械性能进行现场抽样检测。检测结果应符合如下要求：

a. 不同极性带电部件间的电气间隙和爬电距离不小于 3mm。

b. 绝缘电阻值不小于 5MΩ。

c. 用自攻锁紧螺钉或自攻螺钉安装的，螺钉与软塑固定件旋合长度不小于 8mm，软塑固定件在经受 10 次拧紧退出试验后，无松动或掉渣，螺钉及螺纹无损坏现象。

d. 属间相旋合的螺钉螺母，拧紧后完全退出，反复 5 次仍能正常使用。

（7）电线、电缆应符合下列规定：

1）按批查验合格证，合格证有生产许可证编号，有安全认证标志。

2）包装完好，抽检的电线绝缘层完整无损，进度均匀。电缆无压扁、扭曲，铠装不松卷。耐热、阻燃的电线、电缆外护层有明显标识和制造厂标。

3）按制造标准，现场抽样检测绝缘层厚度和圆形线芯的直径；线芯直径误差不大于标称直径的 1%；常用的 BV 型绝缘电线的绝缘层厚度不小于表 8-7 的规定。

表 8-7　　BV 型绝缘电线的绝缘层厚度表

序　号	1	2	3	4	5	6	7	8	9	10	11	12	13
电线芯线标称截面积/mm^2	1.5	2.5	4	6	10	16	25	35	50	70	95	120	150
绝缘层厚度规定值/mm	0.7	0.8	0.8	0.8	1.0	1.0	1.2	1.2	1.4	1.4	1.6	1.6	1.8

（8）导管应符合下列规定：

1）按批查验合格证。

2）钢导管无压扁、内壁光滑。非镀锌钢导管无严重锈蚀，按制造标准油漆完整；镀锌钢管镀层覆盖完整、表面无锈斑；绝缘导管及配件不碎裂、表面有阻燃标记和制造厂标。

3）按制造标准现场抽样检测导管的管径、壁厚及均匀度。

三、电气安装施工要求

（1）电气回路应对线—线、线—地间绝缘电阻进行检测，并须符合规范要求，做好检测记录，记录应齐全、真实。

（2）电线管严禁对接焊，电线薄壁保护钢管连接采用扣压式。

（3）电缆桥架、线槽和保护管的型号、规格必须符合设计和规范要求。

（4）电缆桥架、线槽和保护管的安装应平直，其支撑、固定件要可靠、稳固、间距合适。

（5）导线在电缆桥架和线槽内敷设时要整齐，标识清晰，垂直敷设需进行绑扎。

（6）电线保护管应管口平齐、无毛刺，管内应清洁畅通，导线在保护管内不得有中间接头，绝缘不得破损，穿线时不应施加过大的机械拉力。

（7）盘（柜）安装牢固、平整美观、间距合适。

（8）插座安装应按设计要求，同一室内插座上下偏差应符合有关规定，相、地、零接线正确、可靠、不松动。

（9）盘（柜）开关及插座盒内、电线桥架、线槽内及灯具表面应清洁无杂物。

（10）盘（柜）导线应排列敷设整齐，连接可靠，不松动，多胶铜芯线搪锡后应加搪线耳。

（11）防雷接地安装材料质量、接地电阻值必须符合设计要求，隐蔽工程记录和检测记录齐全、准确、真实。

（12）穿墙、板、梁的孔洞在施工完成后，要按设计或规范要求进行封堵。

（13）电线保护管弯曲不得小于最小弯曲半径，弯曲处应无明显折皱、凹陷和破裂现象。

四、电气安装质量控制

（1）电缆在电缆桥架或线槽内敷设时，防止弯曲半径过小，施工人员应注意满足最大截面电缆的弯曲半径要求。

（2）要防止电缆标牌上的文字不整齐、不清晰，防止导线连接、固定不紧造成接触电阻过大。

（3）暗敷管线弯曲不能过多，施工时应根据设计要求和现场情况，沿近的线路敷设。

（4）导线接头应平整，绝缘包扎应符合施工规范要求。

（5）开关、插座的面板平整，紧贴建筑物，导线保护管进开关箱，插座盒应有锁紧螺母。

第六节　原材料、半成品、构配件和设备质量控制

一、质量控制原则

（1）对于原材料、半成品、构配件及设备应进行全过程和全面的控制。

（2）对于原材料等的质量控制应坚持先验后用的原则，未经检验或检验不合格的，不得用于工程。

（3）对于施工单位未经监理工程师许可即已进场的原材料、半成品、构配件，或虽经获准进场但经抽检不合格的，应清退出现场。

二、材料采购的质量控制

(1) 原材料、半成品、构配件和设备，订货前应向监理工程师申报，包括产品的类别、型式、等级或其他标识的方法。

(2) 凡用于永久工程的材料由施工单位提供3家以上生产单位的资质证明、已经使用的工程名称、样品报监理工程师审查，审查完毕后由监理将审查意见报告建设单位，经建设单位认可后再行签订订货合同，必要时须由施工单位组织监理单位及建设单位共同进行考察。

(3) 凡用于永久工程的构配件、半成品和设备，应由施工单位推荐3家以上生产厂家，并组织监理和建设单位共同考察确定后方能签订订货合同。

(4) 对工程中采用的新材料、新型制品，监理工程师应检查技术鉴定文件及有关试验的实际应用报告。

(5) 凡永久工程使用的构配件和设备应按经过审批的设计文件和图纸组织采购订货，交货期必须满足施工及安装进度安排的需要。

(6) 供货厂家应向订货方提供如下质量保证文件：供货总说明、产品合格证及技术说明书、质量检验证明、检测与试验者的资质证明、关键工艺操作人员资格证明及操作记录、不合格或质量问题的说明及证明、有关图纸及技术资料。

三、材料进场的质量控制

(1) 凡永久工程使用的原材料、半成品、构配件和设备运进现场时，必须通知监理人员（必要时通知建设单位技术人员）共同检查产品出厂合格检验资料和证明，检查内容包括：试验报告、材质化验单、生产批号、产品规格、型号、性能、生产日期、保存期、检查编号、厂名、厂址、电话及标准编号等，实施生产许可证或产品质量认证的，还要有许可证和质量认证的编号、批准日期和有效期限，不符合要求者不得进场。

(2) 材料进场时由施工单位人员和监理人员共同检查并抽样送检，送检样由监理人员根据规范监督施工单位进行取样，检验报告送监理人员审核合格后方准使用。

(3) 如果供货方所提交的有关产品合格证明文件以及施工单位检验和试验报告，不足以说明到场产品的质量符合要求时，监理工程师可以再进行复检或抽样试验，确认其质量合格后方允许使用。

(4) 凡运进现场的原材料、半成品和构配件运出现场时，必须经过监理人员的同意，并相应在进场物质表中注销其数量。

四、材料存放条件的控制

(1) 施工单位应根据原材料、半成品、构配件和设备的特点、特性以及对防潮、防晒、防锈、防腐蚀、通风、隔热以及温度湿度等方面的不同要求，安排适宜的存放条件和环境，事先应得到监理工程师的确认。

(2) 每月应定期检查存放质量情况，使用前必须经监理人员对质量再次检查确认后，方可使用。经检查不合要求者，不准使用或降低等级使用。

五、其他

(1) 施工单位应合理、科学地组织、采购、加工、储备、运输，建立严密的计划、调度、管理体系，提高供应效益，确保正常施工。

(2) 加强材料限额管理和发放工作，健全现场材料管理制度，避免材料损失、变质。

(3) 对于需要进行追踪检验以控制和保证其质量的材料进场时，应进行编号，在领料单注明材料编号和使用单位以备查。

(4) 对于某些当地天然材料及现场配制的制品，要事先进行试配，达到要求的标准后方准施工。

第七节　工程质量缺陷与事故处理措施

一、质量缺陷的现场处理

在各项工程的施工中或完工以后，如工程项目存在着技术规范所不容许的质量缺陷，应根据质量缺陷的性质和严重程度，按如下方式进行处理：

(1) 当因施工而引起的质量缺陷处在萌芽状态时，要及时制止，并要求施工单位立即更换不合格的材料、设备或不称职的施工人员，或要求立即改变不正确的施工方法及操作工艺。

(2) 当因施工而引起的质量缺陷已出现时，监理工程师应立即向施工单位发出暂停施工的指令（先口头后书面），待施工单位采取了能足以保证施工质量的有效措施，并对质量缺陷进行了正确的补救处理后再书面通知恢复施工。

(3) 当质量缺陷发生在某道工序或分项工程完工以后而且质量缺陷的存在将对下道工序或分项工程产生影响时，监理工程师在对质量缺陷产生的原因及责任作出了判断并确定了补救方案后，再进行质量缺陷的处理或下道工序或分项工程的施工。

(4) 在交工使用后的质量保证期内发现施工质量缺陷时，由建设单位及时指令施工单位进行修补、加固或返工处理。

二、质量缺陷的修补与加固

(1) 对因施工原因而产生的质量缺陷的修补与加固，先由施工单位提出修补、加固方案及方法，经监理工程师批准后方可进行；对因设计原因而产生的质量缺陷，通过建设单位提出处理方案及方法，由施工单位进行修补、加固。

(2) 修补措施及方法要不降低质量控制指标和验收标准，并应是技术规范允许的或是有关公认的良好工程技术。

(3) 如果已完工程的缺陷，并不构成对工程安全的危害，并能满足设计和使用要求时，经征得建设单位的同意，可不进行加固或变更处理。如工程的缺陷属于施工单位的责任，可通过与建设单位及施工单位的协商，降低对此项工程的支付费用。

三、质量事故的处理

当某项工程在施工期间（包括质量保证期间）出现了技术规范所不允许的裂缝、倾斜、沉降、强度不足等情况时，视为质量事故。按如下程序处理：

(1) 施工单位暂停该项工程的施工。

(2) 施工单位尽快提出质量事故报告并报建设单位。质量事故报告应详实反映该项工程名称、部位、事故原因、应急措施、处理方案以及损失的费用等。

（3）由监理工程师组织有关人员在对质量事故现场进行审查、分析、诊断、测试或验算的基础上，对施工单位提出的处理方案予以审查、修正、批准，并指令恢复该项工程施工。

（4）对有争议的质量事故责任，判定时应全面审查有关施工记录、设计资料及水文地质现状，必要时进行实际检验测试。在分清技术责任后，明确事故处理的费用数额，承担比例及支付方式。

第八节　工程竣工与验收

根据《建筑工程施工质量验收统一标准》（GB 50300—2013）的规定及本工程的特点，本工程的验收分为检验批验收、分项工程验收、分部工程验收及单位工程验收。

一、检验批验收

（1）验收条件。检验批施工完成，主控项目和一般项目的质量经抽样检验合格、有完整的施工操作依据、质量检验记录。

（2）验收组织。检验批验收由监理工程师组织施工单位项目专业质量、技术负责人进行验收。

二、分项工程验收

（1）验收条件。分项工程所含检验批均符合合格质量的规定，所含检验批的质量验收记录完整。

（2）验收组织。检验批验收由监理工程师组织施工单位项目专业质量、技术负责人进行验收。

三、分部工程验收

1. 验收条件

分部工程验收应具备的条件是该分部工程的所有分项工程已完成。监理工程师收到施工单位的《分部工程报验单》后，对其进行全面审查，审查的主要内容如下：

（1）该部工程已全部完成，所有分项工程检验全部合格。

（2）图纸、资料已按竣工验收标准制备完备。

2. 验收组织

分部工程具备验收条件后，由总监理工程师组织施工单位项目负责人和技术、质量负责人进行验收。地基与基础、主体结构分部工程的勘察、设计单位工程项目负责人和施工单位技术、质量部门负责人也应参加。

3. 验收内容

分部工程验收的主要内容如下：

（1）鉴定工程是否达到设计标准。

（2）按现行国家或行业技术标准，评定工程质量等级。

（3）对验收遗留问题提出处理意见。

验收完毕后由参加验收的单位填写《分部工程验收记录》。

四、单位工程完工预验收

1. 验收条件

单位工程完工验收应具备的条件是所有分部工程已经完建并验收合格，现场已进行了全面清理，包括临时用地及临时设施等，施工单位提交竣工验收申请，竣工资料已整理完毕并经监理工程师审核。

2. 验收组织

完工预验收总监理工程师主持，验收人员包括监理、施工单位项目质量、技术人员。

完工验收的主要工作如下：

(1) 检查工程是否按批准的设计完成。

(2) 检查工程质量，评定质量等级，对工程缺陷提出处理要求。

(3) 对验收遗留问题提出处理要求。

(4) 按照合同规定，施工单位向建设单位移交工程。

(5) 验收完毕后，签署“工程竣工报验单”，提出工程质量评估报告。

五、单位工程竣工验收

1. 验收条件

(1) 工程所含分部工程质量均验收合格。

(2) 质量控制资料完整。

(3) 所含分部工程有关安全和功能的检测资料完整。

(4) 主要功能项目的抽查结果符合相关专业质量验收规范的规定。

(5) 观感质量验收符合要求。

2. 验收组织

竣工验收由建设单位负责组织，设计、施工、监理等单位负责人参加。

第九节　建筑工程质量验收与评定表格的填写

一、施工现场质量管理检查记录表

施工现场质量管理检查记录表（表 8-8）是《建筑工程施工质量验收统一标准》（GB 50300—2013）中第 3.0.1 条“施工现场应具有健全的质量管理体系、相应的施工技术标准、施工质量检验制度和综合施工质量水平评定考核制度”在施工现场具体的体现，它是保证工程开工后施工顺利和保证工程质量的基础。通常情况下一个标段或一个单位（子单位）工程检查一次，如果后续参建单位较多或人员频繁更换或管理不到位，也可多次检查，由监理或建设单位视工程的具体情况而定。本表应在工程开工之前，由施工单位的项目经理和项目技术负责人根据本工程的特点以及表中所列相关内容的规定，由施工单位项目技术负责人组织填写相关的内容。其内容不得填写“有、无”或“符合要求”等空洞无物的笼统内容，而应填写其相关制度的具体内容。如“现场质量管理制度”栏，其内容应填写“技术交底制度、质量例会制度、质量检查评定制度”等。如果资料较多时，可以将有关资料进行编号，只需将编号填写上，注明份数。同时提交相关的技术资料以及管理制度等文件的原件或复印件以备查。监理单位的总监理工程师或建设单位的项目负责人应根据施工现场的具体情况逐项进行核查，认为其相关内容较为完整齐全，应在“检查结论”栏填写“通过上述项目的检查，项目部施工现场质量管理制度明确到位，质量责任制措施得力，主要专业工种操作上岗证书齐全，施工组织设计、主要施工方案逐级审批，现场工程质量检验制度制定齐全，现场材料、设备存放按施工组织设计平面图布置，有材料、设备管理制度。综述，施工现场质量管理制度完整，符合要求”，同时签字，将本表纳入工程质量资料归档，形成档案资料，并将有关文件的原件或复印件存档备查。反之，如总监理工程师或建设单位项目负责人检查验收不合格时，施工单位项目部必须限期整改，否则工程不得开工。

表 8-8　　施工现场质量管理检查记录

编号：×××

工程名称	××工程		
开工日期	××年×月×日	施工许可证（开工证）	×××
建设单位	××集团公司	项目负责人	×××
设计单位	××建筑设计院	项目负责人	×××
监理单位	××监理公司	总监理工程师	×××
施工单位	××建筑工程公司	项目技术负责人	×××

序号	项　目	内　　容
1	现场质量管理制度	质量例会制度；月评比及奖罚制度；三检及交接制度；质量与经济挂钩制度
2	质量责任制	岗位责任制；设计交底制；技术交底制；挂牌制
3	主要专业工种操作上岗证书	测量工、钢筋工、起重工、木工、混凝土工、电焊工、架子工等主要专业工种操作上岗证书齐全，符合要求
4	分包方资质与分包单位的管理制度	对分包资质审查，满足施工要求，总包对分包单位制定的管理制度可行
5	施工图审查情况	施工图经设计交底，施工方已确认
6	地质勘察资料	勘察设计院提供地质勘察报告齐全
7	施工组织设计、施工方案及审批	施工组织设计编制、审核、批准齐全
8	施工技术标准	企业自定标准4项，其余采用国家、行业标准
9	工程质量检验制度	有原材料及施工检验制度；抽测项目的检验计划；分项工程的三检制度
10	搅拌站及计量设置	有管理制度和计量设施，经计量检校准确
11	现场材料、设备存放与管理	按材料、设备性能要求制定了管理措施、制度，其存放按施工组织设计平面图布置

检查结论：

通过上述项目的检查，项目部施工现场质量管理制度明确到位，质量责任制措施得力，主要专业工种操作上岗证书齐全，施工组织设计、主要施工方案逐级审批，现场工程质量检验制度制定齐全，现场材料、设备存放按施工组织设计平面图布置，有材料、设备管理制度。综述，施工现场质量管理制度完整，符合要求。

总监理工程师：×××
（建设单位项目负责人）
××年×月×日

二、检验批质量验收记录填写内容与要求

1. 表的名称及编号

检验批由监理工程师或建设单位项目技术负责人组织项目专业质量检查员等进行验收，表的名称应在制订专用表格时就印好，前边印上分项工程的名称。表的名称下边注上“质量验收规范的编号”。

检验批表的编号按全部施工质量验收规范系列的分部工程、子分部工程统一为9位数的数码编号，写在表的右上角，前6位数字均印在表上，后留三个□，检查验收时填写检验批的顺序号。其编号规则如下：

(1) 前边两个数字是分部工程的代码，01～09。地基与基础为01，主体结构为02，建筑装饰装修为03，建筑屋面为04，建筑给水排水及采暖为05，建筑电气为06，智能建筑为07，通风与空调为08，电梯为09。

(2) 第3、4位数字是子分部工程的代码。

(3) 第5、6位数字是分项工程的代码。其顺序号见《建筑工程施工质量验收统一标准》(GB 50300—2013) 的附录B中表B“建筑工程的分部工程、分项工程划分”表。

(4) 第7、8位数字是各分项工程检验批验收的顺序号。由于在高层或超高层建筑中，同一个分项工程会有很多数量的检验批，故留了2位数的空位置。

如地基与基础分部工程，无支护土方子分部工程，土方开挖分项工程，其检验批表的编号为010101□□，第一个检验批编号为01010101。

还需说明的是，有些子分部工程中有些项目可能在两个分部工程中出现，这就要在同一个表上编2个分部工程及相应子分部工程的编号；如砖砌体分项工程在地基与基础和主体结构中都有，砖砌体分项工程检验批的表编号为010701□□、020301□□。

有些分项工程可能在几个子分部工程中出现，这就应在同一个检验批表上编几个子分部工程及子分部工程的编号。如建筑电气的接地装置安装，在室外电气、变配电室、备用和不间断电源安装及防雷接地安装等子分部工程中都有。

其编号为：060109□□

060206□□

060608□□

060701□□

这4行编号中的第5、6位数字，第一行的09是室外电气子分部工程的第9个分项工程，第二行的06是变配电室子分部工程的第6个分项工程，其余类推。

另外，有些规范的分项工程，在验收时也将其划分为几个不同的检验批来验收。如混凝土结构子分部工程的混凝土分项工程，分为原材料、配合比设计、混凝土施工3个检验批来验收。又如建筑装饰装修分部工程建筑地面子分部工程中的基层分项工程，其中有几种不同的检验批。故在其表名下加标罗马数字（Ⅰ）、（Ⅱ）、（Ⅲ）……

2. 表头部分的填写

（1）检验批表编号的填写，在方框内填写检验批序号。如为第 11 个检验批则填为 11。

（2）单位（子单位）工程名称，按合同文件上的单位工程名称填写，子单位工程标出该部分的位置。分部（子分部）工程名称，按验收规范划定的分部（子分部）名称填写。验收部位是指一个分项工程中的验收的那个检验批的抽样范围，要标注清楚，如二层①～⑩轴线砖砌体。施工单位、分包单位填写施工单位的全称，与合同上公章名称相一致。项目经理填写合同中指定的项目负责人。在装饰、安装分部工程施工中，有分包单位时，也应填写分包单位全称，分包单位的项目经理也应是合同中指定的项目负责人。这些人员由填表人填写不要本人签字，只是标明他是项目负责人。

（3）施工执行标准名称及编号。由于验收规范只列出验收的质量指标，其工艺只提出一个原则要求，具体的操作工艺就靠企业标准了。只有按照不低于国家质量验收规范的企业标准来操作，才能保证国家验收规范的实施。如果没有具体的操作工艺，保证工程质量就是一句空话。企业必须制订企业标准（操作工艺、工艺标准、工法等），来进行培训工人、技术交底，以规范工人班组的操作。为了能成为企业的标准体系的重要组成部分，企业标准应有编制人、批准人、批准时间、执行时间、标准名称及编号。填写表时只要将标准名称及编号填写上，就能在企业的标准系列中查到其详细情况，并要在施工现场有这项标准，工人再执行这项标准（如确实没有，此栏要填写相应地方施工工艺标准）。

3. 质量验收规范的规定栏

质量验收规范规定填写的具体质量要求，在制表时就已填写好验收规范中主控项目、一般项目的全部内容。但由于表格的地方小，多数指标不能将全部内容填写下，所以，只将质量指标归纳、简化描述或题目及条文号填写上，作为检查内容提示，以便查对验收规范的原文；对计数检验的项目，将数据直接写出来。这些项目的主要要求用注的形式放在表格的填写说明里。如果是将验收规范的主控项目、一般项目的内容全摘录在表的背面，这样可方便查对验收条文的内容。但根据以往的经验，这样做会引起只看表格，不看验收规范的后果。规范上还有基本规定、一般规定等内容，它们虽然不是主控项目和一般项目的条文，但这些内容也是验收主控项目和一般项目的依据。所以验收规范的质量指标不宜全抄过来，故只将其主要要求及如何判定注明即可。

4. 主控项目、一般项目施工单位检查评定记录

填写方法分以下几种情况，判定验收不验收均按施工质量验收规定进行判定。

（1）对定量项目直接填写检查的数据。

（2）对定性项目，当符合规范规定时，采用打“√”的方法标注；当不符合规范规定时，采用打“×”的方法标注。

（3）有混凝土、砂浆强度等级的检验批，按规定制取试件后，可填写试件编号，待试件试验报告出来后，对检验批进行判定，并在分项工程验收时进一步进行强度评定及

验收。

（4）对既有定性又有定量的项目，各个子项目质量均符合规范规定时，采用打“√”来标注；否则采用打“×”来标注。无此项内容的打“/”来标注。

（5）对一般项目合格点有要求的项目，应是其中带有数据的定量项目；定性项目必须达到。定量项目其中每个项目都必须有80%以上（混凝土保护层为90%）检测点的实测数值达到规范规定。其余20%按各专业施工质量验收规范规定要求。

（6）“专业工长（施工员）和施工班组长”栏由本人签字，以示承担责任。

“施工单位检查评定记录”栏的填写：此栏表明检验批的验收是建立在施工单位自检评定基础上的。本栏应填写一些较为具体的内容，有数据的项目，将实际测量的数值填入格内，不能填写数据的，视具体情况而定。有试验报告的，应填写试验报告的编号，并注明份数；用文字描述的定性项目，应填写检查的一些具体内容，如“经抽查5处，砌体的斜槎留置均符合《砌体工程施工质量验收规范》（GB 50203—2002）和图纸设计的要求”；特殊情况下，可以填写“　　，符合规范和设计要求”；对于用数字表述的定量项目，如允许偏差，应填写所查的具体数字，并用“○”标识出超出允许偏差的数值，如⑩，并加以汇总统计。检验批中有几种较为特殊的情况，如混凝土和砂浆的强度，在验收时由于龄期的原因，其试块强度无法验收，此种情况下，可以将试块的编号及日期填入本栏，以便试块到龄后备查，对检验批进行判定，并在分项工程验收时进一步进行强度评定及验收。

5. 施工单位检查评定结果

施工单位的质量（技术）部门会同项目部检查评定合格后，由项目专业质量（技术）负责人填写本栏的具体情况，如“主控项目符合要求，一般项目经抽样检验满足规范和图纸设计的要求，其中合格点率为89.5%。评定为合格”。同时，该项目专业质量检查员和项目专业质量（技术）负责人两人签字，以示落实质量责任，并注明验收时日期，最后提交专业监理工程师或建设单位项目专业技术负责人验收。

6. 监理（建设）单位验收记录

监理（单位）在收到施工单位的验收记录后，应立即组织有关人员对该检验批进行验收。这种验收可以在施工单位自行验收评定的基础上，也可以与施工单位的检查验收同步进行，并结合日常通过平行检查、旁站或巡视等手段的检查，对主控项目和一般项目逐项进行验收。对符合施工质量验收规范要求的项目，应详细填写验收内容，也可以只填写“符合（设计和规范）要求”，等等，对不符合要求的项目，暂不填写，待处理后再验收填写。

7. 监理（建设）单位验收结论

在以上验收均符合要求的基础上，由专业监理工程师或建设单位项目专业技术负责人来具体填写其内容，如“验收合格”，同时签字，注明日期。至此，检验批的验收就全部完成。

8. 检验批填写范例

检验批填写范例见表8－9～表8－12。

表 8-9

土方开挖工程检验批质量验收记录表

GB 50202—2002

010101 [0 1]

<table>
<tr><td colspan="3">工程名称</td><td>××工程</td><td colspan="2">分项工程名称</td><td>地基与基础</td><td>验收部位</td><td colspan="2">基础①～⑥/®～Ⓗ轴</td></tr>
<tr><td colspan="3">施工单位</td><td colspan="3">×××建筑工程集团公司</td><td>专业工长</td><td>×××</td><td>项目经理</td><td>×××</td></tr>
<tr><td colspan="3">施工执行标准名称及编号</td><td colspan="7">《建筑地基基础工程施工工艺标准》(QB ×××—2005)</td></tr>
<tr><td colspan="3">分包单位</td><td>/</td><td colspan="2">分包项目经理</td><td colspan="2">/</td><td>施工班组长</td><td>×××</td></tr>
<tr><td colspan="8">施工质量验收规范的规定</td><td rowspan="4">施工单位
检查评定记录</td><td rowspan="4">监理（建设）
单位验收记录</td></tr>
<tr><td colspan="3" rowspan="3">项目</td><td colspan="5">允许偏差或允许值/mm</td></tr>
<tr><td rowspan="2">柱基基坑基槽</td><td colspan="2">挖方场地平整</td><td rowspan="2">管沟</td><td rowspan="2">地（路）面基层</td></tr>
<tr><td>人工</td><td>机械</td></tr>
<tr><td rowspan="3">主控项目</td><td>1</td><td>标高</td><td>−50</td><td>±30</td><td>±50</td><td>−50</td><td>−50</td><td>√</td><td rowspan="3">符合要求</td></tr>
<tr><td>2</td><td>长度、宽度（由设计中心线向两边量）</td><td>+200
−50</td><td>+300
−100</td><td>+500
−150</td><td>+100</td><td>/</td><td>√</td></tr>
<tr><td>3</td><td>边坡</td><td colspan="5">设计要求</td><td>1∶0.6</td></tr>
<tr><td rowspan="2">一般项目</td><td>1</td><td>表面平整度</td><td>20</td><td>20</td><td>50</td><td>20</td><td>20</td><td>√</td><td rowspan="2">符合要求</td></tr>
<tr><td>2</td><td>基底土性</td><td colspan="5">设计要求</td><td>土性为××，与勘察报告相符</td></tr>
<tr><td colspan="3">施工单位
检查评定结果</td><td colspan="7">经检查。工程主控项目、一般项目均符合《建筑地基基础工程施工质量验收规范》(GB 50202—2002) 的规定，评定为合格。

项目专业质量检查员：×××　　　　××年×月×日</td></tr>
<tr><td colspan="3">监理（建设）
单位验收结论</td><td colspan="7">验收合格

监理工程师：×××
（建设单位项目专业技术负责人）　　　　××年×月×日</td></tr>
</table>

表 8-10 土方回填工程检验批质量验收记录表

GB 50202—2002

010102 01

<table>
<tr><td>工程名称</td><td>××工程</td><td>分项工程名称</td><td>地基与基础</td><td>验收部位</td><td colspan="2">基坑①～⑥/Ⓡ～Ⓔ轴</td></tr>
<tr><td>施工单位</td><td colspan="2">×××建筑工程集团公司</td><td>专业工长</td><td>×××</td><td>项目经理</td><td>×××</td></tr>
<tr><td>施工执行标准名称及编号</td><td colspan="6">《建筑地基基础工程施工工艺标准》(QB ×××—2005)</td></tr>
<tr><td>分包单位</td><td>/</td><td>分包项目经理</td><td colspan="2">/</td><td>施工班组长</td><td>×××</td></tr>
</table>

<table>
<tr><td colspan="8">施工质量验收规范的规定</td><td rowspan="4">施工单位检查评定记录</td><td rowspan="4">监理（建设）单位验收记录</td></tr>
<tr><td colspan="3" rowspan="3">检 查 项 目</td><td colspan="5">允许偏差或允许值/mm</td></tr>
<tr><td rowspan="2">柱基基坑基槽</td><td colspan="2">场地平整</td><td rowspan="2">管沟</td><td rowspan="2">地（路）面基层</td></tr>
<tr><td>人工</td><td>机械</td></tr>
<tr><td rowspan="2">主控项目</td><td>1</td><td>标高</td><td>−50</td><td>±30</td><td>±50</td><td>−50</td><td>−50</td><td>√</td><td rowspan="2">符合要求</td></tr>
<tr><td>2</td><td>分层压实系数</td><td colspan="5">设计要求</td><td>压实系数 0.95</td></tr>
<tr><td rowspan="3">一般项目</td><td>1</td><td>回填土料</td><td colspan="5">设计要求</td><td>压实系数 0.95</td><td rowspan="3">符合要求</td></tr>
<tr><td>2</td><td>分层厚度及含水率</td><td colspan="5">设计要求</td><td>√</td></tr>
<tr><td>3</td><td>表面平整度</td><td>20</td><td>20</td><td>30</td><td>20</td><td>20</td><td>15</td></tr>
<tr><td colspan="3">施工单位检查评定结果</td><td colspan="7">经检查，工程主控项目、一般项目均符合《建筑地基基础工程施工质量验收规范》（GB 50202—2002）的规定，评定为合格。

项目专业质量检查员：××× ××年×月×日</td></tr>
<tr><td colspan="3">监理（建设）单位验收结论</td><td colspan="7">验收合格

监理工程师：×××
（建设单位项目专业技术负责人） ××年×月×日</td></tr>
</table>

表 8-11

钢筋加工检验批质量验收记录表

GB 50204—2015（Ⅰ）

010602 [0 1]

020102

工程名称	××工程	分项工程名称	钢筋分项工程	验收部位	×××
施工单位	×××建筑工程集团公司	专业工长	×××	项目经理	×××
施工执行标准名称及编号	《混凝土结构工程施工工艺标准》（QB ×××—2005）				
分包单位	/	分包项目经理	/	施工班组长	×××

施工质量验收规范的规定					施工单位检查评定记录										监理（建设）单位验收记录
主控项目	1	力学性能检验		第 5.2.1 条	钢筋有质量证明书，复试报告各 1 份，试验编号×××，合格										符合要求
	2	抗震用钢筋强度实测值		第 5.2.2 条	√										
	3	化学成分等专项检验		第 5.2.3 条	/										
	4	受力钢筋的弯钩和弯折		第 5.3.1 条	√										
	5	箍筋弯钩形式		第 5.3.2 条	√										
一般项目	1	外观质量		第 5.2.4 条	√										符合要求
	2	钢筋调直		第 5.3.3 条	√										
	3	钢筋加工的形状、尺寸	受力钢筋顺长度方向全长的净尺寸	±10	+8	−6	+4	+6	+4	+3	+8	+6	−7	−2	
			弯起钢筋的弯折位置	±20	+15	−8	−7	+10	−17	−12	−13	−6			
			箍筋内净尺寸	±5	+4	−3	−4	−3	−4	+3	+6	−4	−3	+2	

施工单位检查评定结果	经检查。工程主控项目、一般项目均符合《混凝土结构工程施工质量验收规范》（GB 50204—2015）的规定。评定为合格。 项目专业质量检查员：×××　　　　××年×月×日
监理（建设）单位验收结论	验收合格 监理工程师：××× （建设单位项目专业技术负责人）　　　　××年×月×日

表 8-12 **混凝土施工检验批质量验收记录表**

GB 50204—2015（Ⅱ）

010603 0 1

020103

<table>
<tr><td colspan="3">工程名称</td><td>××工程</td><td>分项工程名称</td><td colspan="2">混凝土结构</td><td>验收部位</td><td>×××</td></tr>
<tr><td colspan="3">施工单位</td><td colspan="2">×××建筑工程集团公司</td><td>专业工长</td><td>×××</td><td>项目经理</td><td>×××</td></tr>
<tr><td colspan="3">施工执行标准名称及编号</td><td colspan="6">《混凝土结构工程施工工艺标准》（QB ×××—2005）</td></tr>
<tr><td colspan="3">分包单位</td><td>/</td><td colspan="2">分包项目经理</td><td>/</td><td>施工班组长</td><td>×××</td></tr>
<tr><td colspan="5">施工质量验收规范的规定</td><td colspan="3">施工单位检查评定记录</td><td>监理（建设）单位验收记录</td></tr>
<tr><td rowspan="4">主控项目</td><td>1</td><td colspan="2">混凝土强度等级及试件的取样和留置</td><td>第 7.4.1 条</td><td colspan="3">混凝土强度等级为 C25，取 2 组标养试块及 1 组同条件试块，1 组见证试块，强度达到 32.5MPa、33.6MPa</td><td rowspan="4">符合要求</td></tr>
<tr><td>2</td><td colspan="2">混凝土抗渗及试件取样和留置</td><td>第 7.4.2 条</td><td colspan="3">/</td></tr>
<tr><td>3</td><td colspan="2">原材料每盘称量的偏差</td><td>第 7.4.3 条</td><td colspan="3">√</td></tr>
<tr><td>4</td><td colspan="2">混凝土初凝时间控制</td><td>第 7.4.4 条</td><td colspan="3">√</td></tr>
<tr><td rowspan="3">一般项目</td><td>1</td><td colspan="2">施工缝的位置及处理</td><td>第 7.4.5 条</td><td colspan="3">√</td><td rowspan="3">符合要求</td></tr>
<tr><td>2</td><td colspan="2">后浇带的位置和浇筑</td><td>第 7.4.6 条</td><td colspan="3">/</td></tr>
<tr><td>3</td><td colspan="2">混凝土养护</td><td>第 7.4.7 条</td><td colspan="3">√</td></tr>
<tr><td colspan="3">施工单位检查评定结果</td><td colspan="6">经检查，工程主控项目、一般项目均符合《混凝土结构工程施工质量验收规范》（GB 50204—2015）的规定，评定为合格。

项目专业质量检查员：××× ××年×月×日</td></tr>
<tr><td colspan="3">监理（建设）单位验收结论</td><td colspan="6">验收合格

监理工程师：×××
（建设单位项目专业技术负责人） ××年×月×日</td></tr>
</table>

三、分项工程质量验收记录表

分项工程质量验收同样是在施工单位质量（技术）部门自检评定的基础上，向监理（建设）单位提交分项工程质量验收记录表，以及涉及本分项工程的相关质量控制资料，由专业监理工程师或建设单位项目专业技术负责人来组织验收。

1. 表头部分的填写

分项工程名称前应注明本分项工程的名称，以及本分项工程所在的分部（子分部）工程的名称，如主体分部混凝土结构子分部钢筋分项工程质量验收记录。检验批数应填写本分项工程全部检验批的数量。其他表头部分的内容填写同检验批验收记录用表。

2. “检验批部位、区段”栏

本栏应详细填写每个检验批验收的部位和区段，其填写的方式应与“检验批质量验收记录”表的表头部分的“验收部位”一一对应，应具体到层次和轴线，并逐项填写，以便检查是否有没有检查到的部位。

3. “施工单位检查评定结果”栏

本栏由施工单位填写，并提交各个检验批质量验收记录表，验收检查所提交的检验批验收记录是否齐全，签字是否齐全。填写“符合要求”或“√”即可。

4. “检查结论”栏

由施工单位项目技术负责人根据所检查的情况，填写“_______，符合×××规范要求，××分项工程合格”的检查结论，同时签字，注明验收时时间。并将相关的资料提交监理（建设）单位验收。本栏中有几种较为特殊的情况，如混凝土、砂浆的试块强度检验评定，应注明“混凝土试块强度经检验评定符合《混凝土强度检验评定标准》（GBJ 107）的规定”，“砂浆试块强度经检验评定符合《砌体工程施工质量验收规范》（GB 50203—2002）第4.0.22条的规定”。

5. “监理（建设）单位验收结论”栏

在以上验收合格的基础上，由监理单位的专业监理工程师或建设单位的项目专业技术负责人填写，同意后可填写“所含检验批数量齐全，且均符合设计及规范要求，本分项工程验收合格”或只填写“验收合格”。分项工程的验收是在检验批验收合格的基础上进行的，通常起一个归纳整理的作用，是一个统计表，没有实质性的验收内容。验收时应注意以下三点：

（1）检查检验批是否覆盖整个工程，有没有遗漏的没有验收到的部位；其验收的内容及签字人是否正确、齐全。

（2）检查有混凝土、砂浆强度要求的检验批，到龄期后是否达到强度检验评定的要求。

（3）将检验批的资料汇总统计，依次进行登记整理，以便管理。最后将相关资料进行归档，纳入工程质量控制资料内。

6. “验收结论”栏

可填写“验收合格”。

7. 填写范例

填写范例见表8－13。

表 8-13　　　　混凝土分项工程质量验收记录表

<table>
<tr><td colspan="2">单位（子单位）工程名称</td><td>××工程</td><td>结构类型及层数</td><td>框架　一至五层</td></tr>
<tr><td colspan="2">分部（子分部）工程名称</td><td>混凝土结构</td><td>检验批数</td><td>5</td></tr>
<tr><td>施工单位</td><td colspan="2">××建筑工程公司</td><td>项目经理</td><td>×××</td></tr>
<tr><td>分包单位</td><td colspan="2">/</td><td>分包项目经理</td><td>/</td></tr>
<tr><td>序号</td><td colspan="2">检验批名称及部位、区段</td><td>施工单位检查评定结果</td><td>监理（建设）单位验收结论</td></tr>
<tr><td>1</td><td colspan="2">一层①～⑨/Ⓐ～Ⓙ轴 框架柱</td><td>√</td><td rowspan="13">所含检验批数量齐全，且均符合设计及规范要求，本分项工程验收合格</td></tr>
<tr><td>2</td><td colspan="2">二层①～⑨/Ⓐ～Ⓙ轴 框架柱</td><td>√</td></tr>
<tr><td>3</td><td colspan="2">三层①～⑨/Ⓐ～Ⓙ轴 框架柱</td><td>√</td></tr>
<tr><td>4</td><td colspan="2">四层①～⑨/Ⓐ～Ⓙ轴 框架柱</td><td>√</td></tr>
<tr><td>5</td><td colspan="2">五层①～⑨/Ⓐ～Ⓙ轴 框架柱</td><td>√</td></tr>
<tr><td></td><td colspan="2"></td><td></td></tr>
<tr><td></td><td colspan="2"></td><td></td></tr>
<tr><td></td><td colspan="2"></td><td></td></tr>
<tr><td></td><td colspan="2"></td><td></td></tr>
<tr><td></td><td colspan="2"></td><td></td></tr>
<tr><td></td><td colspan="2"></td><td></td></tr>
<tr><td></td><td colspan="2"></td><td></td></tr>
<tr><td></td><td colspan="2"></td><td></td></tr>
<tr><td colspan="5">说明：</td></tr>
<tr><td>检查结论</td><td colspan="2">地上一至五层框架柱混凝土原材料、配合比设计及混凝土施工质量符合《混凝土结构工程施工质量验收规范》（GB 50204）的要求，混凝土分项工程合格

项目专业技术负责人：×××
日期：××年×月×日</td><td>验收结论</td><td>验收合格

监理工程师：×××
（建设单位项目专业技术负责人）
日期：××年×月×日</td></tr>
</table>

四、分部（子分部）工程验收记录表

分部（子分部）工程的验收是建立在分项工程验收合格的基础上进行的，由施工单位的质量（技术）部门负责人先组织验收，自检合格后填写验收记录，并将本分部（子分部）工程所涉及的相关质量控制资料提交监理（建设）单位申请验收，其质量控制资料应包括各子分部、分项、检验批中所含的资料。建设（监理）单位在收到施工单位的验收申请后，由总监理工程师或建设单位项目负责人组织相关人员进行验收，地基基础、主体结构分部工程的勘察、设计单位工程项目负责人应参加验收，施工单位的质量（技术）部门负责人也必须参加相关分部（子分部）工程的验收。所有参加验收的各方人员都必须具有相应的验收资格。总监理工程师或建设单位项目负责人应对施工单位所报的质量控制资料进行核查，检查安全和功能检验（检测）报告是否符合有关规范的要求，并对观感质量进行检查，全部内容符合要求后，对分部（子分部）工程作出综合验收结论，参与验收的相关人员分别签字并注明验收时间。

1. “施工单位检查评定”栏

施工单位质量（技术）部门负责人检查项目部所提交的各分项工程验收记录表，检查所在分项的相关质量控制资料后，认为资料完整，符合规范要求后，填写“符合设计和规范要求”或打“√”。

2. “质量控制资料”栏

本栏是一项统计、归纳、复核的工作。

（1）核查和归纳各检验批的验收记录资料，查对其是否完整。

（2）在各检验批验收时，其资料应准确完整后才能验收。在分部（子分部）工程验收时，主要是核查和归纳各检验批的施工操作依据、质量检查记录，查对其是否配套完整，包括有关施工工艺（企业标准）、原材料、构配件出厂合格证及按规定进行的试验资料的完整程度。

（3）各专业施工质量验收规范所规定必需的质量控制资料。

（4）核对各种资料的内容、数据及验收人员的签字是否规范。

以上各项工作均符合要求后，填写“齐全，符合要求”。

3. “安全和功能检验（检测）报告”栏

本栏内容应是各专业施工质量验收规范中所规定的各种安全和功能检验。在核查时应注意，在开工之前确定的项目是否都进行了检测；逐一检查每个检测报告，核查每个检测项目的检测方法、程序是否符合有关标准规定；检测结果是否达到规范的要求；检测报告的审批程序签字是否完整。认为资料完整，符合规范要求后，根据实际填写“检测报告等详细内容”，特殊情况也可简单填写“符合要求”。

4. “观感质量验收”栏

观感质量验收时，不仅仅是对“外观”的检查，还应检查某些项目的操作方便性、灵活性，并尽可能将工程的各个部位全部查到，以全面了解该分部（子分部）的实物质量。其目的是检查工程质量本身有无质量缺陷，是否有因成品保护不足以及工序交叉、子分部交叉施工所造成的观感缺陷。验收时，可以根据实际情况宏观掌握。根据实际填写“检查外观等详细内容”质量较好，特殊情况也可简单填写“好”；如果没有较明显达不到要求的，可以填写“一般”；如果某些部位达不到要求的，有明显缺陷，但不影响安全或使用功能的，填写“差”。对有影响安全或使用功能的项目，不予评价，待处理后再评价。

5. “验收意见”栏

本栏由总监理工程师或建设单位项目专业负责人填写。总监理工程师或建设单位项目专业负责人对施工单位提交的分项（子分部）工程验收记录符合相关规范和设计要求，即可在第1栏验收意见填写“符合（设计及规范）要求”，根据具体分部（子分部）特点后面可对主要项目加简要说明；组织对质量控制资料、安全和功能检验（检测）报告逐一检查，认为验收记录齐全，质量控制资料完整，安全和功能检验（检测）报告符合设计和规范要求时，在第2栏验收意见填写“齐全，符合要求”；在第3栏验收意见填写“符合要求”；组织对观感质量验收，并在第4栏验收意见填写观感质量“好”“一般”或“差”。

6．“综合验收结论”栏

本栏由总监理工程师或建设单位项目专业负责人填写。在各项验收均符合要求的基础上，应对分部（子分部）工程作出综合性结论，可以填写“验收合格”。

7．填写范例

填写范例见表8-14～表8-20。

表8-14　　地基与基础分部（子分部）质量验收记录表

<table>
<tr><td colspan="3">单位（子单位）工程名称</td><td colspan="2">××工程</td><td colspan="2">结构类型及层数</td><td>框架8层</td></tr>
<tr><td colspan="2">施工单位</td><td colspan="2">××建筑工程公司</td><td>技术部门负责人</td><td>×××</td><td>质量部门负责人</td><td>×××</td></tr>
<tr><td colspan="2">分包单位</td><td colspan="2">/</td><td>分包单位负责人</td><td></td><td>分包技术负责人</td><td>/</td></tr>
<tr><td colspan="2">序号</td><td>子分部（分项）工程名称</td><td>分项工程（检验批）数</td><td colspan="3">施工单位检查评定</td><td>验收意见</td></tr>
<tr><td rowspan="5">1</td><td>1</td><td>无支护土方</td><td>5</td><td colspan="3">√</td><td rowspan="5">符合要求</td></tr>
<tr><td>2</td><td>地基处理</td><td>2</td><td colspan="3">√</td></tr>
<tr><td>3</td><td>混凝土基础</td><td>10</td><td colspan="3">√</td></tr>
<tr><td>4</td><td>砌体基础</td><td>5</td><td colspan="3">√</td></tr>
<tr><td>5</td><td>地下防水</td><td>4</td><td colspan="3">√</td></tr>
<tr><td>2</td><td colspan="2">质量控制资料</td><td colspan="4">齐全，符合要求</td><td>符合要求</td></tr>
<tr><td>3</td><td colspan="2">安全和功能检验（检测）报告</td><td colspan="4">混凝土强度实体检测（墙试验报告编号2006—02609）等效养护龄期强度达到设计要求的149%；板试验报告编号2006—03216等效养护龄期强度达到设计要求的152%。地下室无渗漏现象</td><td>符合要求</td></tr>
<tr><td>4</td><td colspan="2">观感质量验收</td><td colspan="4">混凝土的表面平整度、截面尺寸、标高及洞口尺寸、位置均符合设计要求和GB 50204的规定</td><td>好</td></tr>
<tr><td rowspan="5">验收单位</td><td colspan="2">分包单位</td><td colspan="3">项目经理：×××</td><td colspan="2">××年×月×日</td></tr>
<tr><td colspan="2">施工单位</td><td colspan="3">项目经理：×××</td><td colspan="2">××年×月×日</td></tr>
<tr><td colspan="2">勘察单位</td><td colspan="3">项目负责人：×××</td><td colspan="2">××年×月×日</td></tr>
<tr><td colspan="2">设计单位</td><td colspan="3">项目负责人：×××</td><td colspan="2">××年×月×日</td></tr>
<tr><td colspan="2">监理（建设）单位</td><td colspan="3">验收合格
总监理工程师：
（建设单位项目专业负责人）</td><td colspan="2">××年×月×日</td></tr>
</table>

表 8－15　　主体结构分部（~~子分部~~）质量验收记录表

<table>
<tr><td colspan="2">工程名称</td><td colspan="2">××工程</td><td>结构类型</td><td>框架</td><td>层数</td><td>×层</td></tr>
<tr><td colspan="2">施工单位</td><td colspan="2">××建筑工程公司</td><td>技术部门负责人</td><td>×××</td><td>质量部门负责人</td><td>×××</td></tr>
<tr><td colspan="2">分包单位</td><td colspan="2">/</td><td>分包单位负责人</td><td></td><td>分包技术负责人</td><td>/</td></tr>
<tr><td>序号</td><td colspan="2">分项工程名称</td><td>分项工程（检验批）数</td><td colspan="2">施工单位检查评定</td><td colspan="2">验收意见</td></tr>
<tr><td>1</td><td colspan="2">混凝土结构</td><td>4</td><td colspan="2">√</td><td colspan="2" rowspan="5">符合要求</td></tr>
<tr><td>2</td><td colspan="2">砌体结构</td><td>2</td><td colspan="2">√</td></tr>
<tr><td>3</td><td colspan="2"></td><td></td><td colspan="2"></td></tr>
<tr><td>4</td><td colspan="2"></td><td></td><td colspan="2"></td></tr>
<tr><td>5</td><td colspan="2"></td><td></td><td colspan="2"></td></tr>
<tr><td>6</td><td colspan="2"></td><td></td><td colspan="2"></td><td colspan="2"></td></tr>
<tr><td colspan="3">质量控制资料</td><td colspan="3">齐全，符合要求</td><td colspan="2">符合要求</td></tr>
<tr><td colspan="3">安全和功能检验（检测）报告</td><td colspan="3">混凝土强度实体检测（墙试验报告编号 2006—02702）等效养护龄期强度达到设计要求的 136%；板试验报告编号 2006—03328 等效养护龄期强度达到设计要求的 128%；砂浆试件抗压报告值均符合设计要求</td><td colspan="2">符合要求</td></tr>
<tr><td colspan="3">观感质量验收</td><td colspan="3">观感质量良好</td><td colspan="2">好</td></tr>
<tr><td rowspan="5">验收单位</td><td colspan="2">分包单位</td><td colspan="3">项目经理：×××</td><td colspan="2">××年×月×日</td></tr>
<tr><td colspan="2">施工单位</td><td colspan="3">项目经理：×××</td><td colspan="2">××年×月×日</td></tr>
<tr><td colspan="2">勘察单位</td><td colspan="3">项目负责人：×××</td><td colspan="2">××年×月×日</td></tr>
<tr><td colspan="2">设计单位</td><td colspan="3">项目负责人：×××</td><td colspan="2">××年×月×日</td></tr>
<tr><td colspan="2">监理（建设）单位</td><td colspan="5">验收合格

总监理工程师：×××
（建设单位项目专业负责人）　　××年×月×日</td></tr>
</table>

表 8－16　　**混凝土结构分部（子分部）质量验收记录表**

<table>
<tr><td>工程名称</td><td>××工程</td><td>结构类型</td><td>框架</td><td>层数</td><td>×层</td></tr>
<tr><td>施工单位</td><td>××建筑
工程公司</td><td>技术部门
负责人</td><td>×××</td><td>质量部门
负责人</td><td>×××</td></tr>
<tr><td>分包单位</td><td>/</td><td>分包单位
负责人</td><td></td><td>分包技术
负责人</td><td>/</td></tr>
</table>

<table>
<tr><td>序号</td><td>分项工程名称</td><td>分项工程
（检验批）数</td><td colspan="2">施工单位检查评定</td><td>验收意见</td></tr>
<tr><td>1</td><td>模板</td><td>12</td><td colspan="2">√</td><td rowspan="5">符合要求</td></tr>
<tr><td>2</td><td>钢筋</td><td>12</td><td colspan="2">√</td></tr>
<tr><td>3</td><td>混凝土</td><td>12</td><td colspan="2">√</td></tr>
<tr><td>4</td><td>现浇结构</td><td>12</td><td colspan="2">√</td></tr>
<tr><td>5</td><td></td><td></td><td colspan="2"></td></tr>
<tr><td>6</td><td></td><td></td><td colspan="2"></td><td></td></tr>
<tr><td colspan="2">质量控制资料</td><td colspan="3">齐全，符合要求</td><td>符合要求</td></tr>
<tr><td colspan="2">安全和功能检验
（检测）报告</td><td colspan="3">符合要求</td><td>符合要求</td></tr>
<tr><td colspan="2">结构实体检验报告
（混凝土子分部验收发生）</td><td colspan="3">混凝土强度实体检测（墙试验报告编号 2006—02702）等效养护龄期强度达到设计要求的 136%；板试验报告编号 2006—03328 等效养护龄期强度达到设计要求的 128%</td><td>符合要求</td></tr>
<tr><td colspan="2">观感质量验收</td><td colspan="3">混凝土结构尺寸符合设计要求，表面无缺陷，观感质量良好</td><td>好</td></tr>
<tr><td rowspan="5">验收
单位</td><td colspan="2">分包单位</td><td colspan="2">项目经理：×××</td><td>××年×月×日</td></tr>
<tr><td colspan="2">施工单位</td><td colspan="2">项目经理：×××</td><td>××年×月×日</td></tr>
<tr><td colspan="2">勘察单位</td><td colspan="2">项目负责人：×××</td><td>××年×月×日</td></tr>
<tr><td colspan="2">设计单位</td><td colspan="2">项目负责人：×××</td><td>××年×月×日</td></tr>
<tr><td colspan="2">监理（建设）单位</td><td colspan="3">验收合格

总监理工程师：×××
（建设单位项目专业负责人）　　××年×月×日</td></tr>
</table>

表 8-17　　**地面分部（子分部）工程质量验收记录表**

<table>
<tr><td>工程名称</td><td colspan="2">××工程</td><td>结构类型</td><td>框架</td><td>层数</td><td>×层</td></tr>
<tr><td>施工单位</td><td colspan="2">××建筑
工程公司</td><td>技术部门
负责人</td><td>×××</td><td>质量部门
负责人</td><td>×××</td></tr>
<tr><td>分包单位</td><td colspan="2">/</td><td>分包单位
负责人</td><td></td><td>分包技术
负责人</td><td>/</td></tr>
<tr><td>序号</td><td>分项工程名称</td><td>分项工程
（检验批）数</td><td colspan="2">施工单位检查评定</td><td colspan="2">验收意见</td></tr>
<tr><td>1</td><td>基层（找平层）</td><td>30</td><td colspan="2">√</td><td colspan="2" rowspan="5">符合设计及规范要求</td></tr>
<tr><td>2</td><td>水泥混凝土面层</td><td>8</td><td colspan="2">√</td></tr>
<tr><td>3</td><td>砖面层</td><td>8</td><td colspan="2">√</td></tr>
<tr><td>4</td><td>料石面层</td><td>8</td><td colspan="2">√</td></tr>
<tr><td>5</td><td>实木地板面层</td><td>8</td><td colspan="2">√</td></tr>
<tr><td>6</td><td></td><td></td><td colspan="2"></td><td colspan="2"></td></tr>
<tr><td colspan="2">质量控制资料</td><td colspan="3">齐全，符合要求</td><td colspan="2">符合要求</td></tr>
<tr><td colspan="2">安全和功能检验
（检测）报告</td><td colspan="3">符合要求</td><td colspan="2">符合要求</td></tr>
<tr><td colspan="2">观感质量验收</td><td colspan="3">观感质量良好</td><td colspan="2">好</td></tr>
<tr><td rowspan="5">验收
单位</td><td colspan="2">分包单位</td><td colspan="2">项目经理：×××</td><td colspan="2">××年×月×日</td></tr>
<tr><td colspan="2">施工单位</td><td colspan="2">项目经理：×××</td><td colspan="2">××年×月×日</td></tr>
<tr><td colspan="2">勘察单位</td><td colspan="2">项目负责人：×××</td><td colspan="2">××年×月×日</td></tr>
<tr><td colspan="2">设计单位</td><td colspan="2">项目负责人：×××</td><td colspan="2">××年×月×日</td></tr>
<tr><td colspan="2">监理（建设）单位</td><td colspan="4">验收合格

总监理工程师：×××
（建设单位项目专业负责人）　　××年×月×日</td></tr>
</table>

表 8-18　**建筑结构分部质量控制资料**

工程名称	××工程	施工单位	××建筑工程公司	
序号	建筑结构分部（子分部）工程验收时须检查的文件和记录	文件\记录\测试报告份数	施工单位自检	监理单位核查
1	图纸会审、设计变更洽商记录	21	齐全，符合要求	符合要求
2	工程定位测量、放线记录	34	齐全，符合要求	符合要求
3	原材料出厂合格证及进场（试）验报告	131	齐全，符合要求	符合要求
4	施工试验报告及见证检测报告	104	齐全，符合要求	符合要求
5	隐蔽工程验收记录	113	齐全，符合要求	符合要求
6	施工记录	92	齐全，符合要求	符合要求
7	预制构件、预拌混凝土合格证	45	齐全，符合要求	符合要求
8	地基、基础、主体结构检验及抽样检测资料	8	齐全，符合要求	符合要求
9	分项、分部工程质量验收记录	43	齐全，符合要求	符合要求
10	工程质量事故及事故调查处理资料	/	无工程质量事故	符合要求
11	新材料、新工艺施工记录	5	大体积混凝土施工记录齐全	符合要求
检查结果	本分部（子分部）工程质量控制资料齐全，符合规范规定要求 施工单位：××建筑工程公司 项目负责人：（项目经理）××× 技术负责人：××× 质量负责人：×××		验收结论	资料齐全符合要求 监理（建设）单位：××监理公司 总监理工程师：××× （建设单位项目专业负责人） 专业监理工程师：×××

表 8-19 **地基与基础分部安全和功能检验（检测）报告**

工程名称		××工程		施工单位	××建筑工程公司	
项次	分部（子分部）工程	检验（检测）项目	施工单位自检			
			证件名称及份数	核查意见	监理工程抽查核定	备注
1	地基处理	地基承载力测试	2	符合要求	符合要求	
2	桩基	单桩基承载力测试	6	符合要求	符合要求	
3	有支护方	支护结构强度检测	3	符合要求	符合要求	
4	地下防水	地下防水功能检测	2	符合要求	符合要求	
5	砌体基础	砂浆强度检测	12	符合要求	符合要求	
6	混凝土	混凝土强度检测 （含混凝土桩）	18	符合要求	符合要求	
检查结果	本分部（子分部）工程安全和功能检验资料齐全，符合规范规定要求 施工单位：××建筑工程公司 项目负责人：（项目经理）××× 技术负责人：××× 质量负责人：×××		验收结论	符合要求 监理（建设）单位：××监理公司 总监理工程师：××× （建设单位项目专业负责人） 专业监理工程师：×××		

表 8-20 **装饰装修子分部工程观感质量验收**

工程名称		××工程						施工单位				××建筑工程公司					
序号	各检验批中一般项目的规定		抽查质量情况									施工单位自检			监理单位核查		
			1	2	3	4	5	6	7	8	9	0	好	一般	差	好	一般	差
1	一般抹灰	表面质量	√	√	○	√	√	√	√	√	√	√	√			√		
		护角等抹灰表面	√	√	√	√	√	√	○	√	√	√	√			√		
		抹灰总厚度	√	√	√	√	√	√	√	√	√	√	√			√		
		分格缝设置	√	√	√	√	○	√	√	√	√	√	√			√		
		滴水	√	√	√	√	√	√	√	√	√	√	√			√		
2	装饰抹灰	表面质量	√	√	√	√	√	√	√	√	√	√	√			√		
		分格缝设置	√	√	√	√	√	√	√	○	√	√	√			√		
		滴水	√	√	√	√	○	√	√	√	√	√	√			√		

续表

<table>
<tr><th rowspan="2">序号</th><th colspan="2" rowspan="2">各检验批中一般项目的规定</th><th colspan="10">抽查质量情况</th><th colspan="3">施工单位自检</th><th colspan="3">监理单位核查</th></tr>
<tr><th>1</th><th>2</th><th>3</th><th>4</th><th>5</th><th>6</th><th>7</th><th>8</th><th>9</th><th>0</th><th>好</th><th>一般</th><th>差</th><th>好</th><th>一般</th><th>差</th></tr>
<tr><td rowspan="2">3</td><td rowspan="2">清水砌体勾缝</td><td>勾缝宽、深及表面</td><td>√</td><td>√</td><td>√</td><td>√</td><td>○</td><td>√</td><td>√</td><td>√</td><td>√</td><td>√</td><td>√</td><td></td><td></td><td>√</td><td></td><td></td></tr>
<tr><td>灰缝颜色</td><td>√</td><td>√</td><td>√</td><td>√</td><td>√</td><td>√</td><td>√</td><td>○</td><td>√</td><td>√</td><td>√</td><td></td><td></td><td>√</td><td></td><td></td></tr>
<tr><td rowspan="3">4</td><td rowspan="3">木门窗安装</td><td>木门窗表面</td><td>√</td><td>√</td><td>○</td><td>√</td><td>√</td><td>√</td><td>√</td><td>√</td><td>√</td><td>√</td><td>√</td><td></td><td></td><td>√</td><td></td><td></td></tr>
<tr><td>木门窗与墙体缝隙</td><td>√</td><td>√</td><td>√</td><td>√</td><td>√</td><td>√</td><td>○</td><td>√</td><td>√</td><td>√</td><td>√</td><td></td><td></td><td>√</td><td></td><td></td></tr>
<tr><td>批水、盖口条压缝条、密缝条</td><td>√</td><td>√</td><td>√</td><td>√</td><td>√</td><td>√</td><td>√</td><td>√</td><td>√</td><td>√</td><td>√</td><td></td><td></td><td>√</td><td></td><td></td></tr>
<tr><td>检查结果</td><td colspan="6">装饰装修工程观感质量综合检查评价为好

施工单位：××建筑工程公司
项目负责人：（项目经理）×××
技术负责人：×××
质量负责人：×××</td><td>验收结论</td><td colspan="11">验收合格

监理（建设）单位：××监理公司
总监理工程师：×××
（建设单位项目专业负责人）
专业监理工程师：×××</td></tr>
</table>

五、单位（子单位）工程质量竣工验收记录表

单位（子单位）工程质量竣工验收记录表共由五部分内容组成，前四项内容均有专门的验收记录用表，单位（子单位）工程质量竣工验收记录表是一个综合性的表，是建立在各项目验收合格的基础上填写的。

1. 验收内容之一分部工程

由施工单位的质量（技术）部门负责人对各个分部（子分部）进行检查评定，所含的全部分部工程检查合格后，由项目经理提交验收。经验收组成员验收后，由施工单位填写“验收记录”栏。注明共验收几个分部，经验收符合标准及设计要求几个分部，如“共9个分部，核查9个分部，符合标准及设计要求9个分部”。审查验收的分部工程全部符合要求，由监理单位在“验收结论”栏，填写“符合要求”的结论。

2. 验收内容之二“质量控制资料核查”

本项内容有专门的验收表格，也是先有施工单位检查合格，再提交监理单位验收。其全部内容在分部（子分部）工程逐项检查和审查，一个分部工程只有一个子分部工程时，子分部工程就是分部工程；有多个子分部工程时，可一个一个地检查验收，也可按分部工程检查验收。每个分部工程检查验收后，将质量控制资料装订，前面的封面写上分部工程的名称，并将所含的子分部工程的名称依次填写在下边就行了。然后将各分部工程审查的资料逐项进行统计，填入“验收记录”栏（表8-21），通常共有多少项资料，经审查也都应符合要求等，如“共40项，经审查符合要求40项，经核定符合规范

要求40项”。这项内容是先由施工单位质量（技术）部门自检合格后，提交验收，再由总监理工程师或建设单位项目负责人组织审查符合要求后，在表8-22“核查意见”栏内填写“齐全，符合要求”。在“结论”栏内，填写“齐全，符合要求”的意见。同时在表8-21《单位（子单位）工程质量竣工验收记录》中序号2栏内的“验收结论”栏中填写，如“齐全，符合要求”。

3. 验收内容之三“安全和主要使用功能核查及抽查结果”

本项内容也有专门的验收表格（表8-23）。它包括两个方面的内容，一是在分部（子分部）进行了安全和功能检测的项目，要核查其检测报告结论是否符合设计要求；二是在单位工程进行的安全和功能抽测项目，要核查其项目是否与设计内容一致，抽测的程序、方法是否符合有关规定，抽测报告的结论是否达到设计要求及规范规定。这个项目也是先由施工单位质量（技术）自检合格后，在“核查意见”栏内填写“符合要求等具体内容”，再提交验收，由总监理工程师或建设单位项目负责人组织验收组审查验收，程序内容基本一致，在“抽查结果”栏内，填写“合格”的意见。在“结论”栏内，填写“对本工程安全、功能资料进行核查，资料齐全，符合要求。对单位工程的主要功能进行抽样检查，其检查结果合格，满足使用功能”的意见。按项目抽查验收，然后统计核查的项数和抽查的项数，填入表8-21《单位（子单位）工程质量竣工验收记录》序号3栏的“验收记录”栏，如“共核查26项，符合要求26项，共抽查10项，符合要求10项，经返工处理符合要求0项”。由总监理工程师或建设单位项目负责人在“验收结论”栏填写“符合要求”。

4. 验收内容之四“观感质量验收”

本项内容也有专门的验收表格（表8-24）。其观感质量检查的方法同分部（子分部）工程。单位工程观感质量验收与以往不同的是项目比较少，是一个综合性验收。实际上是复查各分部（子分部）工程验收后，到单位工程竣工时的质量变化，成品保护情况，以及在分部（子分部）验收时还没有形成的观感质量等。单位工程观感质量验收时，应根据单位工程质量检查记录中所列的检查项目，对工程的外围，有代表性的房间、部位以及设备等都检查到。可以逐点进行评价，然后再综合评价；也可以逐项进行评价；还可以按大的方面综合评价。评价时，由现场参加检查验收的监理工程师共同确定，其中总监理工程师的意见具有主导性，确定过程中，应多听取验收组其他成员的意见，最后给出“好”“一般”“差”的评价。在“观感质量综合评价”栏填写“好”“一般”“差”。在“检查结论”栏，可以填写“工程的观感质量好/一般/差，验收合格”。同时在表8-21《单位（子单位）工程质量竣工验收记录》序号4栏中“验收结论”栏填写“工程的观感质量好/一般/差”。

5. 验收内容之五“综合验收结论”

本栏内容由建设单位项目负责人填写。

施工单位在工程完工后，由公司质量（技术）部门对验收内容逐项进行检查核对，并填写表中应填写的部分，自检合格后，交建设单位验收。建设单位项目负责人在以上所有验收合格的基础上，与验收组各方成员共同协商，对工程质量是否符合设计和规范要求以及总体质量水平作出综合评价，可以填写“经对本工程综合验收，各分部分项工程符合设计要求，施工质量满足有关施工质量验收规范和标准要求，单位工程竣工验收合格”。

6. *参加验收单位签字盖章*

建设单位、监理单位、施工单位、设计单位都同意验收后，各单位的单位（项目）负责人要签字，以示对工程质量的负责，并加盖公章，注明签字验收时的时间。

7. *填写范例*

填写范例见表 8－21～表 8－24。

表 8－21　　单位（子单位）工程质量竣工验收记录

工程名称	××工程	结构类型	框架剪力墙	层数 （建筑面积）	19324m^2
施工单位	××建筑工程公司	技术负责人	×××	开工日期	××年×月×日
项目经理	×××	项目技术 负责人	×××	竣工日期	××年×月×日

序号	项　目	验 收 记 录	验收结论
1	分部工程	共 9 分部，经查 9 分部 核定符合标准及设计要求 9 分部	符合要求
2	质量控制资料核查	共 40 项，经审查符合要求 40 项， 经核定符合规范要求 40 项	齐全，符合要求
3	安全和主要使用功能核查 及抽查结果	共核查 26 项，符合要求 26 项， 共抽查 10 项，符合要求 10 项， 经返工处理符合要求 0 项	符合要求
4	观感质量验收	共抽查 24 项，符合要求 24 项， 不符合要求 0 项	好
5	综合验收结论	经对本工程综合验收，各分部分项工程符合设计要求，施工质量满足有关施工质量验收规范和标准要求，单位工程竣工验收合格	

	建设单位 （公章）	监理单位 （公章）	施工单位 （公章）	设计单位 （公章）
参加 验收 单位	单位（项目）负责人： ××× ××年×月×日	总监理工程师： ××× ××年×月×日	单位负责人： ××× ××年×月×日	单位（项目）负责人： ××× ××年×月×日

表 8-22　　单位（子单位）工程质量控制资料核查记录表

工程名称		××工程	施工单位	××建筑工程公司	
序号	项目	资 料 名 称	份数	核查意见	核查人
1	建筑结构	图纸会审、设计变更、洽商记录	17	齐全，符合要求	×××
2		工程定位测量、放线记录	38	齐全，符合要求	×××
3		原材料出厂合格证及进场（试）验报告	126	齐全，符合要求	×××
4		施工试验报告及见证检测报告	91	齐全，符合要求	×××
5		隐蔽工程验收记录	108	齐全，符合要求	×××
6		施工记录	92	齐全，符合要求	×××
7		预制构件、预拌混凝土合格证	48	齐全，符合要求	×××
8		地基、基础、主体结构检验及抽样检测资料	8	齐全，符合要求	×××
9		分项、分部工程质量验收记录	43	齐全，符合要求	×××
10		工程质量事故及事故调查处理资料	/	齐全，符合要求	×××
11		新材料、新工艺施工记录	7	齐全，符合要求	×××
12					
1	给排水与采暖	图纸会审、设计变更、洽商记录	6	齐全，符合要求	×××
2		材料、配件出厂合格证书及进场检（试）验报告	26	齐全，符合要求	×××
3		管道、设备强度试验、严密性试验记录	5	齐全，符合要求	×××
4		隐蔽工程验收记录	18	齐全，符合要求	×××
5		系统清洗、灌水、通水、通球试验记录	25	齐全，符合要求	×××
6		施工记录	14	齐全，符合要求	×××
7		分项、分部工程质量验收记录	9	齐全，符合要求	×××
8					
1	建筑电气	图纸会审、设计变更、洽商记录	3	齐全，符合要求	×××
2		材料、配件出厂合格证书及进场检（试）验报告	17	齐全，符合要求	×××
3		设备调试记录	62	齐全，符合要求	×××
4		接地、绝缘电阻测试记录	70	齐全，符合要求	×××
5		隐蔽工程验收记录	7	齐全，符合要求	×××
6		施工记录	7	齐全，符合要求	×××
7		分项、分部工程质量验收录	7	齐全，符合要求	×××
8					

续表

工程名称		××工程	施工单位	××建筑工程公司	
序号	项目	资料名称	份数	核查意见	核查人
1	通风与空调	图纸会审、设计变更、洽商记录	2	齐全，符合要求	×××
2		材料设备出场合格证书及进场检（试）验报告	12	齐全，符合要求	×××
3		制冷、空调、水管道强度试验、严密性实验记录	28	齐全，符合要求	×××
4		隐蔽工程验收记录	16	齐全，符合要求	×××
5		制冷设备运行调试记录	10	齐全，符合要求	×××
6		通风、空调系统调试记录	10	齐全，符合要求	×××
7		施工记录	9	齐全，符合要求	×××
8		分项、分部工程质量验收记录	8	齐全，符合要求	×××
9					
1	电梯	图纸会审、设计变更、洽商记录	/	齐全，符合要求	×××
2		设备出厂合格证书及开箱检验记录	10	齐全，符合要求	×××
3		隐蔽工程验收记录	18	齐全，符合要求	×××
4		施工记录	16	齐全，符合要求	×××
5		接地、绝缘电阻测试记录	2	齐全，符合要求	×××
6		负荷试验、安全装置检查记录	2	齐全，符合要求	×××
7		分项、分部工程质量验收记录	11	齐全，符合要求	×××
8					
1	建筑智能化	图纸会审、设计变更、洽商记录、竣工图及进场检（试）验报告	4	齐全，符合要求	×××
2		材料、设备出厂合格证书及技术文件及进场检（试）验报告	22	齐全，符合要求	×××
3		隐蔽工程验收记录	16	齐全，符合要求	×××
4		系统功能测定及设备调试记录	10	齐全，符合要求	×××
5		系统技术、操作和维护手册	1	齐全，符合要求	×××
6		系统管理、操作人员培训记录	4	齐全，符合要求	×××
7		系统检测报告	6	齐全，符合要求	×××
8		分项、分部工程质量验收记录	6	齐全，符合要求	×××
9					

结论：

齐全，符合要求

总监理工程师：×××

施工单位项目经理：×××（建设单位项目负责人）

××年×月×日

××年×月×日

表 8-23　　单位（子单位）工程安全和功能检验资料核查及主要功能抽查记录

工程名称		××工程	施工单位	××建筑工程公司		
序号	项目	安全和功能检查项目	份数	核查意见	抽查结果	核查（抽查）人
1	建筑结构	屋面淋水试验记录	2	试验记录齐全		
2		地下室防水效果检查记录	4	检查记录齐全		
3		有防水要求的地面蓄水试验记录	15	厕浴间防水记录齐全		
4		建筑物垂直度、标高、全高测量记录	2	记录符合测量规范要求		
5		抽气（风）道检查记录	2	检查记录齐全		
6		幕墙及外窗气密性、水密性、耐风压检测报告	1	“三性”试验报告符合要求		
7		建筑物沉降观测测量记录	1	符合要求		
8		节能、保温测试记录	3	保温测试记录符合要求		
9		室内环境检测报告	1	有害物指标满足要求		
10						
1	给排水与采暖	给水管道通水试验记录	18	通水试验记录齐全	合格	×××
2		暖气管道、散热器压力试验记录	32	压力试验记录齐全		
3		卫生器具满水试验记录	56	满水试验记录齐全	合格	×××
4		消防管道，燃气管道压力试验记录	59	压力试验符合要求		
5		排水干管通球试验记录	20	试验记录齐全		
6						
1	建筑电气	照明全负荷试验记录	3	符合要求		
2		大型灯具牢固性试验记录	8	试验记录符合要求		
3		避雷接地电阻测试记录	2	记录齐全，符合要求		
4		线路，插座，开关接地检验记录	24	检验记录齐全		
5						

续表

工程名称		××工程	施工单位	××建筑工程公司		
序号	项目	安全和功能检查项目	份数	核查意见	抽查结果	核查（抽查）人
1	通风与空调	通风、空调系统试运行记录	1	符合要求		
2		风量、温度测试记录	6	有不同风量、温度记录	合格	×××
3		洁净室洁净度测试记录	4	测试记录符合要求		
4		制冷机组试运行调试记录	3	机组运行调试正常		
5						
1	电梯	电梯运行记录	2	运行记录符合要求	合格	×××
2		电梯安全装置检测报告	2	安检报告齐全		
3						
1	智能建筑	系统试运行记录	7	系统运行记录齐全		
2		系统电源及接地检测报告	5	检测报告符合要求		
3						

结论：

对本工程安全、功能资料进行核查，资料齐全，符合要求。对单位工程的主要功能进行抽样检查，其检查结果合格，满足使用功能

施工单位项目经理：×××

××年×月×日

总监理工程师：×××

（建设单位项目负责人）

××年×月×日

表 8-24　　单位（子单位）工程观感质量检查记录

工程名称			××工程				施工单位				××建筑工程公司				
序号	项　目		抽查质量状况										质量评价		
													好	一般	差
1	建筑结构	室外墙面	√	√	√	√	√	○	√	√	√	√	√		
2		变形缝	√	○	√	√	○	√	○	√	√	○		√	
3		水落管，屋面	√	√	○	√	√	√	√	√	√	√	√		
4		室内墙面	√	√	√	○	√	√	√	√	√	√	√		
5		室内顶棚	√	√	√	○	√	√	√	√	√	√	√		
6		室内地面	√	√	√	○	√	√	√	√	√	√	√		
7		楼梯、踏步、护栏	○	√	○	√	√	√	○	√	√	○		√	
8		门窗	√	√	√	√	√	√	√	√	√	√	√		

续表

工程名称			××工程				施工单位				××建筑工程公司				
序号	项　目		抽查质量状况										质量评价		
													好	一般	差
1	给排水与采暖	管道接口、坡度、支架	√	√	√	√	○	√	√	√	√	√	√		
2		卫生器具、支架、阀门	√	√	√	√	√	√	○	√	√	√	√		
3		检查口、扫除口、地漏	√	√	√	√	√	√	√	√	√	√	√		
4		散热器、支架	√	○	√	√	○	○	√	√	√	○		√	
1	建筑电气	配电箱、盘、板、接线盒	√	√	√	√	√	○	√	√	√	√	√		
2		设备器具、开关、插座	√	√	√	√	√	○	√	√	√	√	√		
3		防雷、接地	√	√	√	√	√	√	√	√	√	√	√		
1	通风与空调	风管、支架	√	√	√	√	√	√	√	√	○		√		
2		风口、风阀	○	√	○	○	√	√	√	√	√	○		√	
3		风机、空调设备	√	√	√	√	√	√	√	√	√	√	√		
4		阀门、支架	√	√	√	√	√	√	√	√	√	√	√		
5		水泵、冷却塔													
6		绝热													
1	电梯	运行、平层、开关门	√	√	√	√	√	√	√	√	√	√	√		
2		层门、信号系统	√	○	√	√	√	√	√	√	√	√	√		
3		机房	√	○	√	○	√	○	√	√	○	√		√	
1	智能建筑	机房设备安装及布局	√	√	√	○	√	√	√	√	√	√	√		
2		现场设备安装													
3															
观感质量综合评价			好												
检查结论	工程观感质量综合评价为好，验收合格 施工单位项目经理：××× ××年×月×日										总监理工程师：××× （建设单位项目负责人） ××年×月×日				

参 考 文 献

[1] 周连起，刘学应. 建筑工程质量与安全管理 [M]. 郑州：河南科学技术出版社，2010.

[2] 陈翔，李清奇，蒋海波. 建筑工程质量与安全管理 [M]. 2版. 北京：北京理工大学出版社，2013.

[3] 钟汉华. 建筑工程质量与安全管理 [M]. 南京：南京大学出版社，2012.

[4] 曾跃飞. 建筑工程质量检验与安全管理 [M]. 北京：高等教育出版社，2005.

[5] 白锋. 建筑工程质量检验与安全管理 [M]. 北京：机械工业出版社，2011.

[6] 金国辉. 建设工程质量与安全控制 [M]. 北京：清华大学出版社，2009.

[7] 刘廷彦，张豫锋. 工程建设质量与安全管理 [M]. 北京：中国建筑工业出版社，2012.

[8] 张瑞生. 建筑工程质量与安全管理 [M]. 北京：科学出版社，2011.

[9] 廖品槐. 建筑工程质量与安全管理 [M]. 北京：中国建筑工业出版社，2008.

[10] 中华人民共和国建筑法（2011年修订版）[M]. 北京：中国法制出版社，2011.

[11] 中华人民共和国安全生产法（2014年修订版）[M]. 北京：中国法制出版社，2014.

[12] 中华人民共和国消防法（2008年修订版）[M]. 北京：中国法制出版社，2008.

[13] GB 50300—2013 建筑工程施工质量验收统一标准 [S]. 北京：中国建筑工业出版社，2014.

[14] GB 50204—2015 混凝土结构工程施工质量验收规范 [S]. 北京：中国建筑工业出版社，2015.

[15] GB 50203—2011 砌体结构工程施工质量验收规范 [S]. 北京：中国建筑工业出版社，2011.

[16] GB 50202—2002 建筑地基基础工程施工质量验收规范 [S]. 北京：中国计划出版社，2013.

[17] GB 50210—2001 建筑装饰装修工程质量验收规范 [S]. 北京：中国建筑工业出版社，2002.

[18] GB 50207—2012 屋面工程质量验收规范 [S]. 北京：中国建筑工业出版社，2012.

[19] GB 50208—2011 地下防水工程施工质量验收规范 [S]. 北京：中国建筑工业出版社，2011.

[20] GB 50209—2010 建筑地面工程施工质量验收规范 [S]. 北京：中国计划出版社，2010.

[21] GB 50303—2015 建筑电气工程施工质量验收规范 [S]. 北京：中国计划出版社，2015.

[22] GB 50242—2002 建筑给水排水及采暖工程施工质量验收规范 [S]. 北京：中国建筑工业出版社，2002.

[23] GB 50656—2011 施工企业安全生产管理规范 [S]. 北京：中国计划出版社，2012.

[24] JGJ 59—2011 建筑施工安全检查标准 [S]. 北京：中国建筑工业出版社，2012.

[25] GB 50720—2011 建设工程施工现场消防安全技术规范 [S]. 北京：中国计划出版社，2012.

[26] JGJ/T 250—2011 建筑与市政工程施工现场专业人员职业标准 [S]. 北京：中国建筑工业出版社，2011.

[27] JGJ 33—2012 建筑机械使用安全技术规程 [S]. 北京：中国建筑工业出版社，2012.

[28] GB 50194—2014 建设工程施工现场供电安全规范 [S]. 北京：中国计划出版社，2015.

[29] GB/T 50520—2009 建筑施工组织设计规范 [S]. 北京：中国建筑工业出版社，2010.

[30] JGJ/T 77—2010 施工企业安全生产评价标准 [S]. 北京：中国建筑工业出版社，2010.

[31] JGJ 184—2009 建筑施工作业劳动防护用品配备及使用标准 [S]. 北京：中国建筑工业出版社，2010.

[32] GB 6067.1—2010 起重机械安全规程 [S]. 北京：中国标准出版社，2010.

[33] JGJ 80—2016 建筑施工高处作业安全技术规范 [S]. 中国建筑工业出版社，2016.

[34] JGJ 130—2011 建筑施工扣件式钢管脚手架安全技术规范 [S]. 北京：中国建筑工业出版

社，2011.
[35] JGJ 128—2010 建筑施工门式钢管脚手架安全技术规范［S］. 北京：中国建筑工业出版社，2010.
[36] JGJ 166—2008 建筑施工碗扣式脚手架安全技术规范［S］. 北京：中国建筑工业出版社，2008.
[37] 建设工程安全生产管理条例［M］. 北京：中国建筑工业出版社，2003.
[38] 生产安全事故报告和调查处理条例（2011年修订版）［M］. 北京：中国法制出版社，2011.